Gusti del Medioevo

从食味到知味

I prodotti, la cucina, la tavola

Massimo Montanari
[意] 马西莫·蒙塔纳里——著
林振华——译

GUANGXI NORMAL UNIVERSITY PRESS
广西师范大学出版社
·桂林·

ZHONGSHIJI DE CANZHUO
中世纪的餐桌

图书在版编目（CIP）数据

中世纪的餐桌：从食味到知味 /（意）马西莫·蒙塔纳里著；林振华译. --桂林：广西师范大学出版社，2023.9（2024.12 重印）
ISBN 978-7-5598-6185-6

Ⅰ. ①中… Ⅱ. ①马… ②林… Ⅲ. ①饮食－文化史－欧洲－中世纪 Ⅳ. ①TS971.25

中国国家版本馆 CIP 数据核字（2023）第 121024 号

广西师范大学出版社出版发行
（广西桂林市五里店路 9 号　　邮政编码：541004
网址：http://www.bbtpress.com）
出版人：黄轩庄
全国新华书店经销
广西民族印刷包装集团有限公司印刷
（南宁市高新区高新三路 1 号　邮政编码：530007）
开本：880 mm × 1 240 mm　1/32
印张：11.5　　　字数：280 千
2023 年 9 月第 1 版　　　2024 年 12 月第 2 次印刷
定价：89.00 元

目录

前言

一起上路吧

中世纪成为传统的代名词

说起食物和烹饪，就不能不说中世纪。一来，同史学家一样，中世纪研究者如今下了不少功夫，研究这一长期无人问津的历史话题；二来，食品生产与配给的市场策略，实肇始于中世纪。一般来说，“中世纪”不过是通用的字眼，所唤起的也不过是普通的形象。可显然，有人认为，这个术语及其唤起的形象，是营销的灵丹妙药，能让售卖的商品更引人注目。但凡打上“中世纪”字样，产品和服务的价值就陡然增加。“出身”要论，“渊源”要讲，历史作为它们所处的场所当然要加以利用。

这不正是我们时代所关心的么：欲证今，必追昔；欲使当下所作所为名正言顺，必借口古已有之。“古已有之”的说法，没什么历史意义，却比“过去”更能突出品质之纯粹；“古已有之”，界定的是一个不明确的、神话化了的时间，人们假定事物当时已出现。随后，经过漫长的“历史”之旅，流传至今，但其实根本无历史可言，因为这期间一直风平浪静。所援引的“传统”并非事件、经验、邂逅、变化、发明、调整（概言之，即历史）的产物，却也一成不变。它是马克·布洛赫（Marc Bloch）论述的“渊源的偶像”，带领我们“以最远的过去解释最近的当下”。

看看欧洲的各种标签——原产地名称保护标识（DOP）、地理标识保护（IGP）、受保护的传统特产标识（STG），我们惊觉为产品正名立身的历史记录却如此模糊不清。参考资料就算有，也都是二手三手的。历史沦为毫无趣味的桥段，不再作为佐证产品血统的必备条件，将产品置于无懈可击的"传统"语境。所谓"传统"甚至有可能与当下仅在咫尺之间。现在，产品要获独家或祖传之美名，只需二十五年。不过，说起形象，古代的显然比现代的好看。若能跟"中世纪"，或者再厉害点，跟"罗马"沾亲带故，那产品准会身价倍增。可以说，历史越古老，"渊源"越久远，产品似乎就越值得被保护起来。

大家想当然地把"传承"视为一种保证。殊不知，凡事始终千变万化，食物的风味以及食客的品味也与时俱进，社会文化语境随时决定着惯用法的形态变化，同一事物不可能一直对应同一名称，这些在历史学家眼中显而易见的事实，公众却毫不关心。他们宁愿相信，"传统"本身就是品质的保证，相信"古法之制，向来如此"；世代相传，似乎极其可以信赖。

当下与过去之间这种臆测的传承，其实基于双重简化机制：把我们如今的形象，我们如今生产和消费的东西，投射到中世纪，此谓抚今追昔；把中世纪简单地解释为当今之先声或"起点"，此谓昔为今用。给产品追本溯源或以史观之的做法本无可厚非，问题在于，除了少数文献档案或文学作品，拿中世纪说事，往往使对象脱离历史，换言之，使之更加模糊不清，从历史走向传奇，从真实走向虚构。中世纪研究专家可以松口气了：一般认为，"中世纪"这个词并不指某个历史时期，并不由其自身年代顺序以及期间发生的种种事件定义，而仅仅是一个观念，一个概念。在食品营销上，"中世纪”是传统、本源、古代的代名词，它意味着“很久以前”。

食物的中世纪光环

通过分析这种假想的观念、促使其产生的语言，以及它赖以维持的修辞，有一点变得显而易见。在食品推广过程中，带有中世纪光环的“讨论”，没有一个是负面的，因为“传统”之历史厚重感，自然就赋予食品某种价值，不论其担保者是何种身份：是经验丰富且善于创造的农民，追求新乐子的地主，还是化腐朽为神奇的厨师（有时食材短缺，恰能考验他们惊人的创造力），抑或是聪明的匠人、店主，别忘了还有修士和托钵修士——美食领域精湛技艺的绝对保证。

我们应该先停下来，思考一下为何“中世纪”形象一跟食品沾边，就总是好得不得了，因为这是个文化上比较反常的因素，全然不像当代想象里的中世纪观念那样始终模棱两可。这个观念有两层含义：中世纪是充满奇妙历险的时代，是多情少女与勇敢骑士的时代，是感情深厚而高贵的时代；然而，中世纪也是蒙昧、恐惧、迷信、暴力、野蛮的时代。这两个模糊的形象绝非大众头脑中无缘无故的发明，而是几个世纪以来历史图景的产物，其初创者乃是15世纪的人文主义者，在他们看来，中世纪“缺少”文明。那么，人文主义者给这一千年安的“中世纪”这名字，若不指“中间时代”的概念，即短暂黑暗之后等待文明回归的漫长停滞，那“中世纪”还能有何深意呢？到了新教改革时期，中世纪黑暗而荒谬的形象变得更为稳固，当时人攻击罗马教廷是“中世纪式”腐败与迷信的温床。后来，进一步推波助澜的，是启蒙运动发起了反对“封建”特权和滥权的论战，而这些都被错误地归因于中世纪（相反，这完全是“现代”干的好事）。

当阴暗的中世纪令人愁眉不展时，一个闪亮的中世纪横空出世，它由反宗教改革运动提出，到了浪漫主义时期，人们高歌它的非理性（启蒙运动却视之如草芥），并将其转化为原初净洁、纯正情感、民族统一等浪漫主义理想。慢慢构成中世纪截然相反形象的所有判断（甚或偏见），其实只截取“真实”中世纪的某个方面，全然不考虑当时的完整性语境和民众的生活。如今，黑暗的中世纪与光明的中世纪在集体想象中并肩而行。这种想象消弭了两者的边界，以无法预料的方式融合在一起。可要论美食，中世纪必然独领风骚，因为它暗含着某种怀旧幻梦，让人追思那段纯而又纯、一尘不染的过去——那段历史保证了原汁原味的高品质。

当中世纪营销手法引入主题活动、节日、乡村或城市庆典（这些在很多欧洲国家司空见惯），情况就有所变化了。在那些日子里，妇人盛装打扮的具历史色彩的游行，骑士的高贵对决，射箭比赛，中心广场的游戏，手工艺品商店和市集的重建，各种各样的便利设施，带着真挚的人性、强烈的情感，总打着美好、温暖的中世纪的旗号。不过，即便在上述节庆，**另一个**中世纪仍蠢蠢欲动（后来竟一统天下），其中掩藏着黑暗与邪恶，伴以黑魔法、巫师、酷刑、下毒、驱魔等典型套路。它们令人毛骨悚然，故我们宁愿将其扫入故纸堆。

魂穿中世纪，惊喜还是惊吓？

在黑暗的中世纪与光明的中世纪共存之际，烹调法也走进了这个节日的世界。显然，它展现的是“好”的一面，因为我们早已习惯中世纪食物之健康、可口、纯真等说法。可也别忘了，这里我们探讨的不再是简单的食品，或者自诩“源自中世纪”的食品。我们要探讨的，是**中世纪式**或据信为这一时期的菜肴与食谱。由于缺乏可靠的经验材料，我们必须谨慎小心。这趟时间之旅是**我们**无法绕开的。不过，我们是否真的准备好一探究竟，且（即便只是几个小时里）忘记自己的风俗呢？

于是，这里出现一种截然不同的营销策略。一方面，提倡大家追求“传统”中世纪的正宗意象，而且这已成为我们体验的一部分（故不必恐惧）。另一方面，又摆出奇怪的菜肴、不同寻常的菜单，乃至**异域**食品，邀请我们一尝新奇，度过一个与众不同的夜晚。然而，未知事物令我们惶恐甚至生厌，我们立即得到保证，猎奇的把戏不会太难，我们只不过尝试一把这种中世纪的**多样性**，凭知觉去感受它，然后飞快地回到习以为常的安全区域。简而言之，只要“中世纪”仍然是“传统”的同义词，那便是皆大欢喜。可当“中世纪”强要出头，非要在文化和时间上勾勒得泾渭分明，就容易使人敬而远之。

有鉴于此，节庆菜单中的菜品尽量贴近当代人。“以中世纪为主题的美味佳肴，用简单真实的配料烹制而成”，由“身着古装的酒馆老板”端上，但这种从过去流传下来的菜肴，却受制于当今的条条框框，这仿佛是为了使其更加可口。于是，中世纪就“摇摆于现实与幻想之间”，可幻想难以进入到烹饪里。中世纪的幻想在服饰与表演中日渐磨灭。在大多数情况下，菜谱仍是当今的菜谱，顶多用一种不同寻常的配料或冠以奇怪但容易辨认的名字，暗示一趟回溯过去之旅，但会再三向用餐者保证，这趟旅程不会叫他们有去无回。

这里行话多，可选的余地也多。有人试图重现中世纪“原味”盛宴的食谱与配置，有人则为“酒楼餐馆比萨店，中古乐趣享无边”（ristorante e pizzeria, Medioevo in allegria）的标语啧啧称奇，有人凡事都一本正经，有人对“捏造出来”的中世纪一笑了之，他们各自的用词显然互不相同。无论如何，我们感兴趣的是确定中世纪烹饪营销基于的模糊性——一边宣传其吸引力，一边要人小心。这种吸引力在于冒险，在于“时间旅行”，但任何旅行者冒险踏足异域，都难免感到羞怯。正如身处他乡的旅行者喜好光顾号称据其口味改良的餐馆，时间旅行者也不愿忍受中世纪之苦（迷人却野蛮），缩在自以为了如指掌的“传统”与“地域”的卧室。再不然，他们会自欺欺人，这个“传统”就是“中世纪的”。正如艾米利亚大区一家“中世纪客栈餐厅”绝妙口号所宣称的，“舒适如家，历史悠久”。

若我们从产品营销，转移到烹饪营销，变化就更大了。对中世纪食品的热情（将其定义为“传统”，故认为其品质必然有保证）已经降温，消费者开始怀疑中世纪食物的质量。甚至还有人坚信，总体而言，中世纪的人吃得比今天还差。产地神话让位给进步神话。“黑暗的”中世纪取代了“光明的”中世纪。现代的范式（通过定义，人们想当然地认为会更好）最终胜出。亲历中世纪，比如罗伯托·贝尼尼（Roberto Benigni）和马西莫·特罗伊西（Massimo Troisi）在电影《眼泪不再》（*Non ci resta che piangere*）中的举动，恐怕会变成噩梦。职是之故，中世纪的烹饪游戏很快便草草结束，而换个角度，情况会截然不同。正如《米其林指南》（*Guida Michelin*）所言，中世纪“值得绕道一探”，但无需专程前往。

我认为，探索未知领域既趣味盎然又有教育意义。因此，我愿邀各位读者一同踏上中世纪的美食与烹饪之旅。本书囊括了过去几年我为考察中世纪口味史而翻查的大量资料，但凡涉及食物的书籍，我均来者不拒——产品类别、烹饪操作与备料、消费态度、餐桌礼仪、用餐规定与仪式、文化搭配与科学搭配。这些内容成文时间各不相同，但主要集中于过去十年，有的则更早。少数文字为综述，其余则研究特定产品或操作。写作时，我尽量把食物的物质维度与象征维度放在一起。在我看来，它们之间有着千丝万缕的关系，且反过来在我所谓的互动关系中自我阐释和验证。我自始至终的目的，是强调历史变化的动态之处，并理解超乎连续性的差异元素。

在这趟旅程中，我希望读者能更加了解中世纪，也希望大家将那个时代视为黑暗象征的同时，亦视其为光明象征，因为影与光是每个时代的组成部分。把中世纪仅仅当作我们的一段历史就好。

第一章

中世纪，远还是近？

文献里的中世纪烹调史

“中世纪”烹饪如今盛行于世。可我们怎么才能尽量重现六七百年甚至千年以前的味道？其实，这个问题及其答案取决于味道的两个不同层面。首先，就其本义而论，味道即**口味**，也就是舌头和上颚产生的特殊感觉，一种因人而异、转瞬即逝、不可言喻的体验。是故，前人的饮食体验必然难以再寻。

不过，味道亦**认知**，是感官对香与不香、美与不美的论定。它未尝先至，因为美食之乐源自内心，而非口舌。有人教我们如何区分口味，并加以分门别类：美 / 不美、香 / 不香、可口 / 作呕。如此看来，味道并非因人而异、不可言喻，而是人所共有、可言可喻的。它是一种与生俱来的文化体验，与其他变量一起创造了社会的“价值观”。

伟大的烹饪史学家让 – 路易·弗朗德兰（Jean-Louis Flandrin）提出了“味道结构”一词，用以强调这种体验共有共享的性质。[①] 显而易见，第二个层面不同于第一个，但在很大程度上决定了它。

① 关于让 – 路易·弗朗德兰的食物史研究之重要性及直觉思考，见 Montanari 2005b。

通过研究每个社会留下的遗物、痕迹和“史料”(史学家之语),我们可以从历史角度对之加以考察。

那究竟要研究什么遗物?什么痕迹?什么“史料”?

首先是食谱。食谱的文学价值不足为道。对于忙着钻研历史“精髓”的学者,这种文本始终难入其法眼。直到最近几十年,食物史、烹调史才为人所接受,步履维艰地挤进值得史学考察的学科行列。少数学者不再遮遮掩掩,开始大胆研究食谱,到世界各地的档案馆和图书馆发掘新食谱,并取得惊人成果。不计其数的食谱埋没于抄本中,有的完完整整,有的残缺不全。无论独立成册,还是并入别卷(多见于医学和膳食著作),它们记载了至少中世纪后期的 14、15 世纪的历史,甚至 13 世纪的历史,是一批鲜为人知的文献。[①] 在意大利和其他欧洲国家,食谱频出的这种盛况,一方面构成了数百年经验的顶峰,另一方面也是所谓文艺复兴时期烹饪勃兴的起点,那是中世纪传统的最终和更精细的阶段。

然而,仅靠食谱仍不足够,中世纪烹调文化还显露于许多其他文本。医书和养生书详论饮食问题,从健康角度考察食物的正确用法(如前所见,食谱往往就穿插在这类抄本中);农书探究动植物如何入膳;礼书亦会谈及食物、餐桌、酒宴服务之仪。另外,文学与诗歌作品亦注重民以食为本的主题。该主题不仅涉及日常的生存问题,而且正因如此,食物具有了区分个人与群体的功能,代表着同人们财富与权势相应的地位和阶层。每种材料都以某种方式反映了社会对食品的需求与选择。了解哪些人生产或需要什么东西,如何获取,何时获取(在买卖清单、财产协议、账目清单、城乡法规

---

① 见本书第二章。

等材料里，这些都有据可查），显然有助于了解食物消费与饮食习惯。除此之外，考古学研究食物遗迹、人与动物遗骸、家用器具，图像学分析物品功用与外形，这些都提供了丰富材料。对于烹饪流程与技巧，炊具形状与尺寸，举止模式与餐桌仪式，我们通过考古挖掘或微型画像能获得比文字记载更清晰而准确的认识。

简而言之，资料并不匮乏。可从中我们能对消费模式与“时代之味”做何判断？中世纪离我们到底是远是近？

食材革命与观念革命

就食物与烹调法而论，中世纪与我们隔着两件大事。其一，欧洲人占领新大陆，从食物生产史看，这是波澜壮阔的时期。短短几个世纪，各大陆伸手可及的资源就焕然一新，因为新大陆的食材来势汹汹地扎根欧洲、非洲、亚洲，改变了数百万人的饮食习惯。单单在欧洲，我们只需看看番茄如何影响地中海烹饪，马铃薯如何影响大陆饮食，便可窥一斑而见全身，更不消说农民餐桌上至关重要的玉米，或者辣椒，后者在欧洲某些地区，尤其是匈牙利和意大利的卡拉布里亚（Calabria）被当地人接受，旋即成为当地烹调法的独有特色。

不过，我们最好不要过度关注这些新食材，毕竟从中世纪角度来看，它们尚未出现，对其过分关心就好比强调中世纪家庭没有电视。我认为，这场食材革命与其说影响，不如说巩固了烹饪类型，因为它证实而非颠覆了千年来的传统。产量巨大的马铃薯取代了芜菁和芜菁甘蓝等传统食材，并被加进了传统菜品，如汤团

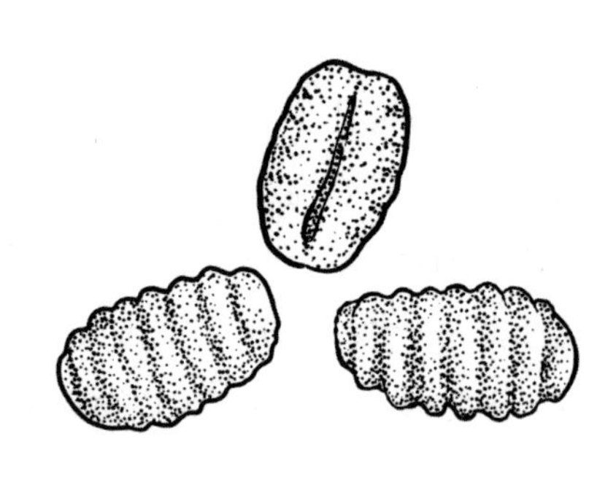

图 1　芜菁甘蓝

图 2　汤团

（gnocchi），这是典型的中世纪佳肴，此前一直只用水和面粉；马铃薯甚至被用于制作面包。这些传统形成后，人们将其解读为心理和文化上的“化未知为已知”[①]，类似解释亦见于玉米。几个世纪以来，栗子粥（polenta）的主料都是以粟为主的次要谷物，但后来玉米取而代之，这种粥当时还未引入美洲。至于番茄在登堂入室之前，乃作沙司使用，而沙司是中世纪烹饪的一大基石（必备品）。

这并非否认新食材之重要，只不过是在强调，从技术层面讲，它们没有彻底改变欧洲的烹调文化。相反，它们印证了几个基本事实。拓荒者到了新世界，到处生产当地前所未有且适合欧洲消费者的食品。由此，小麦、葡萄酒、橄榄油、猪肉、牛肉等欧式食材，首次出现在美洲；还有蔗糖和咖啡，欧洲人也移栽过来，甚至遣送大量非洲奴隶去培育它们。这些活动颠覆了世界经济和世人生活，

① 见 Montanari 2004, pp. 147–151。

但从某种程度上讲，它们巩固而非改变了中世纪伊始逐渐形成的欧式品味。

第二场革命发生于 17 至 18 世纪，其社会与经济意义无法比肩上一革命，可从味道角度看却影响深远。回望中世纪，我们会立即发现，我们的烹饪观念，或者说看似“自然”如意的口味体系，其实与数百年前（不独中世纪，甚至近代亦然）人们认为完美并付诸烹调的截然不同。就说意大利等欧洲国家，当代烹饪讲究抽丝剥茧，把甜、咸、苦、酸、辣都分隔开来，在单个菜品和定菜中，都为它们分别开辟独舞的空间。此举体现了一种思想，即烹饪必须尽可能尊重每种食材因时而异、因时而殊的天然口味，故需将它们相互区分。不过，这些简单的律例并不是早已存在且亘古不变的万用烹饪典型，它们是 17 至 18 世纪一场法国小革命之产物。

“甘蓝汤得有甘蓝的味道，韭葱得有韭葱的味道，芜菁得有芜菁的味道。”尼古拉·德博纳丰（Nicolas de Bonnefons）在 17 世纪中叶《乡村乐事》（*Les délices de la campagne*）时如是建言。这看似朴实的道理，其实打破了数百年来的思维与用餐模式。文艺复兴的烹饪、中世纪的烹饪，乃至更久之前古罗马的烹饪孕育出了一种模式，其主要讲究食在人为和口味混合。单种食材的准备及其在菜品中的位置，无不遵循综合而非分析的思路，换言之，务必浑然一体，不可各自为主。[①] 此说源于膳食平衡原则，即食物中富含的各种营养物质，各有其味，又因他味而自显。[②] 时人认为，完美的食物应当集众口味于一身，聚各益处于一体，因此，厨师可以适时彻

① Montanari 2004, p. 75.

② 关于本话题，见本书第十八章。

底改变食材的特质。烹饪遂成为运化之术，把食物的“天然”味道转化为某种“人为”之作。

这种理念的典型例子，是用蔗糖与柠檬汁调制酸甜味，此乃对蜂蜜与食醋混合物的化用与发扬。这两种食材产自中东，经阿拉伯人传入欧洲后，成为古罗马烹饪的特色物。这种味道从未彻底消失，在较保守的欧式烹饪中仍能尝到，如德国烹饪，在东欧烹饪中则更为常见。我们不禁想到用矮越橘蜜饯、煮熟的梨与苹果，给肉（尤其是猎物）提味，这是中世纪烹饪。又如在意大利，克雷莫纳的芥末汁蜜饯（mostarda cremonese）等特产融合了辛香料的刺激与蔗糖的香甜，这是中世纪烹饪。或者再想想在香料蜜糖面包（panpepato）及其他圣诞甜点中添加的胡椒和蔗糖。把目光放得再远些，中餐里有酸甜味的菜品，摩洛哥传统中亦有蜜汁酥皮鸽。此即中世纪烹饪，一种对比鲜明的烹调方式，追求平衡，追求口味之间的完美融合。这种“味道结构”跟膳食科学息息相关，与某种哲学和某种世界观密不可分。过去两百年间，它在欧洲被彻底改变，从法国开始，而后是意大利。这种改变无疑是我们理解中世纪那个截然不同的世界的最大障碍。依我之见，不妨先到北非考察那里的烹调传统，这将有助于我们走进中世纪。

中世纪烹调法与我们不同的另一基本特征是脂肪极少。中世纪烹饪以精肉为主，在制作鱼和肉调味用沙司时，必添加葡萄酒、食醋、柠檬汁、酸葡萄汁等酸性原料，同时拌以辛香料，加入软面包、动物肝脏、杏仁、核桃或蛋黄增稠。[①] 我们更熟悉食用油或黄油打底的沙司，如蛋黄酱（mayonnaise）、白汁（béchamelle）以及

① Montanari 1993, pp. 146–147; Redon, Sabban, e Serventi 1994, pp. 31ff.

一切 19 和 20 世纪资产阶级美食的典型酱汁，它们都属于从 17 世纪起深刻改变食物味道与外观的近代发明。[①]

中世纪烹饪追求口味的融合而非分明，中世纪烹饪技巧也有此说道，即各技巧并非井水不犯河水，而要讲究“合用”。煮、烤、炸、炖显然是截然不同的烹饪方法，但很多情况下，它们也是同一工序的不同时段，备料时就已明确次序。在某些情况下，这符合实际要求。例如，至少在 18 世纪末之前，通常会进行汆肉，这亦是为了在准备后续步骤时给肉保鲜。另外，汆还可让肉变得更嫩。跟其他烹制手法一样，汆归根结底也是味道问题。

通过运用各种技巧，烹饪者可以得到特别的口味和特殊的质感。中世纪烹饪很看重食物质感，因为比起现代人，中世纪人更惯用嘴或手感触食物，他们通常徒手进食，很少使用餐具。[②]唯独在吃流食时，才必然用到匙。有人认为，叉体现了餐桌礼仪过分且饱受争议的精致；也有人认为，遇到滚烫流滑的面食（pasta），无法用手触碰，叉便尽显其用武之地。叉诞生于意大利绝非偶然，因为彼时已进入中世纪后期的意大利，率先赋予面食举足轻重的地位。至于吃肉用叉，即便到了近代晚期，即便在意大利，也被视为矫揉造作之举，有不干不净之嫌。

中世纪遥不可及的另一个原因是菜品次序，或者说是上菜方式。[③]相比今日，其最大的不同之处在于并不使用我们熟知的“俄式”（à la russe）上菜法，即顺次给所有客人端上预制的统一菜品，而这种方式在中世纪很久以后，至少到 19 世纪中叶，方才出现。

---

① 见本书第九章。

② 关于本话题，见本书第十七章。

③ 关于上菜方式及其流变，见 Capatti–Montanari 1999, pp. 145–183。

如今我们对其习以为常，甚至觉得了无新意。可中世纪的上菜方式与此迥异，大概类似中国、日本以及其他社会仍常用的方式——各种菜品一次上齐，客人自取所好，不论次序。便餐一道菜便足矣，正餐或大餐的菜品则花样繁多，有冷有热，数目各异，原材料也千差万别，全视宴席之重要与精致程度而定。便餐也好，正餐也罢，挑选菜品取决于食客本人。今天，唯有自助餐才采用这种模式。让客人一边站立而食，一边接抛刀叉盘盏，这绝非好事。但若安排得井井有条，倒能给予食客充分的自由和活动空间。

中世纪文化反对整齐划一，可烹饪文化并没有自由选择的空间。一切都要遵从比较矛盾的饮食观念——每个人当然有权利满足己之所需，己之所欲，但也有与其特定社会阶层相应的权利和义务。[①] 如此说来，食物乃是区别和辨识社会阶层的标志。在重要的宴会上，同样的菜品不一定上给每位食客，上哪种菜先看"食客的性质"，或者说社会地位。其次才看个人喜好。再者，食材的象征价值跟其营养与口感一样重要，因此拥有某地位的人可能不得不食用某种食物，即便有时会违其本意。例如，在14世纪的佛罗伦萨，某首长会议成员，每逢宗教节日，"被迫"食用雉和山鹑；他私下直言不讳道，那些禽肉让自己作呕。[②] 可见众口难调。一谈到吃，社会上的守旧力量总会大显神威，这在中世纪更是有过之而无不及。

现实与想象、亲尝的味道与构想的味道之间的联系剪不断理还乱。正因如此，我们无法脱离相关文化与心理语境，复制每一条烹调经验。如果说我们跟中世纪存在众多相通之处，那么别忘了，其

① Montanari 1993, pp. 105ff.

② Grieco 1987, p. 94. 关于首长会议宴会的食物考察，见 Frosini 1993。

间亦存在众多相异之处。而相通之处可见于食品方面：不少中世纪发明的食材至今仍流行于世。面食即明证之一。在意大利源远流长的烹饪史上，面食的地位始终举足轻重，但其他菜肴，如谷物粥、面包以及上百种面粉制品同样流传至今。数百年来，它们不但维系了意大利人的生存，也满足了其口腹之欲。对于农家厨房，对于底层的消费体系，这种延续可能更加重要。不过，相关研究过于草率，缺乏依据，仅凭演绎推理，我们无法盖棺定论。当然，不可否认，贫民的烹饪及其食物原料在数百年间发生了天翻地覆的变化。

再现中世纪烹饪是否可行

但问题仍有待回答：就算我们通过把握时间变量、地理变量和社会变量，掌握了中世纪菜肴，那我们能否将其重现？“重做中世纪烹饪”的难点在于，如何明确文本的语文学研究与下厨操练的界限，而这个界限其实难以事先厘定。唯有亲自细心体验过的人，才能正确界定，但此举仍会因上述矛盾遇到无可避免的风险。作为集体遗产，过去的烹调文化如果能受到比较信实的研究与再造，那么个人体验（进食时的感受）就绝不可靠。我们的对象变了：即便是同名，今日的菜肴也不再是千年前的菜肴。更重要的是，主体也变了：此食客非彼食客，两者的品味亦天差地别。对于力图获得有“史实依据”之结果者，这不啻晴天霹雳。就好比听古典乐爱好者重新演奏 14 世纪“新艺术”[①] 音乐或作曲家纪尧姆 · 德马肖

① 在法国和低地国家出现的新复调曲风。

（Guillaume de Machaut）的创新乐曲。不管我们如何努力，都无法从脑海中消除巴赫、莫扎特、贝多芬、斯特拉文斯基（Stravinsky）或勋伯格（Schoenberg）带来的影响，自然也就无法重现几个世纪前听众视“新艺术”为先锋艺术的感受。“浸淫”于历史，从思想层面讲还有几分可能，从情感层面讲，则无异于天方夜谭。

在主观情感上，追求文本的语文学忠实绝非重构旧日感觉的最佳方式。可能出现相反的情况——在知识允许的范围内，大刀阔斧的改编或许比形式确证更近于实情。例如，研钵与杵跟电动搅拌机截然不同，两种器具加工而成的食物，浓度也各不相同。不过，根据**我们的**经验，要想“研磨得精细”，最好用搅拌机，一如中世纪人认为应该用研钵。客观有别的两种感觉在主观上也许能殊途同归，但我们永远不能确定。

这种技巧上的考量甚至适用于口味：中世纪时味道过重的食物，对当时人来说根本谈不上“过度”。进食方式亦然。要想充分模仿中世纪习惯，我们就不得不用手进食，虽然其他文化尚保留此习，如食用摩洛哥的蒸粗麦粉（couscous）——北非再次成为我们体验中世纪的镜子，但这种方式已经不再符合我们的文化体验。我们不习惯以双手进食，若如此进食，那也是为了异域猎奇。在中世纪，欧洲人对此“习以为常”，如今则早已不然。当然，去麦当劳的话我们偶尔会破例。据说麦当劳之所以成功，是因为让食客找回压抑已久的历史体验。

我们不得不退而求其次，承认即便小心求证，饱览群书，我们的求知欲仍注定流于表面。这就好比我们到异国旅行，试图理解异域文化，可终究无法同当地人**感同身受**。我们能做的是，以中世纪烹饪为乐，遵守一定规则（没有毫无规则的游戏），但不落入文献考证的窠臼。但此举除了产生不实之感，往往很难做到，因为中世纪食谱常不注明用料的精确分量。这倒不是粗心所致，而是由于食谱的读者要么为里手，要么为行家。另外，重修“原样”食谱矛盾重重。弗朗德兰曾写道：“如果你完全遵从食谱的每一个字，那还不如交给机器代劳。”[①]如此，不仅有违创意至上的厨艺，而且有违我们努力重塑的真正中世纪精神。在中世纪食谱里，菜品即便同名，仍难以把握，盖因各地做法千差万别。以中世纪人喜爱的“牛奶杏仁冻”（biancomangiare）为例，其食谱有十余种，但仍无法找出共用的原料。[②]这也暗喻了好厨师都应遵守的玉律。某份 14 世纪意大利文献写道：“合格的厨师深谙地域之别，与此相关的一切他无所不知，进而能烹制色香味恰到好处的菜品。”[③]

---

① Flandrin 1992, p. 48.

② Flandrin 1984, pp. 77–78.

③ Montanari 1993, p. 82.

第二章

中世纪食谱

享誉贵族圈的第一类食谱

第一批收录食谱的意大利抄本写于中世纪后期的14和15世纪。它们勾勒出意大利文化雏形，且大有涵盖欧洲文化之势。这些文本所呈现的烹饪法并非局限于某一地区，而是具有跨地域色彩，就像欧洲很多地区都通行的通用语（koiné）。[①] 不限“一隅”虽然直至近来才成为烹调文化的必要条件，但在中世纪已是一种宏图大志；对于上层社会（这些食谱直接或间接的读者），食谱意味着“人为”烹饪法，由于它不受地域限制，故可共享。[②] 不过，在此范围内，“地域”或“民族”特征并未消失。食谱与菜品的流传非但没有消除差异，甚至可以说成为差异之基础，而且我们仍能在欧洲语境中，甄别出体现狭小区域的文化特征，或者说“地域性”和“民族性”烹调模式——尽管它们并非基于同特定地区资源和传统的联系，而是基于个人地域性体验在大范围内的传播。

换言之，14与15世纪意大利食谱并不反映任何特定地域文化，

① 关于中世纪欧洲的食谱抄本，见 Lambert 1992 和 Laurioux 1997c。

② Montanari 2004, pp. 109–116.

但它们涵盖了亚平宁半岛各地的做法。于是，在如今界定为意大利的地理与文化空间内，一种共通文化初现雏形，经过各个地区之间的交流，它最终定型。更准确地讲，这种交流是城际交流，因为在意大利，烹调文化和广义文化由城市而生。[①]这具有重大历史意义，因为它说明了文化共享[②]如何比其制度更能创造出一个国家的身份。从政治角度讲，中世纪并不存在意大利，且直至 19 世纪下半叶依然如此。不过从文化角度讲，意大利的存在已是时人皆知的不争事实。正所谓饮食即文化，这种意大利特征正是通过口味和风味展现出来的。13 世纪的修士兼编年史家帕尔马的萨林贝内（Salimbene da Parma）曾言，“欧塞尔（Auxerre，位于勃艮第）红酒不如意大利红酒”[③]，便是这个意思。

在意大利最早的食谱中，我们的确发现有关亚平宁半岛地方菜品的文字。[④]其中，出自意大利南部的《烹饪指南》（*Liber de coquina*）介绍了甘蓝的“罗马式”做法，蔬菜的“坎帕尼亚（Campania）式”做法，豆子的“特雷维索马尔卡（Marca di Treviso）式”做法。原料方面，该书提到了普利亚小麦（semola pugliese）和热那亚面食（pasta genovese）；食材方面，则谈及“伦巴第糖水水果”（composto lombardo），或者如今熟知的开胃小菜克雷莫纳芥末汁蜜饯。其他 14 世纪食谱亦收录过“罗马面糊”（pastello romano）、拉瓦尼亚（Lavagna）果仁大圆糕饼（torta）、撒丁岛（Sardegna）或基奥贾（Chioggia）食盐。

---

① Capatti–Montanari 1999, pp. x–xi.

② Montanari 2010.

③ Messedaglia 1943–44, p. 406.

④ 本段之后的内容，见 Capatti–Montanari 1999, pp. 9ff.。

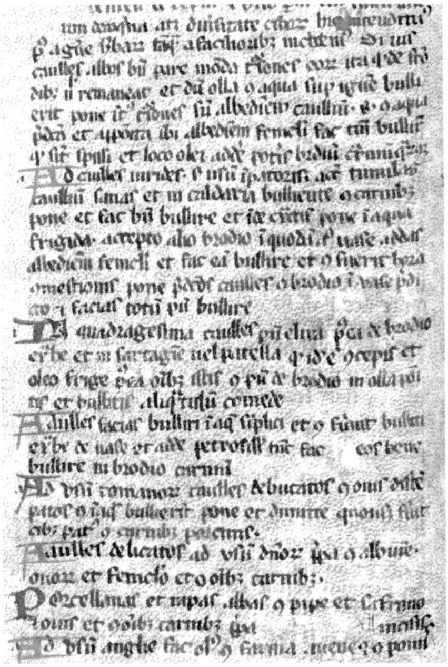

图 3　出自意大利南部的《烹饪指南》

我们不应过分相信这些名字指代了食物出处，因为多数情况下，它们要么为临时之用，要么得自庆典，不一定跟当地烹饪传统有关。例如，乔瓦尼·雷博拉（Giovanni Rebora）坚信，拉瓦尼亚果仁大圆糕饼并非利古里亚（Liguria）传统菜色，而是为庆祝拉瓦尼亚伯爵家族的西尼巴尔多·菲耶斯基（Sinibaldo Fieschi）晋升教皇而制作的菜品。[1] 在其他情况下，地理指称似乎在甄别烹调法上更可信。不过这并非重点。这样的命名（不考虑其真实意思）表

① Rebora 1996, pp. 68–69.

明，大家**相信**各地有特色菜存在。这才是至关重要的。正如弗朗德兰写道："不管各民族各地区菜系的真正起源如何，显然当时的人将它们一一区分开来。"①

从某种角度讲，"本地"文化不限于本地，故"意式菜系"（即作为不同现实相互交流的共同基础）确实存在。对此，食谱比名字更有说服力，而各种食谱在意大利境内广为流传也是明证。学者已指出两大主要传播地区——施瓦本 – 安茹（Svevo-Angioino）公国和托斯卡纳（Toscana）地区。②

上文提到的《烹饪指南》可能作于 14 世纪早期的那不勒斯安茹王朝，尽管安娜・马尔泰洛蒂（Anna Martellotti）③ 近来提出，它源于 13 世纪的某著作，该著作编纂于西西里国王腓特烈二世（Friedrich II）在巴勒莫（Palermo）的王宫。率先出版这本食谱的玛丽安娜・米隆（Marianne Mulon）断言，④此书具有"南部特征"。后来，萨达（Sada）和瓦伦特（Valente）严密论证了这一说法。他们有形式依据，比如许多语音属于"意大利南部通行的方言"，以及在安茹时期文献中，"那不勒斯和普利亚元素"尤浓；该论证也不乏实证依据，例如食材和食谱可追溯至意大利南部文化。⑤因此，尽管布鲁诺・洛里奥（Bruno Laurioux）有所异议，⑥但食谱的"南部特征"毋庸置疑。它反映了一种以四海为本的融合文化，这在当时欧洲颇为盛行；在意大利南部，它还受到阿拉伯的影响。

① Flandrin 1984, pp. 80–81.
② Capatti–Montanari 1999, pp. 10–13.
③ Martellotti 2005.
④ Mulon 1971.
⑤ Sada–Valente 1995, p. 21.
⑥ Laurioux 1997b, p. 210.

用拉丁文写作的《烹饪指南》出现后，各种衍生食谱和意大利俗语译本纷纷问世，当然译者根据各地方言做了大量改动，14 世纪末托斯卡纳无名氏的译本 *Libro della cucina*（字面意思就是“烹饪书”），以及 15 世纪的各种译本皆是如此。布鲁诺·洛里奥在档案馆和图书馆中，耐心翻查这些“变体”，然后断定：“到 15 世纪末，《烹饪指南》及其各类变体译本仍在使用，不但在意大利尽人皆知，而且名扬半岛之外的法兰西和德意志。”[①]该书之所以在欧洲大获成功，可能是因为它用通用语言拉丁文写就。在意大利，它流传甚广，经久不衰，这既是该地区烹调文化异中求同的明证，也多多少少成为其载体。

风靡意大利的第二类食谱

第二类食谱的情况亦然。最早的第二类食谱见于 1338 至 1339 年的一份抄本，大概写于托斯卡纳的锡耶纳。其影响力似乎遍及四面八方：受该书启发，各语种改编版抄本在 14 至 15 世纪间的博洛尼亚（Bologna）、利古里亚、威尼托（Veneto）（用威尼斯方言）和南部出现。虽说这些抄本间存在亲缘联系已举世公认，但它们的具体关系则仍无法确定，学者对此各持己见。一方面，不同于第一类食谱，第二类食谱从未离开意大利；另一方面，它们流传得更久，畅行半岛至 16 世纪。[②]

① Laurioux 1997b, pp. 210–212.
② Ibid.

第一类抄本出自巴勒莫或那不勒斯的宫廷，第二类则出自公社式意大利的城市。食谱的不同文风，反映出两类抄本不同的文化与社会取向。第一类食谱供贵绅阅读，有些会写明这点（如，“备汤，加辛香料，同孔雀一起送至领主餐桌”）。第二类食谱则在友人间传阅：“十二饕餮”（十二位贪食的绅士，或十二位富家公子哥）一词多次出现在食谱中，再加上无时无刻不流露出的“富贵”观念，不禁令人想到暴富新贵，而非传统贵族。[①] 第二类食谱的文本所指涉的并非宫廷，而是望族，并非贵族，而是上层“资产阶级”。在中世纪意大利城市那种社会语境下，“资产阶级”一词要谨慎使用；当时认为，传统贵族家庭，以及商贾、工匠、手艺人等新兴阶层，都参与权力运作并塑造文化模式。

在第二类食谱中，规格似乎至关重要（完全是“资产阶级”的），其中写明了用料的精确数量以及采购价格。《烹饪指南》及其衍生食谱对此细节不屑一顾，计量更为模糊。它们要么写给技艺精湛的厨师（以及其他肯定会阅读食谱的专业人士），要么纯粹为了向领主致敬，俨然是在展示其饮食之丰盛华丽。

因此，我们可以想象食谱的双重解读方式。一种以“炫耀为目的”，面向顾客，比如阔少或贵族。另一种更专业，面向给他们掌勺的厨师。后者会附上提醒或建议。例如，做鳗鲡馅饼，“需待鳗鲡稍冷却，否则会烫到贵人们的嘴”；做意大利方饺（ravioli），“要将生面团擀得极薄，否则难讨贵人欢心”。[②] 此外，厨师有了自己的施展空间。世人几乎理所当然地认为，厨师能根据市场需求、本

① Capatti–Montanari 1999, p. 12.

② Montanari 1993, pp. 81–82.

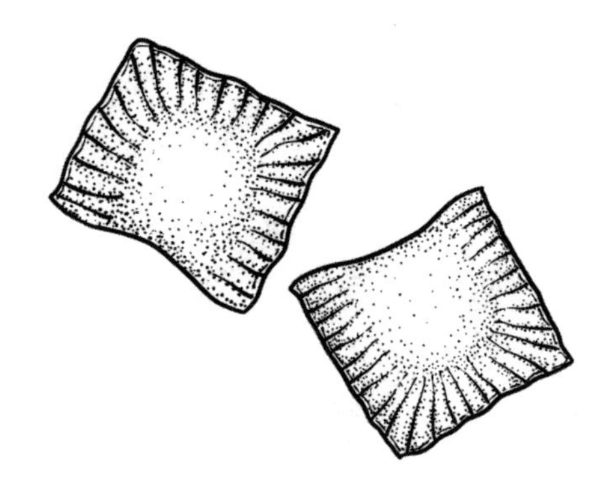

图 4　意大利方饺

人创意和食客喜好，随心所欲地改变食物口味和原料。[1] 只要看看这后一种食谱所面对的顾客和读者类型，就不难想象，市民中有大量潜在阅读者。除了富裕的资产阶级和贵族，肯定不乏普通的猎奇者、大胃王、美食家。甚至文学作品里也常见这种对厨艺抄本手不释卷的读者：14 世纪作家真蒂莱·塞尔米尼（Gentile Sermini）塑造了一位享乐至上的修士梅奥乔（Meoccio）。他把最喜欢的食谱伪造成《日课经》，趁着装模作样认真冥想，如饥似渴地阅读。这本“日课经”，“尽是厨师描述的各种美食佳肴，以及要佐以何种芳草，在哪个季节烹制。这些东西把他的脑袋瓜塞得满满当当”。[2]

或许还有第三种抄本，即《厨房纪事》（*Fait de la cuisine*），编者为 15 世纪萨伏依（Savoy）公国御厨希卡尔师傅（Maître

① 见本书第一章。

② Montanari 1989, p. 451（见 G. Sermini, *Le novelle*, xxix, ed. G. Vettori, Roma, Avanzini e Torraca, 1968, 2, pp. 483–496）。

Chiquart)。[1]不过，该书不属“意大利”境内食谱传播的范围。尽管它堪称意大利与法国文化的桥梁，但其实更接近法国风俗。在中世纪，至少17世纪末前，意大利还没有皮埃蒙特区（Piemonte）。[2]后来，这一局面逐渐改变，而正是皮埃蒙特构建了政治意义上的意大利。

以上我们谈了抄本，指出食谱的两大类谱系，并概述了其衍生文本的传播渠道。其实，学界正热火朝天地探讨这些衍生文本。衍生品向来都不简单：它们非但不排斥选合、增删、改编这些做法，而且常常预见了这些现象，这些都是运用食谱等文本时不可避免的。虽然这为食谱文献考订工作增添了魅力，但若要以修订文学作品的标准绳之则断无可能。学者认为，失传的册子本会衍生出明显相似却不乏相异之处的文本；他们也观察到，当某文本从甲地传入乙地，有些部分会被彻底“遗漏”。例如，出于不知名原因，衍生自南部《烹饪指南》的托斯卡纳食谱删去了所有跟海鱼有关的内容。如此现象不能仅归因于“变体”论。简言之，经文献学打磨并强化的方法，无法解答烹饪抄本带来的种种难题。对书写材料类型、书写风格等物理因素的研究导致了测定食谱年代上的差异，再加上内容评价存在差异，问题变得更加复杂。通过食谱分析，有时判断出B衍生自A，有时却判断出A衍生自B。问题仍悬而未决，很多今天写下的定论，明天就可能像翻手套一样内外颠倒。不过，这正是研究的魅力。

---

① 关于萨伏依公国的烹饪，见 Salvatico 1999。

② Capatti–Montanari 1999, p. 29; Montanari 2010, pp. 37–38.

现代食谱写作的奠基人

15 世纪下半叶，意大利烹饪史上第一位重要作者马蒂诺·德罗西师傅（Maestro Martino de Rossi）撰写了《厨艺指南》（*Libro de arte coquinaria*）。尽管书名用了拉丁文，但内容完全为意大利俗语。无论质量还是内容，该书都大大超越早期的同类作品。[①] 马蒂诺师傅生于提契诺（Ticino）的布莱尼奥谷（valle di Blenio）[②]，后来成为跨地域文化之典范人物，这一文化横跨整个半岛。大概于 1461 至 1462 年，他曾在米兰的弗朗切斯科·斯福尔扎（Francesco Sforza）公爵府当差，之后前往罗马，起先效力于阿奎莱亚牧首（patriarca di Aquileia）卢多维科·特雷维桑（Ludovico Trevisan），后赴教廷，至少担任保罗二世（Paulus II）和西克斯图斯四世（Sixtus IV）两位教皇的私厨（cuoco secreto）。那些年，他与人文主义者巴尔托洛梅奥·萨基（Bartolomeo Sacchi，又名普拉蒂纳［il Platina］）私交渐笃，并可能在其帮助下编纂了《厨艺指南》这本食谱。1484 年后，马蒂诺回到米兰，效劳于那不勒斯国王的雇佣兵队长吉安·贾科莫·特里武尔齐奥（Gian Giacomo Trivulzio）。正因为如此，马蒂诺可能曾暂居那不勒斯，留下对其工作的记载——一本没有署名的食谱，写作时间为他在那不勒斯逗留期间，学者习惯称其为《那不勒斯食谱》（*Cuoco napoletano*）。[③] 该著作极似马蒂诺的食谱。有

① 关于马蒂诺师傅，见 Benporat 1990; Capatti–Montanari 1999, pp. 13–15；Ballerini–Parzen 2001；以及最重要的 Laurioux 2006, pp. 503ff.。

② 今属瑞士。——中译者注

③ Curt F. Bühler Collection, B.19, New York, Morgan Library and Museum.

LIBRO DE ARTE COQVINARIA
COMPOSTO PER LO EGREGIO
MAESTRO
MARTINO COQVO OLIM DEL
REVERENDISS MONSIGNOR
CAMORLENGO
ET PATRIARCHA DE AQVILEIA.

Per dare ad intender qual carne merita andare arrosto, et quale allesso: Carne grossa di bove, et de vacca uole esser allessa: Carne de vitello, zio, e il petto dauanti, e bono allesso, et la lonza arrosto, et le cosse in polpette: Carne de castrone tutta e bona allesso, saluo la spalla, che e bona arrosto et etiandio la cossa: Carne de porco non e sana in nullo modo, pur la schina uole esser arrosto, et fresco con cepolle, et il resto poi salare, o come ti piace: Carne de capretto, e tutta bona allesso, et arrosto: ma la parte de drieto, e meglio arrosto: Similemente, e lagnello: Carne de capra e bona del mese de Jennaro con la agliata: De la carne del ceruo la parte de nanti, e bona in brodo lardieri. Le lonze se porano far arrosto, et le cosse son bone in pastello secco o in polpette: Similemente, e bona la carne del capriolo. Carne de porco saluatico uole esser in peporata, o in ciuero, o in brodo lardieri: Carne de lepore, e tutta

Boue.
Vacca
Vitello
Castrone.
Porco
Capretto.
Agnello.
Capra.
Ceruo
Capriolo
Porco saluatico.
Lepore.

图5　马蒂诺《厨艺指南》

图6　普拉蒂纳

人指出，正是在寓居那不勒斯时期，马蒂诺的手艺[1]日益精进，故其烹饪常见“南部”特色，尤其受加泰罗尼亚影响较深（另有人以为，此乃教廷“厨艺大同”思想使然[2]）。不管怎样，可以肯定，马蒂诺师傅的《厨艺指南》作于1464至1465年的罗马，随后几经修订，并通过抄本流传下来。《厨艺指南》具有浓厚的跨城市、跨地域色彩，奠定了“意式”烹饪法的基础。

遗憾的是，世人很快忘记了马蒂诺，至少忘了他写过什么。不过，他的食谱仍然流传于世，并大获成功，但这全拜他人所赐。有据可查的一个剽窃者是乔瓦尼·罗塞利（Giovanni Rosselli），“那个法国人”（一说确有其人，一说乃编者化名[3]）；他把马蒂诺的食谱换了个名，叫《新作埃普拉里奥》（*Opera nova chiamata Epulario*），而后竟一炮走红。另一个得利者是乔瓦内师傅（Maestro Giovane）。1530年，他出版了完全抄袭马蒂诺食谱的《大作》（*Opera degnissima*）。

不过，马蒂诺能间接地享誉欧洲，还得感谢其友人普拉蒂纳的著作《论欢愉与安康》（*De honesta voluptate et valetudine*，原作为拉丁文，后译成意、法、德文）。就严格的烹饪学而论，马蒂诺对他的影响不言而喻。普拉蒂纳写道：“哪个厨师能比得上我的马蒂诺？我要写的东西大多得自于他。”[4]平心而论，普拉蒂纳的著作并非附和之作，其中的食谱处于更广泛的文化与科学语境，并从膳食与酣食角度，强调每种原料在烹饪“体系”中的作用。马蒂诺与普

---

① Benporat 1996, pp. 42–43.

② Laurioux 1997b, pp. 213–215.

③ 前者如 Benporat 1996, p. 72，后者如 Laurioux 1997b, p. 215。

④ Faccioli 1987, p. 141.

拉蒂纳共同奠定了中世纪晚期意大利烹饪的基调，使其成为欧洲文化无可置疑的参照点。

马蒂诺对意大利烹饪史的重要之处，不仅在于其著作的内容，而且在于其构思与写作食谱时所用的“修辞”。马蒂诺开创了一种事无巨细的新文体。烹饪方法条理分明，讲解细致入微，口吻循循善诱，以往烹调文献罕有这种授业之风。在马蒂诺师傅以前，意大利食谱相当粗略，其菜单更像给有烹饪经验者写的便签；原料用量从不标注，烹调时间从不写明，内容编排并不连贯，菜单顺序也没有既定标准。马蒂诺熟知这一传统，其著作中收录了许多以往抄本（“南部谱系”和“托斯卡纳谱系”食谱）已有的菜单。[①] 不过，马蒂诺意在破旧立新。他的食谱中，四分之三的内容都是前所未有的。为了让文字晓畅，马蒂诺对以往材料或释或改，或增或删，并把同类原料（肉、蛋、鱼）或菜品（汤、沙司、果仁大圆糕饼、油炸馅饼［frittelle］）汇集成章；他率先将面食菜品单独成“类”。他还引入新词，如“炸丸子”（polpettao frittella），这些在意大利烹调词汇中沿用至今。另外，他还介绍了茄子等过去无人问津的原料。如此一来，马蒂诺就成为分水岭式的人物：既继承了中世纪传统，又奠定了现代传统。

普拉蒂纳深谙这一点，并宣称，“他的”马蒂诺令阿皮基乌斯（Apicius）等古代厨师望尘莫及。他写道：“面对古人的品味，我们没理由自叹弗如。虽然他们可能在许多领域更为优秀，但在品味上，我们是无可比拟的。”[②] 这种对现代性的赞美在人文主义时代

① 见 Laurioux 2006 的分析。

② Faccioli 1985, p. 141（见牛奶杏仁冻食谱）。

尤其重要。在这个时代，人们对接触到的一切古代事物都充满崇拜，艺术、科学、文学、哲学方面皆如此。但在烹饪方面并不是：普拉蒂纳说，这一点，我们今天知道如何做得更好，感谢马蒂诺。

第三章

食物的语法

食物：诉说身份的另类语言

洋葱就是洋葱。

但拉瓦诺·毛罗（Rabano Mauro）在《宇宙论》中穿插象征、托寓、比喻性阐释时，向我们解释说，洋葱与大蒜“代表心灵的腐化与原罪的苦难”，因为“吃得越多，越受折磨”。依此，洋葱显然不再只是洋葱。[①]

为克吕尼修院院长奥东（Odon）立传的意大利人乔瓦尼（Giovanni Italico）讲过，自己陪奥东自罗马返回的途中，遇见了一个年迈的朝圣者，这位老翁背着整整一麻袋洋葱（还有大蒜和韭葱）。乔瓦尼受不了散发的恶臭，避向了马路另一边。洋葱浓烈的气味因此成为佃农的标记，令那挑剔的修士闻之欲呕。[②] 此时，洋葱又另有他意。

克雷莫纳主教柳特普兰多（Liutprando）曾受命，以萨克森王朝皇帝奥托一世（Otto I）特使身份，前往君士坦丁堡宫廷。他认

① Rabano Mauro, *De universo*, PL 111, c. 527.

② Giovanni Italico, *Vita Sancti Odonis*, PL 133, c. 64. 见本书第十五章。

为，当地人食用洋葱，乃文化落后的表现。为展现**吾**皇之高贵与威望，柳特普兰多断然拒食这些呛鼻的蔬菜，没有像“希腊人之王”尼切福罗·福卡（Niceforo Foca）一样，“食用大蒜、洋葱和韭葱”来放低身段。[①]洋葱（又跟大蒜和韭葱一起）亦不再只意味着洋葱了。

洋葱聚集了经济、社会、政治、道德等象征意味，这使洋葱的含义从营养层面上升至**语言**层面。事实上，每个社会的膳食系统都是名副其实的交流代码，由类似赋予口头语内涵及稳定性的惯例所规范。这套惯例我们称为“语法”。在某种程度上，它可以被复制到膳食系统中，在这套语法下，其产物并非食材与食物的简单杂烩，或各种元素的随意组合，而是一种结构，其中每种元素都获得相应的含义。[②]

如此一来，我们或许能理解中世纪欧洲的膳食系统及语言层面的模式，运用**内在**结构（建构体系所用的规则，跟言语系统的规则相近）与**外在**投射（以体系为社会交流的手段）的双重内涵。我将侧重前者。为此，我们先考虑一个跟中世纪鼎盛时期特别有关的问题：何为食物的语法？作为其组成部分的词汇、词法、句法、修辞又是什么？

---

① Liutprando da Cremona, “Relatio de legatione constantinopolitana,” in *Liudprandi Opera*, ed. J. Becker, Hannover–Leipzig, 1915, pp. 196–197.

② 食物与语言的类比最早由列维－斯特劳斯（Lévi-Strauss）于 1958 年提出。在其《神话学》（*Mythologiques*）的前三卷（Lévi-Strauss 1964, 1966, 1968）中，他为与语言系统平行且类似的膳食系统，更系统地设计了结构框架。另有一篇短文（Lévi-Strauss 1965）的方法论非常重要，该文将烹饪方法视为厨艺实践在文化上至关重要的基础。

食物语言的词库

这种语言所倚赖的词库必然包含各类可用的食材和动植物，它们好比组成词语和整部词典的词素（基本单位）。词库因境而异，故本质上千变万化，在中世纪早期尤为如此。彼时，野生经济与驯养经济交替融合，互为补充，这种动态关系预示了植物与动物在两个方向上的广泛游移。一些看似是驯养的动物，如牛，其实野外可见；一些看似是野生的动物，如鹿，亦可驯养。更不消说家猪与野猪，仅凭外表和行为难以区分。[①]

这种可变甚至是实验性的因素，催生了相应的社会与文化变量。贵族对未开垦的资源情有独钟。他们喜欢森林，在那里驰骋狩猎，以对立[②]但也是模仿的方式，与野生动物交锋。就连隐士也对佃农赞不绝口，认为其具有伊甸园式的纯真和天赐的食性——以素为食。[③]在农业与畜牧活动中，修士更倾心于家养动物，[④]故他们向往佃农文化。[⑤]

从以上种种关系和视角，我们不难发现某些基本要素。其中最为重要的，是在以佃农的膳食词库为主的文献中大量提及所谓的“小动物”（bestie minute）——供各种膳食之用的猪或绵羊。猪最适合出肉，母羊最适合产奶，更准确地说，产干酪，因为奶往往用来制作干酪。只有少数地区，受环境（如林区或草场）或文化传统

① 有关这类问题的分析，见 Montanari 1993, pp. 46–47。
② Galloni 1993.
③ Montanari 1990b, pp. 282ff.
④ Ibid., pp. 300–301.
⑤ 关于本话题，见 Montanari 1979。

（基本为罗马传统）影响，才会把绵羊也作为肉类的重要来源。尽管考古数据（非书面资料）表明，家牛养殖在罗马时代相当重要，但家牛仍罕见于膳食名单。①

在中世纪早期，随着林业与畜牧活动日渐频繁，动物养殖越发重要。在此背景下，人们在属于未开垦地区的内水发展渔业，促进了经济增长，而罗马时代高产且商业化的海洋捕捞，到了中世纪已开始倒退，并逐渐淡出食物舞台。即便在毗邻亚得里亚海的拉韦纳（Ravenna），渔民公会（schola piscatorum）的规定乃用于捕捞淡水鱼，至于海鱼则只字未提。②

蔬菜类菜品中，唱主角的是谷类，当然也出现一些前所未有的革新。自中世纪早期，便开始栽植两种新作物——黑麦与燕麦。过去，它们背负着恶草之名，后因产量高，耐寒抗旱，渐渐取代了法罗小麦（farro）、小麦等传统作物。同理，粟、黍（panìco）、高粱等“细粮”也在中世纪早期经济中占据重要地位。据记载，10 世纪早期，在布雷西亚（Brescia）圣尤利娅（Santa Giulia）修院的土地上，同时发现了大麦和燕麦，③这意味着新旧作物的混植——大麦是极其古老的地中海传统谷物，而燕麦是欧洲大陆北部熟知的新贵谷物。从当地作物品种判断，中世纪早期欧洲谷物词库（及通用的膳食词库），似乎存在一个共同特点，换言之，为应对不时之需，资源差异化愈发明显。

我们发现，相比于古代膳食传统，豆类种植变化不大，常见

① Montanari 1997b, p. 219.

② Montanari 1979, pp. 289–290. 对内部资源的更多关注，自然涉及其地域维度，以及根据领土权界定利用模式的需要。不过，这也是文化视角的问题。

③ Ibid., pp. 111–112, 113（表格）。

的仍然为蚕豆、鹰嘴豆、豇豆（dolico 或 fagiolo dall'occhio，仅产于地中海地区，其余豆类都原产于美洲），以及少数次要品种。在中世纪早期，青豆开始得到普遍种植，并在随后的几百年里大获成功。然而，6 世纪安提姆斯（Anthimus）的著作却未指出豆类栽种已经普及，此事或许至关重要。因为据传，圣科隆巴努斯（Saint Colombanus）创造了不少奇迹，其中之一就是让艾米利亚亚平宁山（Appennino emiliano）的岩石中长出豆子（legumen Pis）。[①]

值得一提的是，蔬菜种植变化亦不大，依旧以甘蓝、芜菁、其他根茎类蔬菜及沙拉（还有作为我们第一批考察对象的洋葱、大蒜和韭葱）为主。直至中世纪结束后，菠菜、茄子、洋蓟等近东作物，才经阿拉伯人引入意大利南部和西班牙南部。[②]

最后说说水果，我们又见到中世纪早期常见的栽种与野生混合模式。虽然缺乏家庭果园的文献，[③]但我们不能断定膳食系统中没有

图 7　洋蓟

① Ibid., p. 161.

② Capatti–Montanari 1999, pp. 47–48. Ibid., pp. 106–107 考察了阿拉伯人在膳食文化中的作用。

③ Montanari 1979, pp. 366–369.

水果。彼时，水果大多靠野外收成，准确地讲，不靠栽种，故从文字记载中，难以管窥水果的开发方式。①

如前所述，这种词库有很多地域和社会变量，即便词素大多相同，但不同语境下意义自然殊异。例如，几乎无处不以小麦为贵，可在有些地方，像意大利南部，罗马经济长盛不衰，小麦不但得到普遍种植，而且进入寻常人家。②又如，中世纪早期，栗子曾作为谷物替代品得到大面积推广，后来逐渐成为地中海地区（在意大利始于波河河谷［area padana］）常见作物，③但在北部仍然是外来品④。

脂肪与饮料的使用也因地而异，⑤但它们同样都受到文化模式交融的影响；依我看，罗马传统与日耳曼传统的相互影响（甚至波及食物层面），乃欧洲中世纪早期历史上最为重要的现象。对于脂肪，这种交融尤见于礼拜规定，即要求所有基督徒，无论身在何处，都要遵照每星期的日子或每年的时期，选择吃肉或茹素。⑥此外，也正是因为这种相互影响，在地中海地区更为常见的橄榄油也会出口到北欧。英国修院院长阿尔弗里克（Aelfric）为讲授拉丁语，曾撰《谈话录》（*Colloquy*）。书中介绍了各行各业的人物，其中商人就自称橄榄油进口商。⑦另一方面，猪油制作十分常见，堪称欧洲饮食模式的一大共同点。另外，猪油也代表了基督教饮食模式，面对伊斯兰世界时，猪成了重要的身份标识。当年，有人在埃及盗走圣马

① Ibid., pp. 301–303.

② Montanari 1988a, pp. 124ff.

③ Montanari 1979, pp. 296ff. 关于栗子在中世纪的传播及重要作用，见本书第十章。

④ Montanari 1988a, p. 88（见希尔绍［Hirsau］修院的《会规》［*Consuetudines*］，其中将栗子视为“旅客”［peregrina］）。

⑤ Montanari 1997a.

⑥ Flandrin (1994) 对此话题的评论至关重要。

⑦ Hagen 1995, p. 180.

可（san Marco）遗体，将其藏进腌猪肉货箱里运走。这种奇特的运输方式，不仅是躲过萨拉森卫士检查的计策，而且是一种文化身份的声明。[①]

至于饮料，葡萄酒凭借远超其基督教象征意义的口味与声誉，取得了最辉煌的成就。于是，葡萄酒开始跟生产工艺和文化传统均截然不同的啤酒争霸。论用途，不论是从营养上看，还是从社会功能、仪式功能乃至宗教功能上看，这两种饮料几乎都针锋相对，几无可能共存。不过，在宗教方面倒不乏两者相安无事的例子。梅斯（Metz）主教克罗德冈（Chrodegang）所撰教规就提到："若葡萄酒不足，可以啤酒代之。"[②]葡萄酒往往被视为上品，故北欧自然有人进口葡萄酒，而南欧则无人进口或生产啤酒。阿尔弗里克笔下的商人既进口橄榄油，也进口葡萄酒。

除此之外，欧洲各国商人源源不断地买卖辛香料。尽管其属于异国风味，却逐步进入中世纪早期的膳食语言。古罗马烹饪只用胡椒，到了中世纪，随着菜谱不断丰富，辛香料迅速增加，并愈发细化。[③]对于辛香料，我们难免遇到一类特殊词库，它指向能够接触奢侈品市场的高档消费者群。这或许是词库（往往被视为整体，且

---

① AS, *Apr.* III, p. 354.

② Sancti Chrodegangi, *Regula canonicorum*, xxiii, ed. W. Schmitz, Hannover, 1889, p. 15: "si vero contigerit, quod vinum minus fuerit et ista mensura episcopus inplere non potest... de cervisa consolacionem faciat."

③ 实际情况详见于阿皮基乌斯著作附录中的《节选》（*Excerpta*）。阿皮基乌斯的著作为罗马帝国时期的著名食谱，保存在 4 世纪的一份抄本里，其中仅提到胡椒。作为同一文本的"节选"，《节选》其实作于 1 个世纪以后，即 5 至 6 世纪，作者维尼达里乌斯（Vinidarius）是意大利北部的东哥特人。这里，除了胡椒，还出现了新的辛香料，尤其是生姜和藏红花，而后者作为上色之材，常用于中世纪烹饪。中世纪早期，芳香物质更多，包括丁香、肉桂及山柰（galanga），详见 Laurioux 1983。

为社会层面所共用）中最重要的异类。它主要以**量的**差别作区分（在中世纪早期，多食乃威望与权力的象征），[①]而且以对膳食资源的共同了解乃至共同使用为前提。在这种统一的文化中，**质的**差别，尤其是修院饮食无肉，[②]似乎成了文化选择的结果——一边反对某些共同做法和价值，一边却使用相同词库。

食物语言的词法

如果说食材组成了基本的膳食词库，那么词法（语词的构成和使用法则）就随着这些食材根据消费之需的改良而不断出现。具体的操作和工序（烹饪及备料的方式）将重要的原材料转化为文字，也就是功用各异的菜品。例如，谷物可以制成粥、面包、馅饼、佛卡恰烤饼（focaccia）。原材料基本一致，不同之处在于由制作工序决定的烹调产物。各意义单位之间的关系，往往通过操作和工序（配方）厘清。短语 tortelli di ricotta（乳清干酪馅饺），用词素 di（“的”）标示第二个成分从属于第一个成分。在烹饪操作中，这种关系体现为把乳清干酪（ricotta）加进馅饺（tortelli）。每项操作都独具内涵。加少许蜂蜜、葡萄干、煮熟的前发酵汁，或者海枣等异域食物，就可以使菜品不仅营养，而且精致、喜庆、回味甜美（dulcis in fundo，中世纪人对此孜孜以求，尽管他们并未真正意识到甜咸之分，这种区别在现代文化中更为常见）。[③]

---

① Montanari 1988a, pp. 23ff.

② Ibid., pp. 63ff.

③ Capatti–Montanari 1999, pp. 101ff.

贮藏技术也决定了食品词法，并赋予其含义。贮藏食品，腌肉（salumi）、干酪、肉类、鱼干，显然属于弱势的膳食“话语”。它们体现了充实仓廪的基本需求。蔬菜与水果也是贮藏对象，而谷物则容易储存，用途广泛，故在佃农的膳食模型中居于核心地位。众所周知，哪怕是善款不愁的修院、有权有势的俗人或睥睨天下的君主，依然会储备贮藏食品，比如查理大帝（Charlemagne）的《庄园敕令》（*Capitolare de villis*）就有相关规定。[①] 可即便如此，享用新鲜食品（不论种类）仍堪称社会特权与经济保障的标志。

烹饪技法与烹调模式的发展变化，充满社会与象征意蕴。克洛德·列维-斯特劳斯指出，[②] 炙烤是典型的领主技法；它体现了对自然与野味的偏好（尽管总不明显，但无疑是一种文化选择[③]），使我们不禁联想到中世纪贵族。查理大帝每天下令猎手烤炙猎物，对此，艾因哈德（Einard）评论道：“他最乐意吃的就是烧烤。”[④] 此话不但点明了查理大帝的个人口味，而且展现了涉及自我意识与阶级身份的复杂意象。艾因哈德还表示，饱受痛风之苦的皇帝与御医争执不下，“因为他们力劝皇帝戒掉习以为常的（assuetus）烧烤，改食煮肉”，而皇帝觉得煮肉“尤其难以下咽”，且嫌御医太烦，赶走了他们。

事实上，煮菜往往与食物的家用性有关，离不开烹饪用锅、烹饪用水等文化介质。它们是典型的佃农食品，却传递出恰恰相反的价值。从实物层面讲，煮菜成为佃农灶台上的常客，是有考古依据

① Montanari 1988a, p. 185.

② 关于烤肉与煮肉的象征意义，务必参考 Lévi-Strauss 1965。

③ Montanari 2004.

④ Einard, *Vita Karoli Magni*, 24, ed. G. H. Pertz, Hannover, 1863, p. 24.

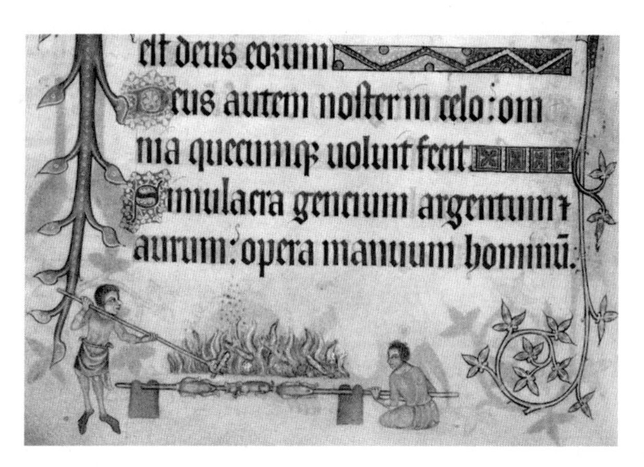

图 8　烤肉图，出自中世纪《勒特雷尔诗篇》（*Luttrell Psalter*）

的。中世纪村落出土的证据表明，锅的尺寸与废物堆里发现的骨头大小十分吻合。[①] 煮肉的象征意蕴起初表示节省，后来则表示煮制过程中丰厚的产物。相比炙烤，锅煮可以保存肉汁，并浓缩于水，防止其营养流失。肉汤中还可加入肉类和蔬菜，另作锅底。另外，烹制腌肉免不了用水，而腌肉也是典型的佃农食品。

在烹肉体系中，同样存在或明或暗的考虑食性的动机。这种食性即与由古代科学制定且经中世纪医学流传的分类准则有关。所谓古代科学，是以“四质说”为基础。古人认为，四质（热、寒、干、湿）按不同比例，混合至不同程度，决定了一切食物的本性。[②] 除却为了提鲜增香、强身健体，烹饪亦追求恰到好处，平衡“体液”（humores，源于四质的组合）。于是，中世纪人认为，必须用到水的煮菜，最适合用来烹制“干”性肉类，以及腌肉或老肉（根

① Montanari 1988a, p. 45（另外参考 Beck Bossard 1981, pp. 315–317）。
② 关于这些，见 Capatti–Montanari 1999, pp. 145ff.。

据中世纪医学理论，“老”意味着过干过寒）。小动物肉质湿软，故宜以火作，也就是炙烤。

抛开抽象思辨，依靠直觉判断，这样的饮食文化贯穿社会各个阶层。佃农很少阅读养生书籍，但他们仍选择了煮肉。煮肉既满足其所需，烹制又符合科学准则。他们烹煮的肉（若非腌制品）肯定不是小动物肉。小动物通常充作其他用途，唯有领主才能经常食其肉。总之，烤与煮堪称天作之合——既具有经济与象征价值，又使烹饪者体会烹调之乐。两者契合饮食原则，相辅相成。

食物语言的句法

句法指赋予语言及其词法变体意义的句子结构。在食物的语法里，餐事依据替菜标准、配菜、各菜品关系，决定上菜顺序。正如动词语句中，动作所围绕的是一个或多个强势核心（类似主语/动词的核心）。有时，菜单上仅有一盘菜或一道菜，这菜就是餐事的单一核心。有时，餐事重要，又有贵客光临，讲究更多，于是出现多重核心（食材更多，菜品更多）。

从现存文献看，佃农所特有的单菜模式，亦见于施舍穷人的餐事。据图书馆馆长阿纳斯塔西乌斯（Anastasius Bibliothecarius）述，教皇阿德里安（Adrian）曾发布谕令，拉特兰大教堂（basilica del Laterano）每日为一百个穷人提供饭食。为此，需要准备一口大锅，里面放满肉、谷物、蔬菜，并配以面包和葡萄酒。[1] 这锅

① Anastasii Bibliothecarii, *Historia de vitis Romanorum Pontificum*, xcvii, 327–238, PL 128, cc. 1183–1184.

乱炖（pulmentum，或称粥、炖菜或简单的“熟菜”），杂烩了罗马城郊某庄园出产的猪肉、小麦、大麦，堪称混杂各种原材料的“综合式”饭食范本。同样，765 年，祭司里索尔弗（Rissolfo）下令，为卢卡地区（Lucca）的穷人提供由豆子、小米制成的冷盆（pulmentarium），“浓稠而鲜香”[①]。

“乱炖”或“冷盆”是中世纪文献的常见字眼，指需要截然不同的备料。[②]它没有固定的组合方式，根据形势与情况，可包含蔬菜、谷物、肉或鱼。简单地说，冷盆就是“菜”，就是“食物”。确切地讲，冷盆往往是本笃会规（Regola di Benedetto）所指定的熟菜，每顿晚餐需向修士提供两份冷盆（duo pulmentaria cocta）。该规定强调，修士要参与社群和“家庭”生活，避免隐者式独处、食野、食“生”的饮食模式。[③]烹饪行为（备料的词法）便体现了这点。烹饪活动赋予原材料意义，使原料进入全社会共用的膳食系统。不过，在该系统中，生食同样有一席之地：可能供应给修士的第三种冷盆，就是由生蔬菜与水果制成。[④]

通过基本而极其简单的加菜机制，更丰富更繁杂的菜单模式也能在此基本结构中得以彰显。修士团体（提议每餐两三道菜）遵循

① Montanari 1979, p. 158. 该文献见于 L. Schiaparelli, *Codice diplomatico longobardo*, II, Roma, Tipografia del Senato, 1933, p. 186, n. 194。

② Carnevale Schianca 2011, p. 540.

③ Montanari 1990b, pp. 303–304.

④ *Regula Magistri*, xxvi, 1, in *La Règle du Maître*, ed. A. De Vogüé, Paris, Le Cerf, 1964, p. 136: “et tertium quodcumque fuerit crudum cum pomis.” 不可否认，乱炖也是炖菜。罗穆阿尔多（Romualdo）的弟子高登齐奥（Gaudenzio）要求吃乱炖（pulmenta dimittere），解解渴（pomis quoque sive crudis holeribus）。Petri Damiani, *Vita beati Romualdi*, lvii, ed. G. Tabacco, Roma, Istituto Storico Italiano per il Medio Evo, 1957, p. 98.

且证实了该模式。冷盆越多，[1]就说明越重视食物，也越喜悦：每逢节日，菜品便多了起来。当然，此举并非对结构大加改动，而只是予以复制。切萨里奥（Cesario）的《贞女戒律》（*Regola per le vergini*）写道："一到重要节日，午餐与晚餐就会加菜。"[2]瓦尔德贝特（Waldebert）的戒律亦规定："节日一到，为向主致意，我们要往肚子里塞满食物，也就是三四道菜。"[3]

"乱炖"以食材混杂著称，但仅是部分情况如此。皮卡第（Picardie）的科尔比（Corbie）修院特别规定，修士的乱炖需用"各种绿叶蔬菜"烹制。[4]嘉玛道理会（Camaldolese）原始会规指出，乱炖应放入绿叶蔬菜及其他蔬菜，而鱼"和修士需进食的各类食物"亦不可少。[5]再来看修院之外的情况。有些地方、有些文化认为，肉最具营养，为此乱炖必须放肉。8世纪中叶，梅斯的克罗德冈教规规定，给教士的乱炖分为两部分——肉（两个教士一份）和普通食物；"如果没有其他食物，每个教士可得两份肉或猪油"。四旬斋（quaresimale）期间，肉换成奶酪，有时会往奶酪里加第三份鱼肉或蔬菜乱炖。如果橡实、山毛榉坚果歉收，影响养猪，正常的"肉量"无法满足，那么有了这种四旬斋食物，教士也就有所慰藉（consolacionem habeant）。[6]

如果说乱炖是表示菜品的具体单位，指的是菜，那么其句法功

---

① Bianchi 2001, pp. 101 (*Regola di Cesario*, ch. 22), 128–129 (*Regola di Aureliano*, ch. 59), 320 (*Regola di Isidoro*, ch. 9), 344 (*Regola di Fruttuoso*, ch. 3).

② Cremaschi 2003, p. 63 (ch. 71).

③ Ibid., p. 155 (ch. 10). 见 PL 88, c. 1062（标题为 *Regula cuiusdam fratris ad virgines*）。

④ Montanari 1990b, p. 305.

⑤ Ibid.

⑥ *Regula canonicorum*, cit., xxii, p. 15.

能（即它在用餐背景下的功能）就由盘碟（ferculum）实现。盘碟代表上菜的**行为**而非菜盘的**内容**。[①] 一般来说，此二者并不一致，因为每道菜包含多个盘子。如前所述，中世纪人习惯同时上多种菜品，供食客选择。[②]这种体系强调食物分享的观念和做法，故在多数盛宴（当然不独盛宴）中，更符合当时的文化。无论佃农的餐桌，抑或领主的筵席，菜品都是盛到所有食客可用的大浅盘后端上来的（按中世纪后期宫廷仪制，不少于两盘[③]）。

这种上菜方式会引起尴尬，尤其是当邻座食客不惧食物灼热，把大浅盘（有时又被称为菜墩［tagliere］）一扫而光。6 世纪，佛朗哥·萨凯蒂（Franco Sacchetti）写过一篇有趣的小说。[④] 主人公诺多·丹德烈亚（Noddo d'Andrea）能吞下“热得烫嘴的通心面（maccheroni）”。这样的食客，大家唯恐避之不及。同样在 6 世纪，图尔的格列高利（Grégoire de Tours）写了一部正剧。[⑤] 主人公为一对夫妇，妻子是天主教徒，丈夫是阿里乌教徒（ariano）。[⑥] 夫妇俩决定宴请各自宗教的祭司，彼时两位祭司正竞争村里的首席主教。餐事就绪，男主人向“他的”祭司提议，捉弄一下那个“罗马”祭司。他表示，菜一上桌，“就赶紧做降福的手势，这样他就不敢碰，心里也不好受，咱们就能放开肚皮吃”。两人一拍即合。第一道菜是绿叶蔬菜。“异教”（作者语）祭司抢在同行前降福。为了不冒

---

① Carnevale Schianca 2011, p. 230.

② 见本书第一章。

③ 例如 le *Ordinacions* di Pietro III d'Aragona, ch. IV, 8；参考 Montanari 1993, p. 107。

④ F. Sacchetti, "Il Trecentonovelle," cxxiv, in *Opere*, ed. A. Borlenghi, Milano, Rizzoli, 1957, pp. 387–390. 见 Montanari 1989, pp. 401–402。

⑤ Gregorii Turonensis, *Miracula et opera minora*, MGH, SRM, 1, 2, pp. 541–542 (*Liber in gloria martyrum*), 79.

⑥ 阿里乌教徒认为，圣子与圣父性体不同，不是圣父所生，而是圣父所造。

犯后者，女主人又上了一道菜，献给天主教祭司。可“异教徒”仍然抢先给第二道、第三道（in secundo et tertio ferculo）降福。到了第四道，好戏开始了。大浅盘中央精致地盛着面粉裹鸡蛋，配以海枣与橄榄点缀。盘子在桌上还没放稳，“异教徒”就迫不及待地降福，随即抄起匙一舀，就吞下去。遗憾的是，他没注意到，菜仍然滚烫。他顿感胸口灼烧，疼痛难忍，胃里天翻地覆，紧接着便断气了。煎蛋卷（frittata）要了他的命。另外三人镇定地将他抬出餐厅，安葬，然后继续用餐。既然上帝没有怪罪他的几个仆人，“好”祭司对主人说，“来点我能吃的吧”。

在餐事的句法结构中，根据与第一主语（菜品）的时间关系，“补语”可分为前、中、后三种：开胃菜、餐中菜、副菜、“尾食”（dessert，今日亦如此称呼）。沙司类似连词或介词等语法词素，自身没有含义，却能决定主角的本质与性质。这里，我们必须考察饮食活动与膳食科学的关系，因为选用搭配沙司（中世纪烹饪里几乎必不可少，正如现今食谱定有其专栏），要根据源于医学传统的“体液气质”。例如，性冷而干的肉（视动物特征与烹饪方法而定），一定要伴以食性相反的沙司。[①] 从修辞角度看，中世纪烹饪盛行的修辞技法是矛盾修辞法。

调味品相当于语法中的形容词或副词。选用调味品，或出于节省（资源是否可用），或出于礼仪（在基督教的欧洲，教会年历有“素”与“荤”的要求），这赋予食物以副词特有的时/空内涵。猪油、橄榄油是交替运用的，当然有些地方可能以黄油代之。如此更迭体现了某地区、某社会、某文化，乃至某日、某星期、年中某时

① Ibid, pp.147–148.

段的特性。前文那份卢卡地区 765 年的文献规定，供给本地人的菜品，视情况，须调以“猪油或橄榄油”（de uncto aut de oleo）。

在这一膳食系统中，面包至关重要，与其他食物相配可相得益彰，自己登台又能大放异彩。面包是完美的“补语”，塞维利亚的伊西多尔（Isidoro di Siviglia）有言，“面包与任何食物都般配”。[①] 反过来，任何食物跟面包也般配。于是，膳食话语中就出现了一种二元论——面包与就着面包吃的东西（pane e companatico），用中世纪早期更典型的说法，就是面包与乱炖（panes vel pulmenta）[②]，两类食物相辅相成，在一餐中分量成反比。有时，唱主角的是面包。例如本笃会规中，面包在冷盆之后独自登场，但分量有规定（每人每日一磅，全年无异），[③] 似乎保证了如此营养搭配下，与其他食物相协调的最小量。有时，主角又换作乱炖（如梅斯的克罗德冈教规对饮食的规定），于是肉类成了重中之重，而肉类不足时，如何通过奶酪、鱼或蔬菜等食物寻求“慰藉”，就成了头等大事。这种情况下，面包仅限于让教士饱腹（quod sufficiat）。[④] 两种模式不但在地域上有别（南欧与北欧），而且在文化上迥异（一边为始终戒荤的修士，一边为近乎俗家的教士）。这种差别不啻为社会的缩影，

① Isidoro di Siviglia, *Etymologiae*, XX, II, ed. W. M. Lindsay, Oxford, 1911, p. 15: “panis dictus, quod cum omni cibo adponatur.”

② 两个术语作为平行话语的综合要素之共用，见 *Vita di Columbano* 第七章。为科隆邦诺及其弟子提供丰盛食物的那个人，牵着马，驮着面包和乱炖（virum quendam, cum panum supplimento vel pulmentorum aequos oneratos）。Giona di Bobbio, *Vita di Colombano e dei suoi discepoli*, ed. I. Biffi e A. Granata, Milano, Jaca Book, 2001, p. 44.

③ 无论平时还是斋戒期间，“一磅面包足够每日所需”（panis libra una propensa sufficiat in die）。如果一日两餐，那么面包就分作两份，三分之二作午餐，三分之一作晚餐。如果逢斋戒期，每日一餐，则全部份额留作晚餐。*Regula Benedicti*, 39, in *La Règle de Saint-Benoît*, ed. A. De Vogüé e J. Neufville, Paris, Le Cerf, 1972.

④ Sancti Chrodegangi, *Regula canonicorum*, cit., xxii, p. 15.

就像贵族的餐桌上，占大头的总是肉类；虽说大家也以面包饱腹，但面包已然成为配角。

我们可以通过面包，看出膳食系统高度结构化的本质，发现该系统的一切各司其职，尽力保障其运转顺畅。衣不蔽体或食不果腹时，基本词库，亦即通常的“食材清单”会急遽缩减，此时使用何种策略就值得考察。这些策略似乎揭示了一条规律：就算人们不得不放弃平常的习惯，也离不开自己的文化，丢不了熟知的语言。最明显的例子就是**替代**，或者说寻找能**代作**甲物的乙物。中世纪以及后来的史书记载，时人开动脑筋，就地取材，发明出各种类似的技法和操作。如果小麦匮乏，做面包就用次等谷物。对于下层阶级来说，即使在正常时期这也是一种常见做法。有时，则会代之以豆类，尤其是蚕豆，而山里人就用栗子（难怪叫“树面包”）或橡实。后来，又有人用根茎植物和野菜。图尔的格列高利提及6世纪大事时写道：“那年，高卢遭遇严重的饥荒。做面包时，有的放葡萄籽或榛树花，有的放加少许谷粉的干蕨根粉，还有人放野菜。”[1]实在饿得走投无路，甚至有人拌土来吃。据《圣贝尔坦年鉴》

图 9　树面包

① *Historia Francorum*, vii, 45, MGH, SRM, I, 1.

（*Annales Bertiniani*）记载，843年，“多地民众被迫将土掺少许谷粉，做成面包形食用”。注意，编者写的是把土“做成面包形”（in panis speciem）。食物的形或形态，保证了膳食系统的连续性。

“饥荒时期的面包”屡现于文献。1032—1033年，拉乌尔·格拉贝（Raoul Glaber）在一名篇里写道：“大家正做着一个前所未有的试验。收集类似黏土的白沙，与任意谷粉或麸皮混合，制成卷，希望能缓解饥饿。”①遗憾的是，试验没有成功，而且引发消化不良等严重后果。不过，皮埃尔·博纳西（Pierre Bonnassie）说得好，饥饿使人恐惧发狂，事情没有恶化之前，这恐怕是对饥饿最“理智的”解决方式②。除了食用某些食材，拒绝习惯的备料与烹饪操作也被视为掉价之举，跟动物无异——“像野兽一样”吃草，不放调料，也不烹制，这才是问题的关键。另一方面，偷走猪的橡实，随便加些原材料，然后一起研磨，再制成面包（如戈弗雷多·马拉特拉［Goffredo Malaterra］在提到1058年意大利南部爆发的大饥荒时给我们展示的那样③），其中蕴含着一种文化姿态。它源于极其精致而复杂的文化，是一种经饥馑者不断改进且代代相传的求生技能。“芳草混以少许谷粉，这是穷人的习惯（sicut pauperibus mos est）。”某史书谈及1099年施瓦本饥荒时如此写道。④

---

① *Historiae*, iv, 12 (Rodolfo il Glabro, *Cronache dell'anno Mille*, ed. G. Cavallo e G. Orlandi, Milano, Valla/Mondadori, 1989, p. 218).

② Bonnassie 1989, p. 1045.

③ Gaufredi Malaterrae, *De rebus gesti Rogerii Calabriae et Siciliae comitis et Roberti Guiscardi fratris ejus*, i, xxvii, RIS^2, V, 1, ed. E. Pontieri, Bologna, Zanichelli, 1925–28, p. 21: “fluvialibus carectis et quarundam arborum corticibus cum castaneis et quercinis sive ilicinis nucibus, quas glandes dicimus, porcis subtractis, et mola post exsiccationem tritis, panes facere, modico milii admixto, tentabant.”

④ 引自 Bonnassie 1989, p. 1045。

让人惊奇的是，即便遇到大灾大难，大家仍坚持日常的膳食活动。从膳食系统与语言的相似处看，这就好比在词库里小修小补，而不伤及话语的词法结构和句法结构。

唯有少数情况下，人们才不得已求变（往往为权宜之计），但改变的是菜的类型，而非菜品既定之食材或原材料。例如，可能会用肉类或其他动物菜品代替谷类菜品（如汤、粥，甚至面包），但仅限于资源丰富、选择繁多之时，比如中世纪早期。彼时经济主要靠森林开发与天然畜牧，而非农业耕种。这种经济下的饮食模式相当灵活，若要替换食物，只需改变生产部门。[①]

面包匮乏会引发严重的膳食问题。不过，一般情况下，农业危机能够通过非种植经济的资源化解。[②] 北欧的所谓“教父规章”（Regola del Padre）指出，土地贫瘠地区若无法生产足够的面包，可用奶作补充。[③] 据《阿尼亚讷的圣本笃传》载，779年，一大群饥肠辘辘的民众冲到修院门口，索要面包。修院没有面包，就每天给他们供应“羊肉、牛肉和羊奶”[④]，直至下一个收获季。马拉特拉所述1058年的那次饥荒，情况更加惨烈，食用“生肉而无面包”，引发了痢疾和死亡。这段记载与其说强调卫生因素，不如说是对文化的反映（如地中海文化）。它不禁使人想起一种观念，即面包是膳食系统中不可或缺的，在象征层面亦如此，遑论其隐秘的道德内涵，因为当时正值四旬斋，不可吃肉。

---

① 关于这一点的一般讨论，见 Montanari 1979。

② Montanari 1984, pp. 191–200 (La società medievale di fronte alla carestia).

③ Bianchi 2001, p. 454 (ch. 22).

④ Ardonis seu Smaragdi, *Vita Sancti Benedicti Anianensis*, PL 103, c. 361:“Carnes etiam armentorum oviumque dabantur per singulos dies, lac etiam vervecum praebebat auxilium.”

依我看，这种记载在中世纪早期比比皆是。从各种文献看，四旬斋吃肉实属不得已而为之，[1]此举似乎跟林业经济占主要地位的膳食、经济、文化体系有关。久而久之，佃农饮食逐渐趋同而单调，越发倚赖谷物。自加洛林王朝以降，林区面积开始缩减，更重要的是，开始变为供权贵享乐的保护区。[2]此外，人口增长的压力陡增，领主又追求耕地的更大产量。其后，肉类日益成为社会特权的标志。如果说此前谷物与肉类在单一膳食话语中平起平坐（在社会层面有别，但在大多数情况下，只是量的差别），那么从那以后，就出现两种不同的话语，一种以肉类为主，一种以谷物为主。

食物语言的修辞

至此，我们考察了食物语言的语法结构。但如果没有作为每种语言必要补充的修辞，该结构就无法淋漓尽致地表达。运用修辞，话语便更适合讨论，达到预期效果。若话语为食物，修辞就是备料、上菜、进食的方式。阿代尔基（Adelchi）是战败的伦巴第人（Longobardi）首领之子，他闯入查理大帝的宴会厅，表明来意后说道，自己将“像饥饿的狮子一样吞食猎物”，以显示复仇的决心。[3]如狮吞猎物一般进食，意味着贪婪，表达了力量、勇气、兽性，中世纪早期贵族社会认为，这正是自己身份的基本价值。阿代尔基在

① 例子见 Montanari 1979, pp. 433–434。

② Montanari 1993, pp. 51ff. Fumagalli (1970) 早先强调了这种转变的“强制”性质。

③ *Chronicon Novaliciense*, III, 21 (*Cronaca di Novalesa*, ed. G. C. Alessio, Turin, Einaudi, 1982, pp. 169–171).

桌下留了成堆的骨头，便为彰显此意；他的对手查理大帝操着同一种语言，自然心知肚明。[①]修院的静默仪式要求，修士进餐时，需倾听圣言，不得讲话。该要求的用意截然不同，即不论修士进食何物，他们应以进食的方式自我约束，并恪守既定的戒律及生活习惯。我们对佃农所知甚少，但不难想象，他们也跟阿代尔基一样贪食。当然，他们可不是为了遵循展现兽性的贵族模式，而是为了填饱肚子。

人是社会动物，共餐似乎乃人之天性。普鲁塔克（Plutarch）有言："我们请客不为吃饱喝足，而为增进感情。"[②]这是集体姿态，一种展现彼时利害关系的宴乐（convivialità[③]）。它解释了饮食的沟通作用为何高效，饮食为何能把自己打造为类似语言的体系。因此，摆在众人面前的每个姿态，都具有可传达的含义。

在此，经济原因再次将意象与符号结合在一起。饮食史最令人心驰神往之处或许在于，它能发现身体与心灵、物质与精神的深层统一，弥合长久以来虚构二元论在我们文化上留下的不同体验层次的鸿沟。对此，历史分析无法解释，意识形态的解释甚至更苍白无力。食物在人类社会中具有各种价值，但它们并未也无法脱离生产、转化、消费的具体作用与模式。食物语言不是任意而为的。相反，它受制于所用词库的具体性质、经济考量、营养因素，甚至由其事先决定。

总而言之，洋葱就是洋葱。

---

① Montanari 1993, pp. 31–32.

② Montanari 1989, p. viii.

③ 从词源上讲，它本义为"共同生活"。

第四章

食物的时间

食物种植：摆脱“自然时间”的束缚

没有食物就没有生命，可见在界定“自然”时间与“人类”时间，或者说自然与文化之间关系时，烹饪这一主题显然至关重要，甚至厥功至伟。自然和文化这两个词语的象征意味截然相反，但其实交织于复杂而模糊的关系之中。人类处在世界中的特殊位置，本身既是行为的主体，又是其客体。这种双重身份使两个词语走到了一起。从某种程度上讲，人类是（或欲成为）自己命运的创造者，但它终究是自然界的一部分，受自然节律与规律的影响。在地中海盆地，人类不知从何时起，学会了制作面包，既利用“谷物”等自然要素，又将其彻底转化为人工制品，毕竟自然界里并没有面包。于是，人类成了这种模糊态度的无可辩驳的象征，人类倾向于用劳作节律来支配自然节律，其自身既以自然节律为基础，又必将左右并改变自然节律。像面包这种看似“自然”的食物，在古代地中海文明中，不仅象征自然界的和谐，而且象征人类摆脱自然的束缚，获得**开化**而**人性**的身份。荷马就以“面包食用者”（sitòfagoi）称呼人类。[1]

因此，食物的时间就摇摆于自然时间与人类时间之间，换言之，培育时间与农事时间之间。其实，这两个说法应理解为同一词语的双层含义。食物生产的前提是存在原材料，即“自然的”赠予——那是人类被逐出天堂后，用自己的汗水换来的。故严格说来，这份赠予并非“自然的”，其中蕴含着农事、技术、知识，以及对自然节律的各种介入形式。人类必须学习如何按所需营养，栽种植物，饲养动物。离开伊甸园永远静止的春光，缺少神界永恒的凡间想象，人类不得不适应恣意而为的自然，配合其反复无常、诪张为幻的时间。狩猎者得知道猎物何时活动；采集者需要知道水果何时成熟；农民得知道种子何时发芽、生长，作物何时成熟、收获，然后重新播种；牧民得知道牧草何时茂盛，坚果何时落地，然后准备饲料。人类依赖于自然节律，这决定了每种食物生产活动的特点，或者更准确地讲，决定了确保人类日常生存之活动的**农事时间**。

无论集体，还是个人，都希望这些节律周而复始，动植物年年都茁壮成长。蒙茅斯的杰弗里（Geoffrey of Monmouth），借默林（Merlin）之口祈问道：“啊，万物之主，为何要让季节更迭变换，四时分明？”[2]这话显然是人类共同的心声，却不似天人合一的浪漫主义图景。对于中世纪及近代以前的时期，我们往往报以如此印象。

中世纪文献详细佐证了时人对日常生存的思虑。小麦显然有其丰收时间。“这次是个丰年就好（bonum）了”，这句疑虑重重的

① Montanari 2004, pp. 5–10. 见本书第五章。

② Goffredo di Monmouth, “Vita Merlini,” 146, in Id., *Historia regum Britanniae*, ed. I. Pin, Pordenone, Studio Tesi, 1993, p. 222.

祈愿总被不厌其烦地重复。例如，在地契里，（佃户上缴地主的产品）份额取决于收成，而收成全看上帝的旨意——“主将赏赐给我们的”（quod Dominus Deux dare dignaverit）[①]。某些货品库存与大宗财产收入清单（polittici）亦见类似表述，如“赶上好时候”（per bono tempo）。布雷西亚圣尤利娅修院的财产清单就提到，他们的米利亚里纳（Migliarina）农场出产了一千五百莫焦（moggi）[②]小麦、一百五十罐（amphora）葡萄酒。[③]简言之，我们受制于上帝，或者说自然。除了期待谷物丰收的好时候（bonum tempus），时人也祈愿橡树长满橡实，橡实足，则猪圈满。米利亚里纳农场清单还写道：“收获十分之一橡实（quando glande bene prinde），就能保证四百头猪出栏。”[④]还有一些祈愿同样重要，如祈求上天作美，捕鱼丰收（quando ipsa pescaria bene podest pescare）；祈求严寒和干旱永不到来。[⑤]

季节更替决定了食物供给，各生产行业也因之有所不同。9世纪某份托斯卡纳文献，把季节性分为“橡实时间”（tempus de glande）与“猪油时间”（tempus de laride）。[⑥]这明白无误地反映出中世纪早期对林业与牧业的关注，可见其对膳食的影响之深。后

---

① Montanari 1979, p. 172.

② 古代意大利谷物容量单位，具体换算标准因地而异。根据弗朗索瓦·卡尔达雷利（François Cardarelli）编《科学单位百科全书：度量衡》（*Encyclopedia of Scientific Units, Weights and Measures*），1莫焦在威尼斯约等于333.3升，在米兰约等于146.2升，在佛罗伦萨约等于584.7升。——中译者注

③ *Inventari altomedievali di terre, coloni e redditi*, Roma, Istituto Storico Italiano per il Medio Evo, 1979, p. 203.

④ Ibid.

⑤ Ibid., p. 204.

⑥ Montanari 1979, pp. 233, 236.

来，关注焦点逐渐转移至谷物生产。于是，小麦的生长周期就成了“膳食时间”的主要考量因素。[①]同样值得注意的是，到了中世纪后期，描绘每月农事的周期图像，有不少表现围着橡树养猪，然后将其加工成食品的过程。毫无疑问，此项活动为秋冬季，即 11 至 1 月的主要活动。[②]这些图像多侧重小麦、肉类、葡萄酒的生产周期，偶尔辅以捕鱼及水果采摘。它们有力地佐证了季节性观念，证明时人依赖一种与农事和食物密不可分的循环时间。

让我再说回橡实时间与猪油时间，结合食物供给，考察自然与培育的关系。橡实时间显然为“自然”时间，即根据气候变化与作物生发而定。同时，它也已成为“培育”时间，因为人类学会了因势利导，在橡树周围养猪。自然可不会预见到这点。无论如何，橡实时间意味着应该彻底遵从作物与水果的自然生长节律。相比之下，猪油时间则完完全全是“人工”时间。一旦认识到自然经我们帮助取得了何种成果，我们便欲取而代之，将季节性食材（严格说来，它们容易腐烂，而且仅出现在年中的某时段）转化为可经年甚至加工后可常年保存的食材。单词 laridum 有多个含义，不仅指猪油，也指猪身上所有可以储存的部分。人类能利用保存技术，让食材超越其“自然”大限，此乃人类对自然进程最为重要的修改。

① Montanari 1993, pp. 51ff.

② Mane 1983, pp. 222ff.

储藏与分配：抵御“饥荒时间”

对饥饿的恐惧一直潜伏。各种年鉴、史书时时提醒我们，在不甚稳定的膳食机制中，“饥荒时间”（tempus de caristia）周而复始，几乎百灵百验。[①] 布罗代尔（Braudel）说得好，饥荒是“日常生活的结构”[②]。收成年年不同，未来变幻莫测，仓廪时缺时足，这些都构成了一个不仅是生产性的，而且是心理性的系统的主导特征，它深刻地制约着中世纪社会。鲁谢（Rouche）巧妙地将其形容为介于丰足与匮乏之间的“精神分裂症”，一种集体精神病，即认为“饥饿恐惧”比饥饿本身更压抑。[③]

如果说“饥荒时间”常困扰人类，给人类认知时间带来了痛苦却仍可揣测的变量，那么抵御饥荒的首要利器便是贮藏食品。因此，贮藏技术堪称抵抗季节更替，打败恣意而为的“自然”时间的不二法门。[④] 尤其是受季节因素威胁最大的佃农，往往选择能长期保存的食材与食物。于是，谷物在文明发展史上独领风骚。对于易腐烂的食物，人类想方设法开发各种技术，以延长其保质期。社会学家吉罗拉莫·西内利（Girolamo Sineri）指出：“贮藏归根结底就是焦虑。”而这也是向未来下的赌注。“做果酱时，谁不想至少活着将其吃完呢？”[⑤]

如何（在人类的帮助下）以自然的方式储存食物呢？古人认

① Montanari 1984, pp. 191ff.
② Braudel 1982, p. 45.
③ Rouche 1973.
④ Montanari 2004, pp. 20–22.
⑤ 引自 Montanari 2004, p. 20。

为，最佳方式是隔绝空气。例如，亚里士多德建议，把苹果裹到黏土里。[1]最常用的方法为晾晒（天气合适即可）与烟熏（天气寒冷时）。一般而言，若不想受天气影响，则非食盐腌渍莫属，因为食盐除了可提鲜，还能使食材脱水，进而延长其保质期。腌肉、腌鱼、腌菜是乡村经济的主要生存手段，不能指望日常买卖或季节变化。在中世纪海盐贸易发展之下，意大利涌现了数个集贸中心——从科马基奥（Comacchio）到切尔维亚（Cervia），但大多在威尼斯。[2]此外，但凡可提取盐的本地资源都得到开发，盐水井、盐水泉也好，岩盐矿也好，均如此。在皮亚琴察附近的亚平宁山脉（Appennino piacentino），博比奥（Bobbio）修院提取了足够整个社群使用的食盐。[3]

其他贮藏工序以食醋、橄榄油（食醋比橄榄油更易得）、蜂蜜和蔗糖为基础。其中，蔗糖自中世纪末期传入欧洲后，长期以来都是少数人的特权。嗜甜与嗜咸之别，可视为代表社会差距的膳食特征。[4]一般而言，这些物质（盐、糖、蜜、醋、油）使食物宜于贮藏，但其天然口味也因此几乎被彻底**改变**。左右并改变食物天然性质的原则，同样适用于发酵，这是另一种随处可见的贮藏技术。从培育甚至象征角度看，发酵大大体现了人类有能力控制如提纯等本身有害的“自然”过程，并变害为利。[5]这种能力催生了很多伟大发明，如干酪、生腌火腿（prosciutto）以及经发酵腌渍制成的各

---

① Ibid（及其后文字）。

② Montanari 1988a, pp. 175–182（“盐与人生”［Il sale e la vita dell’uomo］）。

③ Ibid., p. 182.

④ Capatti–Montanari 1999, pp. 114–119.

⑤ Lévi-Strauss 1965.

种香肠。中欧、北欧和世界其他地区，会用甘蓝等蔬菜进行酸性发酵，制成酸泡菜（Kraut）。

贮藏新鲜农产品并非改变食物季节性的唯一方法。还有一种是影响生产过程，即调整作物的成熟时间，延长作物结果期，使其超过生长成熟的“自然”时限。查理大帝曾建议，在皇家果园培育“不同品种的苹果，不同品种的梨，不同品种的李子，不同品种的桃，不同品种的樱桃”[①]。这不单为了丰富口味，还为了丰富作物种类，保证水果终年不断。若有些品种适合贮藏，那就更好了。查理大帝推荐了七种苹果，其中前六种可以“储存”（servatoria），只有一种早期的（primitiva）必须尽快食用。梨中有四种可以“储存”。佃农有更充分的理由选择这种方法：在果园也好，田野也好，树种多样，就可以安排果实轮流生长。当然，地主也希望自己的粮仓满满。跟近代情况一样，中世纪晚期的农学文献极为关注这些问题。上述方式可使水果供应时间长达数月，与今天相比几乎不可想象。

辨别可用食材及发展贮藏技术，是对付饥饿的最佳策略。我们只消看看，为了弥补可怜的收成，中世纪早期培育的谷物种类有多么丰富，便能一窥此策略。[②]为应对变幻无常的天气，除小麦与大麦，时人还种植了黑麦、燕麦、小米或施佩尔特小麦（spelta）。多样化的种植和收获时间，是对付气候灾难的保险措施。

另一种策略就是倚靠市场。在某些条件下，市场也能破除季节性与日常饮食的狭窄限制。当然，仅有佃农出入的本地集市除外。相比之下，远地集市汇集着五湖四海的特产，方可发挥如此妙用。

---

① *Capitulare de villis*, c. 70, MGH, *Leges*, CRF, I, p. 90.

② Montanari 1979, pp. 109ff.

城镇往往是度过匮乏时间（carum tempus）的不二之选，一来有各种异域食材流入市场，二来有市府制定精明的配给政策，甚至人为压低价格。[①] 通过商业交易，就可以打乱“自然”时间——毕竟商贾，非得时于他处而售者。[②]

围绕食物（以及其他）的这种“去自然化”活动，困扰着中世纪说教者，尽管其问题不仅限于商业活动。他们最大的分歧在于上述工序的精英意味。主宰空间乃主宰时间的一种备选或变体，旨在摆脱季节更替之外的地域限制。它为少数人所专享，长期以来都是一种社会特权，甚至是社会特权的标志。公元 6 世纪，卡西奥多鲁斯（Cassiodorus）论及狄奥多里克（Theodoric）大帝时写道：“只有平民才会满足于本地的物产。君主的餐桌必须摆满珍馐佳肴，让人惊叹不已。”[③] 权贵与庶民之别由此彰显。

文明的创造：“烹饪时间”

对于食物时间，以上我们考察了制膳的第一步——食物的种植与分配。接下来，我们谈谈烹饪，也就是把原材料加工为食品的过程。烹饪是至关重要的文化阶段，人类借此给食物定型，决定其用途、功能及味道。再以面包为例。培育小麦的农业活动本身是一种文化选择。通过让小麦适应自然节律，人类得以“利用”小麦，满足自身需要。（化小麦为面包的）膳食活动亦顺应自然之势，因为

---

① Montanari 1984, p. 198.

② Le Goff 1977, pp. 3ff.

③ Cassiodorus, *Variae*, XII, 4, CC, *Series latina*, 96, p. 467.

没有小麦面筋，面包无从谈起。不过，人必须主动出击，掌握制作面包的技术和知识。于是乎，面包不单单是食物，更象征着人类的聪明才智。我所谓**烹饪**，正是此意——原材料加工的方方面面，都关乎日后享用的美食。在这方面，我们要知道的是，比起今日，中世纪的“烹饪时间”被严重稀释。[①]

一般说来，烹饪即为准备食物而打磨的技术。可即便定义如此简单，我们也不难发现，无论哪个社会，哪个时代，哪个地方，这种技术基本都包罗万象。换言之，烹饪囊括了五花八门的操作，涉及各种专业手法，或高或低的水准及其与商业经济的最终融合。例如，研磨小麦、宰杀牲畜等活动，已经在当今欧洲社会的日常烹饪里绝迹，但却是过去烹饪的一部分（很多传统的农业社会仍然如此）。繁杂的烹饪操作并非宫廷大厨或城里的上层阶级独享（14、15 世纪食谱都为他们而作[②]）。相反，最复杂的技术，最费时间、最看本领的手艺，恰恰为制作最平常的果腹之食而发明。面包冗长的制作工序便是明证，源于地中海对岸、中世纪末期进入欧洲食谱的蒸粗麦粉亦然。这类操作需要连续不断的高度专业化劳作，而手法全靠经验和效仿。在城里也好，在乡下也好，做此劳动的都是文献里难得一见的家庭主妇。她们是厨房劳作的主角，厨艺的传人。当然，男性并非可有可无。比如在修院，修士就干起主妇的活，摸索自己的技艺，开辟独特的烹饪传统，而毫无疑问，该传统奠定了精致的修院烹饪法。[③]

这种宽泛而广博的烹饪观念离不开大量劳作，而类似的烹饪活

① 关于本章以下讨论，见 Montanari–Sabban 2002, II, pp. vii–viii。
② 见本书第二章。
③ 关于修院菜，见本书第十四章。

动也极为耗时。每个佃农家的火塘上都挂着带柄大锅，肉在里面一煮几个钟头。如此长时间的烹制往往是因为肉又硬又柴，要么因为动物散养，肌肉锻炼得紧实，要么因为佃农经常食用过去干农活的老动物。无论哪种情况，动物都经过长时间饲养，以增加其重量。较短时间的烹制可以在烤肉叉或烤架上完成，这是典型的上层社会烹饪法，一般用来处理小动物。[①] 而食谱中发现的少数迹象表明，肉类的烹饪不仅是长时间的，而且繁杂重复。比如，先烤后煮，先炸后煮，先炖后烤，等等。[②]这既影响肉的口感，也影响其味道。[③]

对于蔬菜的烹饪，我们所知甚少，可即便如此，仍可以肯定其中免不了耐心而冗长的烹饪技巧，即反复熬煮，以免造成一丁点浪费。本笃会的《大师戒律》规定，残羹剩炙必须都收集起来，重新加工，添到周末的果仁大圆糕饼里。[④]此举似乎不仅仅为了守道，而且也为了节约，这是每个佃农家庭都必然会考虑的。于是，对食物的尽心、敬重与呵护，以及时间，大量的时间，就倾注于这人类生命中最耀眼的主角。在《克吕尼会规》中，[⑤]于尔里克（Ulric）描述了烹制蚕豆的所有步骤，事无巨细，甚至指出了每道工序的精确用时。这个例子恰如其分地说明了对食物、对烹制工作的态度。当然，每个说教者都强调，活着不是为了吃，但不吃不能活。的确如此。

中世纪后期地位开始提升的面食也讲究长时间烹制。[⑥]15 世纪

---

① 关于烤与煮的“社会”差别，见 Montanari 2004, pp. 57–61。

② Redon, Sabban, e Serventi 1994, pp. 30–31.

③ Ibid., p. 37.

④ *Regula Magistri*, 25, ed. A. De Vogüé, Paris, 1964, pp. 132–134. 见 Montanari 1990b, p. 318。

⑤ Montanari 1988a, p. 84.

⑥ Capatti–Montanari 1999, pp. 59ff.

图 10　厨师在厨房里烹煮和炙烤，

出自 15 世纪德国烹饪书《烹饪通艺》（*Kuchenmaistrey*）

图 11　用小麦面粉制作意大利面，

出自中世纪健康手册《健康全书》（*Tacuinum Sanitatis*）

中叶的马蒂诺师傅食谱规定，细条面（vermicelli）需煮“一个小时”[①]。我们所说的中世纪面食，并非如今筋道的意大利面，而是北部国家，尤其是日耳曼地区仍流行的那种，可见当地人普遍比较保守。

进食时间

现在，我们谈谈最后一个阶段：进食。我们不清楚中世纪每日进餐的次数。当然，修院例外。那里的日常起居都完全遵循戒律，故我们对其一切几乎了如指掌。从这些戒律可知，当时的修士跟今天的一样，每日两餐，在“斋戒”期减为一餐，但用餐时间早于如今大部分欧洲人。第一餐在近午，第二餐在黄昏，遇到换季白昼长度变化，则适时调整。这种用餐时间可追溯至中世纪时期，直至最近才在佃农传统中有所改变。显然，何时用餐取决于个人的职责，像佃农，要日出而作，像修士，要参加礼拜乃至手工等各种活动。在此情况下，社会差距的标志就是用餐提前。很少有人围绕这个话题探讨中世纪后期，近来研究表明，上层阶级的宴会下午才开始，后来改为晚上，并持续到午夜。[②]不过，并未发现对早餐的记载。其实，到了近代，早餐方成气候，自有其特点。据我们所掌握的有限情况，如果说中世纪有早餐，那么所吃的只是重复当天计划

---

① Ibid., p. 62.

② 关于进餐时长，文献鲜有触及。Flandrin (1993) 从历史人类学切入展现多重视角无疑开了个好头。

的菜品，连食用方式也一模一样。[①]

至于进餐时长，则五花八门：从简单的家宴，到农村和城市客栈提供的街边小吃，从佃农自带至田间速食的便当，到雇主在他们劳作时为其提供的大锅饭（annona domnica）；[②]从强调工作日与休息日之别的周末筵席，[③]到为政治联姻而举行数天的贵族婚宴。如果我们愿意相信多尼佐内（Donizone）的记载，1037 年，托斯卡纳公爵卜尼法斯（Marchese Bonifacio di Canossa）迎娶洛林的贝亚特里切（Beatrice de Lorraine）的婚宴，整整持续了三个月。[④]

饮食的四季

以上就是大概情况，不过我想再谈谈挑选食物的标准，以及这些标准与遵从季节性之间模糊的关系。为此，不妨再回到问题核心，也就是"自然"时间与"培育"时间的对立统一。科学地讲，医书与膳食指南的建议似乎强加了一条普遍准则：根据不同季节的食物，安排你的饮食，让自己适应周遭世界的"自然"律动。此说脱胎于希波克拉底传统，经盖伦（Galen）检验整理，并由中世纪众多注疏者详论。它将微观世界与宏观世界、人类时间与自然时间彼此合而为一，融合了四元素、四气质、四禀性、四年龄、

① 这个话题没有专门的研究。Mazzetti di Pietralata (2006) 缺乏历史文献的支撑。

② Montanari 1979, pp. 184–186.

③ Montanari 2004, pp. 105–108.

④ Donizone, *Vita di Matilde di Canossa*, I, X, vv. 795ff., ed. P. Golinelli, Milano, Jaca Book, 1984, p. 85.

四方点、四季节……还有什么比这更明显，更“自然”的？与此相矛盾的是，该科学传统也把一些食物视为“非自然物”（res non naturales），它们不属于“自然”物序，而属于受人类意志与活动决定的“非自然”（意为“培育的”）物序。①

其实，所谓矛盾，似有实无，因为膳食策略必须考虑不同甚至常常相反的变量，这需要不可思议的魔力和持续不断的适应，唯有人工可以胜任。基本的适应策略讲究取长补短。例如，秋季干冷，则需温润之食；冬季湿冷，则需干暖之食；春季干暖，则需干冷之食；夏季干暖，则需湿冷之食。此法与其说是配合自然的节律，不如说是追求可望而不可即的目标。这种适应更像不得已而为之。萨莱诺医学院（scuola medica salernitana）的医典曾写道：“季节之变，生众疾。”（reddit non paucos mutatio temporis aegros.）② 职是之故，古代行医者建议，时变则食变。③

除了季节变化，某些主客观因素也会造成复杂影响，如因地而异的气候，因人而异的禀性，个人的健康状态、年龄、性别，等等。这些因素相互交织，使情况难以估量和把握。譬如，有反向（ex contrario）矫正一说，即改变饮食必须根据自身气质，而不能根据季节。这与其说是矫正，不如说是休养。养生之法简洁明了，任何人都能各抒己见，自做选择。

中世纪早期的医历④ 制定了每月的养生法，后来萨莱诺医学

---

① Montanari 2004, p. vii.

② “Regimen sanitatis,” in *Flos medicinae Scholae Salerni,* ed. A. Sinno, Milano, Mursia, 1987, p. 28.

③ Erodoto, *Storie*, II, 77.

④ Pucci Donati 2007.

院又予以补充。这些规定五花八门，涉及放血、沐浴、体操、房事和神思。其中，亦不乏膳食建议。2 月，当食甜菜、鸭、莳萝，但需多加小心，忌豆类和水禽；3 月，除烤肉及煮食，还应进食根茎类蔬菜，并佐以辛香料；5 月，宜饮苦艾酒（absinthe），食羊奶制品；6 月，当食莴苣叶与新鲜蔬菜；7 月，当食鼠尾草与莳萝；8 月，宜少食，忌酒，忌温性食物；9 月，当食葡萄酒梨与羊奶苹果；10 月，当食野味、羔羊肉、家禽，多多益善，无须节制；11 月，宜饮蜂蜜酒（hydromel）和调以蜂蜜、生姜、肉桂的葡萄酒；12 月，忌甘蓝，忌沙拉，宜食豆类，饮料应调以肉桂。我只从萨莱诺医学院月历挑选了上述规定，[①]而类似规定其实无法用所谓“季节性饮食”来解释。有时，它们的确与季节性食物有关，但这种关系大多空洞抽象，还往往与食物生产的自然周期相左。

食物季节性的“自然”与“人为”层面的摩擦，不止于科学探讨（面向精英，但注定会惠及中世纪社会各阶层和文化的方方面面[②]）。其他规定与理由催生了另一膳食历书，其兼具自然与人工考量。它就是 4 世纪以降，由教会当局发布的基督徒膳食指南。其中根据油腻与清淡两种饮食模式，规定了礼拜时间，即进食或禁绝肉类或动物类制品的时间。[③]这两种模式每周交替，全年如此。于是，这就形成中世纪基督教的一种人为季节性，由于增加或替代某些优先事项，食物的拣选标准亦有所改变。去食物储藏室或市场前，厨师会问，今天是教历上的什么日子。如此一来，这一勒高夫（Le

① “Regimen sanitatis,” cit., pp. 28–44.

② 例如，对膳食文化的反思见于中世纪文献和许多谚语。Flandrin (1997a, pp. 392–394) 指出了书面文化与口传文化、科学思想与大众感知之间的“共谋”。

③ Capatti–Montanari 1999, pp. 82ff.

Goff）口中的教会时间，[1] 也极大影响了膳食传统的形成。

总而言之，中世纪食谱中蕴含的正是这种季节观念。再看看马蒂诺师傅的几个例子。讲解蒜泥蛋黄沙司（salsa agliata）制法后，他指出，该食品可“常年取用，无论油腻季，还是清淡季”[2]。同样，黑葡萄大蒜沙司（l'agliata pavonaza）也可“在肉季或鱼季食用”[3]。谈及芜菁果仁大圆糕饼时，马蒂诺表示，该食品“因时节与季节不同”[4]而有所变化。此外，还有专为四旬斋而设计[5]或改良的各种食谱，例如用“上好脂肪”（猪油）烹制的炸苹果片，“在四旬斋时，可以将其放到油里煎炸”[6]。数百年来，食谱的结构就以这种基本区分为标志，即配料有的油腻，有的清淡，有的有动物食材，有的没有。肉意味着日常生活和欢庆节日；鱼、蛋、乳品意味着斋戒期，当然，不一定为苦修。作为清淡食物，面食消耗量日增；正因为如此，到了中世纪晚期，它逐渐确立了自己在意大利烹饪实践中的地位。[7]

用甜食等特定食物庆祝主要节日，乃传统习俗，而这一习俗又因教历得到巩固（或吸收）和引导。在中世纪意大利，每个节日都有其代表食物。来自奥尔维耶托的西莫内·普鲁登扎尼（l'orvietano Simone Prudenzani）曾幽默地打趣道，有的妇女太过虔诚，不肯错过任何节日：

---

① Le Goff, 1977.

② Faccioli 1987, p. 170.

③ Ibid.

④ Ibid., p. 174.

⑤ Ibid., p. 183.

⑥ Ibid., p. 188.

⑦ Capatti–Montanari 1999, pp. 64–66.

各位可知道，她一心祈盼
圣诞节的宽面条（lasagnie）、
狂欢节的施佩尔特小麦蛋糕、
升天日[①]的干酪和鸡蛋、
万灵日[②]的鹅、油腻礼拜四[③]的通心面、
圣安东尼的猪和逾越节[④]的羊羔，
没人能在短短的布道词里，
为天下所有的黄金祷告。
她不会放过圣灰礼拜三[⑤]，
除非能吃到一夸脱炸苹果片；
有甜品和管够的葡萄酒就更好，
她不会无缘无故地掺水，
因为她说这样包治百病。[⑥]

当然，其中某些食材和食品之所以成为传统的一部分，可能，甚至几乎就是凭着它们与“自然”历的关系。逾越节羊羔显然让人想起圣经故事，但不可否认，逾越节享用羊肉“正当其时”。而1月的圣安东尼节正值宰猪时节，故吃猪肉“经济划算”。与教历上

① 升天日即耶稣复活后第四十天，在5月1日至6月4日之间。——中译者注
② 万灵日即追思亡灵日，在每年的11月2日（如遇星期日则顺延一天）。——中译者注
③ 油腻礼拜四为四旬斋前的最后一个星期四。——中译者注
④ 逾越节为犹太历正月十四日。——中译者注
⑤ 圣灰礼拜三为复活节周末开始前的第四十六天。——中译者注
⑥ *Il “Sollazzo” e il “Saporetto” con altre rime di Simone Prudenzani d’Orvieto*, ed. S. Debenedetti, in Giornale storico della letteratura italiana, suppl. 15, Torino, Loescher, 1913, p. 134 (*Liber Saporecti*, 80).

特殊节日有关的其他特产，情况亦然。不过，很多菜品（如普鲁登扎尼的**宽面条**与**通心面**）和甜品（炸苹果片、甜面包）堪称例外，它们终年见于各种节日，跟季节性食物并无关系。不同之处主要在于**形式**，换言之，在自然食材或甜品馅料中加入不同的人工添加物。可即便对于甜品，葡萄干或果脯等原料（典型的节日糕点，异常丰富），似乎并未反映季节性关系。相反，它们有时似乎为备用之选，以替代“收起来”准备长期储存的食材。

“食物的时间”显然是复杂的现象。它位于周期时间与线性时间、自然时间与人类时间的交汇处。

第五章

文明的芳香——面包

面包：文明的象征

在荷马的语言中，“面包食用者”与“人”同义。食之者，方以为人，足以为人。当然，这里的人非广义的人，而是荷马笔下的人——文明的承载者希腊人。是故，不食面包者，乃“蛮族”。[①]

其实，不应将面包看作人类的“原始”食物。要想烹制面包，首先得掌握一些复杂的技术：种植谷物，研磨加工，制成生面团，发酵烘烤，等等。凡此种种无不体现漫长的历史进程，一种精益求精的文明。荷马所言，正是此意。他的同族也是这样认为的，他们出生并成长于我们所谓“古典”的世界，地中海之滨描绘了其地理轮廓。据已知最古老的文学作品《吉尔伽美什史诗》（*Epopea di Gilgamesh*）描写，“野人”恩启都（Enkidu）过去在丛林中与野兽为伍，但学会吃面包后，完成了开化之旅。[②]

自从石器时代出现农业以来，地中海人就以谷物为主食。世界其他地方的民众亦然，因为谷物堪称果腹的不二之选。它们适合各

① Montanari 2004, pp. 9–10.

② Ibid.

种烹调法，终年易于储存。因此，在世界各地，这些“文明作物”（布罗代尔形容得好），占据并成为经济、社会、政治、文化等人类全部实践的核心。[①]文明生活的方方面面，都直接或间接地与谷物有关。人类不遗余力地种植谷物；谷物的生产及随之而来的贸易，决定了个人贫富；政府官员（国王或其代理人）全力以赴，保障百姓的日常粮食供给，维持秩序与稳定，这些官员的立足之本，在于知道如何解决每日饱腹的问题；[②]最后，文化价值、神话传奇、宗教符号，乃至思维创造的各种形式的演化，都围绕着谷物。“文明作物”因地而异。对东亚人而言，它们是大米；对中美洲与南美洲人而言，它们是玉米；对非洲人而言，它们是高粱和后来的木薯；对地中海人而言，它们是小麦。小麦成就了面包——人类先掌握了它的秘密，然后日复一日地研发，最终将其作为珍贵的手艺代代相传。

基督教与面包的普及

据老普林尼说，公元前 2 世纪以前，罗马人没有烘烤面包的公共烤箱。[③]早年，他们的食物主要是汤、栗子粥、佛卡恰烤饼。后来，罗马人从埃及人那里学会了发酵及面包制作的工艺（由后者率先完善），并传给地中海东部的民众。希伯来人当然对它并不陌生，但态度模棱两可：一方面，面包是日常饮食的基本资源；另一

① Ibid., p. 8. 参考 Braudel 1982。
② Kaplan 1976.
③ 关于古罗马的情况，见 André 1981。

方面，它被列入不享有崇高神圣地位的食材，[①]因为它由发酵而成，比起纯粹单一的原料，乃“腐败”之物。不过，基督教奉面包和另一种发酵食物——葡萄酒为圣物，视作与神明共餐的媒介。选择面包，就意味着与希伯来传统决裂，此乃刻意之举。罗马教会与希腊教会相互龃龉，于公元 11 世纪分道扬镳。这绝非偶然，背后的原因之一，就是正教指责天主教引入无酵饼，背弃了基督教食用发酵面包的“真正”传统，倒退回古老的希伯来模式。

公元 4、5 世纪的基督教作家，赋予了面包强烈的象征意味。圣奥古斯丁的一篇布道词，恰如其分地从隐喻角度，描述了做面包与做基督徒之间的相似之处：

> 面包讲述着我们的经历。它像麦子在田野里发芽。大地孕育了它，雨水滋养了它，一点点成熟，变为谷粒。人类收割谷子，带到打谷场甩打，晾晒，用粮仓储存，再运到磨坊研磨。接下来，揉搓成面，并放入烤箱中烘烤。记住，这也是你们的经历。你们本不存在，而是被创造的。主把你们带到打谷场。你们受到耕牛，亦即福音传道者的甩打。成为慕道者前，你们就像粮仓里的谷子。然后，你们排队接受洗礼。你们经受了斋戒与驱魔的磨石。你们来到圣洗池。你们被揉成一团。你们被放入圣灵的烤箱中烘烤，真正地成为上帝的饼。[②]

① Soler 1973.

② Montanari 1993, p. 25.

图 12 收获谷物，出自《健康全书》

不过，最理想的面包还是基督本人。金言彼得（Petros Chrysologos）的一篇布道词写道："（他）栽植于贞女的体内，发酵成血肉之躯，被苦难揉捏，然后投入墓茔的烤箱中烘烤，最后由每天分发天国食品的教堂，撒上调料，发给信徒。"[1]

作为圣品，面包的兴起无疑推动了基督教信仰融入罗马世界的价值体系。或许我们应该反过来，从面包在仪式上的礼遇，看出一种文化——确切地讲，那就是向新兴的基督教多有借鉴的罗马文化——的标志。不管得益于罗马传统的声望，抑或新信仰的推动力，面包的形象在中世纪获得极大提升。随着基督教获得普遍认可，面包成了独领风骚的食物，不独对地中海人如此，对整个欧洲均如此。有些民族过去背负"蛮夷"之名，更贴近游牧而非农业传统，且以肉食为主，但连他们也接纳了新的饮食模式。"面包文化"

---

① Ibid.

能风靡欧洲大陆，他们功不可没。

当然，还有其他因素。当伊斯兰教于公元 7、8 世纪占领地中海南岸，这片罗马时代的巨大的共用湖，就成了划分边界的海域。[①] 尽管两者各霸一岸，但两个不同的世界，两种不同的文明、宗教与文化，在这里相遇甚至针锋相对。以面包文明自居的世界显然位于北岸。十字军时期的基督教作家认为，面包乃基督徒身份的标志，而阿拉伯面包是“制作粗糙的佛卡恰烤饼”，实在有负面包之名，字里行间流露出巨大的意识形态张力。这里还有比烹调法更重要的问题。彼时，面包已成为文化冲突的工具。正因为如此，借着明摆着的武力，面包成了信仰基督教的欧洲的象征。不过，葡萄酒在“基督教化”过程中没有依靠任何武力。遭穆斯林地区禁绝后，葡萄酒就从地中海饮品转变为欧洲大陆饮品。这就像一场彻底的北迁运动；是地中海膳食模式的“大陆化”，对应着类似的政治与制度事件。据圣徒传记载，主教与修院院长有意种植葡萄，辟林为耕，他们处于积极改变膳食习惯的前沿阵地。[②] 中世纪的新“罗马帝国”，即查理大帝的国度，不再以地中海为轴心，而是将整个欧洲纳入麾下。

在欧洲大陆中北部地区，面包文化呈现新形式。当地的膳食结构以肉类而非谷物为核心，故跻身其间的面包放低姿态，从主食变为辅食，但仍受欢迎，无与伦比。辅食并不意味着无关紧要。相反，面包因其独特的烹调妙用，甚至更受重用。在中世纪早期的北欧人眼里，面包是珍贵之材、稀有之材、时髦之材。

---

① Montanari 2005a 考察了亨利・皮雷纳（Henri Pirenne）的著名论点。

② Montanari 1993, pp. 25–26.

必需品抑或奢侈品？

时移世易，面包逐渐走进寻常百姓家，并成为日常饮食的核心。这不仅出于文化原因，亦得益于经济与人口形势的改变。在中世纪早期，以森林/游牧为主的经济，保证了每张餐桌上都不乏肉类，量可能不多，但至少源源不断。彼时，面包尚未像一千年以后那样，成为生存的必需品。人口日益增长，农业随之扩张，大片林地改造为私人猎场，不再公用。凡此种种，导致大部分人无法取得肉类资源，从而几乎完全依赖于谷物。[①]

自那以后，食用面包就有了不同的社会与文化内涵。它逐渐成为穷人饮食的特点及决定要素，佃农和底层阶级均受制于此。数百年间，他们对面包的需求极其旺盛，占据关键分量。据记载，从中世纪到至少19世纪，欧洲各国普遍的面包日消费量逐渐增长，少则七百至八百克，多则一千克以上。在每日摄取的热量中，面包始终占绝大比重，据测算，能达到百分之五十至百分之七十。[②]中世纪出现了词语companagium和companaticum，指所有可“就着”面包吃的东西。[③]该词是最有说服力的语言学证据，证明当时以面包为基础的膳食习惯。

在佃农家里，人们遵上帝旨意，每日必食面包。据图尔的格列高利讲，农民接过妻子递来的面包，非要等牧师为其降福，才肯食用，这是“乡巴佬的习惯”（sicut mos rusticorum habet）。[④]面包

---

① Ibid., pp. 62ff.

② Ibid., pp. 130–135.

③ Bautier 1984, p. 33. 另见本书第三章。

④ Gregorio di Tours, *Liber in gloria confessorum*, 30, MGH, SRM, I, 2, p. 316.

不可能每天都新鲜出炉；显然，迫于经济因素，人们还需其他选择。直到最近才有人制作出能保存大半个星期的长方大面包。公元6世纪，医生安提姆斯向法兰克国王建言，如有可能，每天最好烤制“经充分发酵”的面包，因为“这样的面包更容易消化”。①该建议其实并不适用于多数人，唯富裕家庭和修院才有条件践行。在法国北部的科尔比，阿达拉多法规（Statuti di Adalardo）指出，每日应烤制四百五十个长方面包，供修士及其门客和访客食用。不过实际上，“面包管理员”（本笃会规预设的职位）会按实际到场人数，调整出炉的长方面包数量，以保证一段时间以后，烤炉里剩的面包不会“变得太硬”。如果面包变硬，“就会被扔到一旁，再补上另一个”。②

就连贵族也吃面包。按照盛宴上的讲究，面包跟许多荤菜一起，用“镀金篮子”端出。凯鲁比诺·吉拉尔达奇（Cherubino Ghirardacci）曾提到，1487年，在安尼巴莱·本蒂沃利奥（Annibale Bentivoglio）迎娶卢克雷齐娅·德斯特（Lucrezia d’Este）的盛宴上，面包就是如此供应。③但贵族吃的不是一般的面包，这可以从颜色上一眼看出。富人的面包为白色，完全以小麦烘制；穷人的面包为深色，完全或部分以黑麦、燕麦、施佩尔特小麦、粟、小米等次等谷物烘制，数百年来，佃农的膳食便以此为主。在城市里，只

① Antimus, *De observantia ciborum*, 1, ed. M. Grant, Blackawton, Prospect Books, 1996, p. 50: “panem nitidum bene fermentatum et non azimum, sed bene coctum comedendum, et ubi locus fuerit, cottidie calentem, quia tales panes melius digeruntur.”

② *Statuta Adalhardi*, ed. L. Levillain, in *Le Moyen Age*, 2e s., IV, 1900, pp. 351–386, in particolare pp. 357–358.

③ Montanari 1989, p. 485. 宴席的历史见 C. Ghirardacci, *Historia di Bologna*, RIS^{2}, XXXII/1, ed. A. Sorbelli, Città di Castello, Lapi, 1932, pp. 235ff.。

要供应充足，穷人也能吃上白面包，但实际情况是，面包难以获得，十分稀少。《圣经》里“面包的神迹”[①]，在基督教欧洲大获成功，常被许多有志的信徒提及。这一点也反映了常无法被满足，甚至无法被正视的需求。

底层阶级膳食结构中常用次要谷物，这使制作面包几无可能：大麦、燕麦等谷物难以发酵，更适合煲汤或煮粥（用谷粉），或做成简单的佛卡恰烤饼，然而我们经常看到有人几乎是滥用地称其为“面包”。这种“一厢情愿的面包”（我们可以这样称呼）是代代相传之结果，恰如“饥荒时期的面包”一般带有空想和悲情色彩。人们摸索出在缺少小麦和其他谷物的困境下，也能制作面包的技巧，

图 13　面包与鱼的神迹（新圣阿波利奈尔教堂镶嵌画，约 504 年）

① Vogel (1976, pp. 228–230) 认为，《福音书》的说法应该从不同角度阐释，食物的增加（现实中的圣餐分享）是错误的解读。若果真如此，有**那层**含义的段落应该更加重要。

图 14　佛卡恰烤饼

并将其传承下去。这些困境下，他们会补以豆类、栗子，或者在少量面粉中，混入橡实、生菜、根茎，有时还可能放一点泥土。[①]甚至有教养良好者在农学著作[②]或后来的其他专著中，煞费苦心地向佃农介绍后者再熟悉不过的知识——如何用田间蔬菜和野生植物制作面包。[③]

把握火候全靠经验和水平。烤制长方面包时，面包置于烤炉的不同地方，很难保持各处温度恒定。会规允许修士将面包烤焦的外皮刮掉，由此可见，烤糊的情况应该时有发生。在城市里，还有专门出售烤糊或夹生面包的地方。

中世纪期间，古代人使用的那种小烤炉仍随处可见（时至今

① 关于“饥荒时期的面包”，见本书第三章。

② Bolens 1980, pp. 470–471.

③ Montanari 1993, p. 127. 类似文献到了近代激增，尤其是 16 或 18 和 19 世纪的大饥荒时期，如 1591 年詹巴蒂斯塔 · 塞尼（Giambattista Segni）的 *Discorso sopra la carestia, e fame*；1801 年米凯莱 · 罗萨（Michele Rosa）的 *Della ghianda e della quercia e di altre cose utili a cibo e coltura*。18 世纪下半叶，土豆作为抗饥抵饿的武器席卷全欧，但起初，像法国的农学家帕尔芒捷（Parmentier）、意大利的巴塔拉（Battarra），甚至政府，都将土豆当作制作面包的新原料，当然事后证明，不过是一厢情愿。Ibid., p. 173.

日，依然有很多民族使用），师傅把生的长方面包直接贴于滚烫的炉壁，面包烤熟后自己就脱落下来。这样烤制时，有些人将陶土埚直接倒扣在灶台上，这种烤法适合更容易贴于炉壁的无酵面团。由此烤制的面包叫灶饼（clibanicus），[①]类似在平板上制作的薄烤饼和薄脆饼。有种面包，只加少许酵母，甚至根本不进行发酵，然后放入余烬中烘烤。“这种在灰烬中烤制成熟的面包，”9世纪的毛罗写道，“便是佛卡恰烤饼。”[②]

纵观中世纪，小麦制成的面包始终是奢侈品。为了抵制它，隐士主动与之一刀两断，转而选择具有鲜明的忏悔意味的大麦面包。由于味道酸涩，这种面包并不受欢迎，而且它缺乏谷蛋白，很难充分发酵，容易引起消化不良。罗马士兵若玩忽职守，会以此作为惩罚。[③]士兵尚且如此，隐士就更坚定地通过它来折磨肉体，消磨肉欲，一如古代先哲所为。[④]这种情况的复杂之处及其象征意义，从朗格勒（Langres）主教格列高利（Grégoire）等人的举动中可见一斑。格列高利以食用大麦面包行补赎，但他不想显得装腔作势，于是就把大麦面包悄悄地放到同桌人亦食用的小麦面包之下，然后佯装一同品尝。[⑤]同样，拉代贡达（Radegonda）也“悄悄食用黑麦和大麦面包”，这样就无人注意。[⑥]有时，苦行意味会超越修士或隐士群体的藩篱。图尔的格列高利在《法兰克人史》中回忆道，6世纪马赛（Marseille）暴发瘟疫期间，国王建议臣民靠只吃大麦面包来

---

① Bautier 1984, pp. 132–134.

② Rabano Mauro, *De universo*, PL 111, c. 590.

③ Montanari 1988a, p. 144 (n. 80).

④ Ibid., p. 134.

⑤ Gregorio di Tours, *Vitae Patrum*, VII, 2, MGH, SRM, I, 2, p. 237.

⑥ *Vita S. Radegundis,* I, 15, MGH, SRM, II, p. 369.

行补赎，以祈求上帝结束这场灾难。[①]

可以肯定的是，对面包的品鉴标准因地而异。例如，在法国的地理与文化语境中，黑麦面包难以下咽（vilissima），[②] 但到了德国语境里，它就成了人间美味（pulchrum）。[③] 在法国北部科尔比修院，施佩尔特小麦面包显然很受欢迎，因为所有人每天都会得到一份，不论是修士、用人，还是家臣、宾客。[④] 当珍贵的小麦极其充裕时，就会添加到各类配制品中，甚至包括谷物粥。公元 9 世纪，皇帝秃头查理（Charles le Chauve）下令，给巴黎的圣德尼（St. Denis）修院配“五蒲式耳精纯小麦，供熬粥之用（ad polentam faciendam）”。[⑤]

经晾晒或两次烘烤（bis coctus）的面包可长期保存，故被广泛使用。罗马士兵[⑥] 食用类似的长方面包，他们称其为 buccellae。到了中世纪，出于种种原因，食用者多为隐士与朝圣者。隐士以这种面包为食，从而摆脱跟社会、跟他们所逃遁的“世界”的联系。[⑦] 传说底比斯（Thebaid）一些隐士食用的面包，可保存六个月之久。朝圣者也需要足够的干粮，应付漫漫旅途。[⑧] 他们的面包又干又硬，

---

① Gregorio di Tours, *Historia Francorum*, IX, 21.

② *Vita S. Eligii episcopi Noviomagensis*, I, 21, MGH, SRM, IV, p. 685. 见 Bautier 1984, p. 37。

③ Ibid., e n. 65.

④ *Statuta Adalhardi*, cit., p. 354; *Consuetudines Corbeienses*, ed. J. Semmler, in *Corpus Consuetudinum monasticarum*, I, Siegburg, 1963, p. 372.

⑤ Rouche 1984, p. 292.

⑥ Davies 1971, p. 124.

⑦ *Vitae Patrum*, V, IV, 10, PL 73, c. 865. 这是仅有的例子。

⑧ 见本书第十五章。

必须泡水（infundere），方可食用。[①] 有时，它被捣碎，拌入水、葡萄酒或其他酒类，作为汤底。过干的面包泡水后会软化，再加入调味品，可进行二次烹饪。为了使面包更松软，有人把生面团放入水中加工，而北欧人的办法则是加入牛奶或啤酒花。[②]

对面包的敬意也体现在面包屑上。公元 6 世纪，《师门律令》规定，餐后桌上的面包碎屑（micae panis），须仔细收集，并倒入容器中保存。每逢礼拜六，修士便用这碎屑加上鸡蛋和面粉，制成烤饼，在当天最后一次热饮时，一边分吃，一边感谢上帝。[③] 在佃农家，虽然没那么多讲究，但同样不浪费一丁点食物。显然，这背后也有这种考量。

① *Vitae Patrum*, V, IV, 56：一位老人拜访另一位老人，后者告诉自己的徒弟，“我们的面包要泡水”（infunde nobis panem）；ibid., 58 中，某修士在日常斋戒后的第三个时辰“将面包泡水”（infudit panem）。两个例子均见于 PL 73, c. 871。

② Bautier 1984.

③ Montanari 1990b, p. 318. 文本见 *Regula Magistri*, xxv, cit., pp. 132–134。

第六章

无肉不欢

食肉：野蛮人的象征？

就消费量而论，肉类已然成为中世纪人的主食；从心理层面讲，则更是如此。罗马时期并不重视肉类，认为其并非食材之选或膳食所需，更没有赋予其任何思想内涵。

概而言之，罗马膳食思想的核心乃三种食材——面包、葡萄酒和橄榄油。受希腊传统影响，它们象征着某种与农业相关的开化（civiltà）意识。无论在希腊世界还是罗马世界，农业都被视为生产资料，为人类所特有。人类世界因此有别于自然界和动物界。人类发明技术，利用并最终改造自然环境，从而构建自己的生存方式。他们将田野与葡萄园改造为新景观，种植唯有人类才能成功出产的作物，然后再通过人类独有的技术，将其转化为食品（面包）、饮料（葡萄酒）和脂肪（橄榄油）。这几种产物都不存在于自然界，故而象征着人类在桀骜不驯的自然界中开辟开化空间的能力（就像人类为了居住而建造城市，为了蔽体而学会复杂的缝纫技术）。[①]

畜牧与狩猎也成为生产活动，罗马人的餐桌上肉类日益丰盛，

① Montanari 1993, pp. 12–17; 2004, pp. 5–10.

更不消说奶酪、禽蛋和其他动物产品。不过，肉类迟迟不能获得高度的、完全积极的地位，因为与之相关的土地开发方式被视为过于“自然”，而“开化”不足。这主要是一种观念形态（ideologica）立场，观念形态本就决定着人类行为与态度。人可以吃肉，但拉丁文学所传达的则是，将寻找真正的开化模式的任务赋予蔬菜这种出自人类劳作的产品。对于以畜牧和狩猎为生的人，肉类为其膳食核心，故他们被视为“未开化的”或“野蛮的”。中世纪初期依然可见如此成见。普罗科皮乌斯（Procopius）曾写道，拉普兰人（Lapponi）“从不从土地获取食物……他们只打猎”。约尔达内斯（Jordanes）认为，斯堪的纳维亚人“只以肉为食”。[①]

到了中世纪，这一切突然改变。那些“未开化的”“野蛮的”民族，占领了罗马帝国西部，并成为新欧洲的统治者。随后，他们推行自己的文化，包括看待土地的不同角度，以及开发利用土地的方式。[②] 由于他们的膳食以肉类为主，畜牧与狩猎经济成为重中之重。简而言之，肉类居首要地位，乃他们的膳食**观念形态**使然。无论从食材还是口碑上讲，肉类都备受推崇。作为肉类主要产地的森林，其地位自然水涨船高。在中世纪，森林不再是被弃于“文明”之外的**其他**地方，而成了日常生活离不开的**寻常**之处，同为食品生产的场所。中世纪文献提及地产时，除了指农田与葡萄园，往往还包括猎场和牧场。在加洛林时代，人们常用猪来给土地估价——膘猪的数量决定了地产的大小。同样，农田以小麦的容量（蒲式耳）计算，葡萄园以葡萄酒罐计算，牧场以干草车计算。[③]

---

① 相关内容见 Montanari 1993, p. 15。

② Ibid., pp. 19ff.

③ Ibid., pp. 20–21.

为何用猪？因为长久以来，猪肉一直是理想的肉类。养猪的地方多为森林，中世纪人往往选择平原上或高海拔地区的大片橡树林。橡树林即为森林之代称，橡实即最珍贵的果实，猪就成为经济与膳食层面的直接结果。日耳曼民族的传奇与神话里亦有类似情形。希腊与拉丁传统早已创造了丰产的意象，其人物象征着农田的肥沃，以及植被蛰伏一冬后的新生。例如，大地女神得墨忒耳（Demeter）之女珀耳塞福涅（Persephone）遭冥王哈得斯（Hades）诱拐，哈得斯允许她与母重聚，但前提是她每年必须回到冥界数月。这就预示着秋播的小麦在地里静待春天来临。据日耳曼史诗的说法，把食用后的猎物骸骨埋起来，猎物会神奇地死而复生。正义世界之外，有一大猪供养着大批阵亡将士，每次它被尽食后，就会在烹饪它的巨锅中再生。另外，还有一大牛，其乳房"流淌着四条牛奶河"。中世纪人的植物也好，欧洲大陆人的动物也好，无不透露世人对炊金馔玉、饱食终日的渴望。[①]

与社会想象及科学思考相关的膳食思维，也经历了类似变化。希腊与拉丁医生无疑都认为，面包乃营养最丰富的食物，因为它能提供日常所需的营养物质，最适合人类食用。塞尔苏斯（Cornelio Celso）在公元 1 世纪写道："面包所含的营养物质比任何食物都丰富。"[②] 几个世纪后，这种观念改变了。基于罗马传统与先存文化要素的"新"肉食文化，经日耳曼民族传入后，逐渐改变了人们的先前看法。凯尔特猪可不是法国连环画《高卢英雄传》（*Astérix*）作者的发明，而是一种古老的象征物。在中世纪，凯尔特猪因其原始的

---

① Ibid., p. 16.

② Aulo Cornelio Celso, "De medicina," II, xviii, traduzione di A. Del Lungo, *Della medicina libro otto*, Firenze, 1904, p. 104.

食用价值，以及日耳曼文化的影响，重获新生。中世纪医生提出，最适合人类的主食并非面包，而是肉类。对于上述转变，锡耶纳的阿尔多布兰迪诺（Aldobrandino da Siena）概括道："滋养人类的所有食物中，以肉为最，它使人发胖，赋予人力量。"[①]这种转变并未消除面包的古老威望，面包的地位在中世纪时甚至更加稳固。它跟葡萄酒一起，象征着逐渐席卷全欧的新信仰。不过，一种双足鼎立的态势正在形成，大家有意让面包与新对手共存于膳食模型之中。

修院的戒肉传统

有时，这种共存尤为不易。出于显而易见的象征原因，尤其是中世纪备受推崇的隐修制度式微期间，基督教文化一方面继续强调面包的膳食价值；另一方面，虽处于不同的语境，但它凭着继承的古代传统，向受人欢迎的肉食文化发难。在修院戒规里的饮食养生法中，[②]戒肉始终为第一，只是戒肉形式各修院互不相同。有的全戒，不分情况；有的仅允许病患吃肉；有的允许吃禽类，但不可吃四脚类。这些戒规名目繁多，五花八门，透露出对于肉食的犹豫不决。说到底，还是一种素食心态，虽未明言，却不难揣测：据《圣经》讲，当初人在天堂里无忧无虑地长生时，只以水果为食；杜绝

---

① Aldebrandin de Sienne, *Le régime du corps*, ed. L. Landouzy e R. Pépin, Paris, Champion, 1911 (e Slatkine Reprint, Genève, 1978), p. 121: "Vous devés savoir ke sour totes coses qui norrissement dounent, doune li chars plus de norrissement au cors de l'homme, et l'encraisse, et l'enforce."（你必须知道，营养品中，肉给身体的营养最丰富，使人胖起来，强壮起来。）

② Montanari 1988a, pp. 63–92（修院饮食）。

必然导致杀生的暴行（尽管福音派对此网开一面）；久远的建议，或者某些古代宗教和哲学，都提供了更为精妙的选择。这些在隐修制度对食物的态度中复现，并成为基督教思想演变史的一部分。[1]

就连这一时期的“气候”，即中世纪早期发生的文化坐标之改变，也产生了重要影响。修院戒规允许（或要求）身体虚弱的修士为恢复元气而食肉，显然体现了当时的文化精神。肉类是滋养身体的理想食物，正如阿尔多布兰迪诺所言，它“使人发胖，赋予人力量”（有人讲求精神之需，反对肉体之需，而戒肉正是他们提出的矛盾选择，但有时，肉体之需令我们别无选择）。若修院戒规自罗马时代便已存在，那么想戒绝体力，就应该戒绝面包（罗马士兵的主食）；想恢复体力，就应该进食面包。现在面包换成了肉类，这也是因为营养价值的规范已重新确立。

主张戒肉的巧妙（有时甚至挑剔的）理由具有典型的中世纪色彩，也基于膳食与口味的考量。按照毕达哥拉斯（Pythagoras）、普鲁塔克等人的古典素食论，食肉意味着杀戮，或者体现了人在世俗世界的堕落，故乃万恶之源，应力戒。[2] 而对于基督教素食论，戒肉为忏悔之举，即放弃某种好物而非劣物。这种选择暗含着中世纪文化的共识——口腹之乐以食肉为最，即所谓“食肉之乐”。此说带有象征意味（滋养肌体的肉），但预设肉类会影响膳食和口味。肉类是人类滋补营养的最佳食物，是食物当中最美味可口的。经由修院文献流传至今的这些观点，以及以食肉为耻的做法，均为那个时代的产物。

---

① Ibid.

② 关于古代素食思想，见 Haussleiter 1935。

四旬斋为基督教施行的忏悔活动，斋戒期为复活节前四十天。当然，年中其他时候或每周某几天，亦有类似的斋戒之举。这个活动堪称上文所述之范本。从某种程度讲，它代表了信仰之躯的延伸（即便受时间所限），代表了修院的膳食模型，并再次印证了肉类尊贵而强烈的意象。如果说节制有好处，那么节制的对象必定是所欲所求之物。[①] 如此看来，戒肉与戒色无异，并非偶然。而有志为修士者四旬斋期间均持守此道。于是，追求"食肉之乐"也好，弃绝"食肉之乐"也好，不仅是语言上的文字游戏，[②] 而且反映了一种精准的饮食文化，即认为作为食品的肉类，有激发肉欲之功效。[③]

拿教会语言和一般用语来讲，四旬斋的规定饮食为"清淡"，而"肥腻"就意味着食肉。因此，中世纪文化认为，肉类与油脂无异，或至少将二者等量齐观，赋予油脂跟肉类一样的积极意象（时至今日，依然如此）。[④] 对于这一点，我们有经济与象征层面的证据：若肉块因肥腻而受青睐，那么形容词"肥腻"，便意味着安康幸福。在博洛尼亚，说人"肥腻"（grassa）绝非嘲笑；[⑤] 佛罗伦萨的上等阶层富甲一方，权倾朝野，故以"肥腻之士"（popolo grasso）自诩，显示其社会声望。[⑥] 彼时的价值观与今日的大相径庭。时下流行的"瘦肉至上"理念，想必会令我们的祖先大跌眼镜。

中世纪文化与肉食息息相关。对于食物在实际和象征层面上的复杂问题，社会意象以及更宽泛的政治意象至关重要。中世纪文化

---

① 见 Montanari 1988a, pp. 64, 91–92。
② 在意大利语中，carne 既指肉类，又指肉体，一语双关。
③ Ibid., pp. 66–67.
④ André 1981.
⑤ Montanari 2002a.
⑥ Montanari 1993, p. 206.

笃定，肌力乃体力之本，两者可相互转化。若肉类是增进肌力的理想食物，那么它也是增强体力的理想食物。[①] 说起孔武有力，我们自然想起骁勇善战、大杀四方的勇士。他们的肌力之源首先便是肉类。勇士的食物是肉类，食后身强力壮，故有权发号施令。公元9世纪，皇帝洛泰尔（Lothair）发布谕令，犯上者不得食肉，且必须解除武装。[②] 对于以勇士自居的贵族，解除武装无异于剥夺其社会地位；禁食肉类则是这一惩罚的象征之举。

迟来的积极地位

尽管如此，在中世纪的数百年间，肉类一直是大众的日常食物，即使对最贫穷的人家亦然。狩猎或放牧经济蓬勃发展，把每个佃农都改造成狩猎与放牧的好手，肉类便自然而然成为主食。不过，时移世易。自公元9世纪起，人口增长迫使大批佃农离开森林，走上耕地。论产量，稻田可高于林地。于是，连贵族也转变观念，鼓励佃农开拓农田：他们从租金和什一税获得更多利润，投入食品市场的部分大大增加。到最后，贵族为自己保留了狩猎权，这界定并象征着其高贵身份。[③] 至于食肉的分量，因社会身份而异。佃农少食，而对于贵族，肉类日益成为生活方式的标志。这一度演变为社会义务。结果，食肉过量而导致的痛风，成为危及欧洲贵族的通病。

---

① Ibid., pp. 19–23.

② Montanari 1988a, p. 47.

③ Galloni 1993.

食肉的精英意味还体现在品质方面：狩猎活动成为上流社会餐桌的保留项目，方式因地而异。圈地活动日益盛行，致使森林成为私人领地，其他人禁止在保护区内狩猎。罗宾汉（Robin Hood）无视贵族禁令，在林间来去自如，像这样的传奇人物其实是“幻象，反映了时人对自由狩猎、恣意食肉的世界之向往”，弥尔顿如此写道。[①] 安乐乡（Land of Cockaigne）在公元 13 世纪乃至近代赫赫有名。这块民众构想的丰饶之地，尽收各色美食，其中最常见的便是五花八门的肉菜。实际上，现实与此恰恰相反——大家整天忍饥挨饿，或至少从未酒足饭饱。[②]

尽管禁令繁多，但佃农仍然有猪可食，这得益于对公共林地或领主林地的物尽其用，以及中世纪晚期愈发重要的马厩养猪新方式。[③] 佃农所食肉类为猪肉，但多为腌制。盐是佃农食物的主角。年中难熬的时段，盐就成了小小的慰藉。面对季节的反复无常，盐也提供了些许保障。与此相反，上层社会钟爱鲜肉，越新鲜越好。在中世纪，肉类老化（尤其是口感较硬的野味）亦无不可，但一般而言，动物宰杀后，就立即食用了。

社会差异的另一个重要场所是城市。在欧洲某些地区，如佛兰德斯和意大利中北部，它们在中世纪中叶时强调鲜明的文化特征，通过与乡村的对比来界定自己。除了继承自中世纪早期的领主与佃农对立，后来逐渐演变出市民与佃农对立。[④] 两者的区别主要在于市场对其饮食方式的影响。一方面，佃农饮食以直接耗用为主，也

① Hilton 1973. 见 Montanari 1993, pp. 59–60。

② Ibid., pp. 118–120.

③ Baruzzi–Montanari, 1981.

④ Montanari 1993, pp. 67–71.

图15　老彼得·勃鲁盖尔（Pieter Bruegel the Elder）绘《安乐乡》（1567年）

就是自产自用。对于肉类，尽管不少证据表明，自中世纪早期起，大家开始食用牛肉（中世纪的林地也是养牛之处），牧区的民众食用羊肉，但佃农所食，仍多为猪肉。当然，亦有鸡、鸭、鹅等家禽。另一方面，市民或者说贵族与中产阶级（有时甚至包括下层阶级），通常可以指望一个储备充足且受政治保护的市场。贵族当权也好，中产阶级当权也好，“共和”治政也好，领主治政也好，其头等大事都是保证本地食物供给。大家都希望商铺柜台或市场摊位能根据自然时令和社会文化义务（如四旬期斋戒期间），满足每个人的需求和愿望。狂欢节一结束，屠户就不能卖肉。在某些城市，当局亦管理肉市和鱼市；两个市场有时会共存，但往往交替出现，每次持续数周乃至数月。

那么，城市里售卖何种肉类？简单的罗列无法反映种类的变化和差别。不管是过去还是现在，猪肉、羔羊肉或牛肉均为城里人和乡下人的可能之选。从市政法规和行会条例中仅能寻得些许线索，但夹杂着文学典故的当代史料，向我们揭示出中世纪中晚期的市民喜欢的不再是猪肉，而是牛肉（尤好小牛和幼牛），甚至包括养生派眼中最不健康的老羊肉、母羊肉或阉羊肉（去势的绵羊）。难道说口味变了？毫无疑问是的。其实，肉的意象也变了。猪肉一直在日常饮食中唱主角，但它免不了乡土味、农民味、“陈腐”味（或令人不快的回味）。城里人自认为与众不同，故从饮食、穿着到建筑风格，处处彰显着城市与乡村、内在与外在之别。在欧洲各地，城里人似乎都看不上昔日备受追捧的猪肉，欲以别肉取而代之。[①]

这种变化背后还涉及重量因素。养猪、宰猪，将猪肉制作成生腌火腿、萨拉米香肠、咸片，这些均为佃农人家力所能及，且满足其所需。养殖和拍卖小阉牛则为市场运作，之后还有专人宰杀售卖。由此可见自给自足经济与市场经济的差别，而这种差别反过来又关乎中世纪后期重要的土地改造与经济巨变。在波河河谷及欧洲其他地区，灌溉牧场的增多以及新兴的牲畜养殖混合方式（散养与圈养）的传播强化了牧牛业的发展。受益的还有牧羊业。这可能是因为土地形式发生了变化（在经历了公元 12 至 13 世纪的森林砍伐后，13 世纪中叶的人口危机固然促进了未开垦土地的回归，却是转变为牧场）。再者，羊毛产业的新需求也是一大原因。在城里，穷人吃牛肉或羊肉，富人吃小牛肉。这种内在差别成为城乡多样化中的小插曲。

很大程度上，狩猎也不在市场经济范围内。中世纪后期出台了

---

① Ibid., pp. 96–97（及其后文字）。

许多涉及狩猎管理的市政法令。虽说狩猎并未在市场经济中完全绝迹，但仅供个人消费，既包括像模像样地花时间、精力、心思狩猎的贵族，也包括享有公共林地狩猎权的百姓。到了中世纪后期，狩猎与体力的关系也发生了巨变，一如肉类与体力的情况。[①] 加洛林时代的贵族认为，狩猎能彰显力量、勇气、武艺等价值。狩猎应该展现其种种能力，如兵器精通，骑术精良，以及能像鏖战敌人那样，与野兽打斗（一般为肉搏）。在此文化语境中，理想的狩猎对象为牡鹿、野猪和熊。这些动物的肉紧致结实，血腥味浓，富含营养，看起来最适合犒赏勇士，能给予其物质和精神上的双重力量。

数百年后，情况发生了改变。在公元 14 和 15 世纪，最适合贵族膳食的肉类无疑是山鹑、野鸡、鹌鹑等飞禽。它们仍然是猎物，只不过种类不同，相关的文化意象有别。飞禽身体轻盈，这一点虽众所周知，但对当时的科学思考、文化感知、社会争论至关重要。正如传奇与诗歌中的鸟类意象所示，飞禽代表不同的生活理想；此外，还代表不同的营养范本，各类膳食论著不乏飞禽营养价值的记

图 16　保罗・乌切洛（Paolo Uccello）绘森林狩猎图（15 世纪 70 年代）

① Ibid., pp. 113–114（及其后文字）。

图 17　猎兔图，出自 15 世纪《狩猎宝典》（*Livre de chasse*）图解版

述。轻盈意味着精致，故禽肉就成了精美菜品的代名词，尤适于廷臣（或城里的上流社会），他们不再追求孔武有力，而是要表现自己足智多谋。既然权力通过血统代代相传，那么统治者也无须再以肌力示人，他无需再征战四方，攻城略地。稳坐江山后，他可以玩弄权术，纵横捭阖，偶尔做做文化赞助人。

权力的新意象需要新的膳食象征物，是故飞禽声名骤起。飞禽在自然界中身居“高”位，所以最适合体现食用者的“高高在上”。由此衍化出许多理论和体系。除了飞禽，在自然界中同样处于“高”位的各类水果，也成了位高权重者的理想之选。[1] 很多人以此为乐。农学家与植物学家力证禽肉与水果更为纯洁；医生坚称二者更健康，更清淡；作家详述二者的品质与优点；厨师将其加工成美味佳肴。

① Grieco 1987, pp. 159ff. 关于食物，尤其是梨的象征意义，另见 Montanari 2008。

大家想必记得，数百年前，禽肉亦为修士饮食中的上品，恰因其清淡，适合远离尘世之“厚重”的清心寡欲的生活方式。

如此一来，公元 13 至 14 世纪的社会产生了新的消费模式、新的膳食意象以及新的象征物。它们多多少少跟始自中世纪早期的传统背道而驰。不过，有一点没有改变：肉类仍为至关重要的营养元素。而这一点更是从中世纪延续至今。

第七章

模棱两可话鱼肉

亦贵亦贱的鱼肉

长久以来，鱼类在欧洲的烹调体系中的位置（弗朗德兰谓之“地位”[①]）极不分明。

何出此言？因为我们的生活经历并非仅仅是“已然”之事，故说到食物，也并非仅仅是“所食”之物。万物自有其意味，即在每个社会所演化的价值体系中的“意义”。简而言之，食物是有**价值**的，可作交流之用。例如，提起“沙丁鱼”，那么所指的不单是鱼本身，也暗示一种境况。它是穷人的食物，是普通人的便餐，当然与豪奢宴饮无缘。若提起“鲟鱼”，那么所指的也不单是一种鱼，还引申为穷人家或日常餐桌上都不会出现的昂贵佳肴。于是，我不禁想到，鲟鱼乃财富或盛宴之标志，因为它价格不菲，并非常食。由此可见，每种食物都负载着意义甚至情感。它们的“价值”未必取决于品质好坏或个人喜好。有人讨厌鱼子酱，但不可否认，它象征着雅致之乐、万贯之财。所谓的“价值”乃就社会层面而论，是

① 弗朗德兰坚信菜品具有社会与文化内涵，即它们的“地位”，见 Montanari 2005b, pp. 375–378。

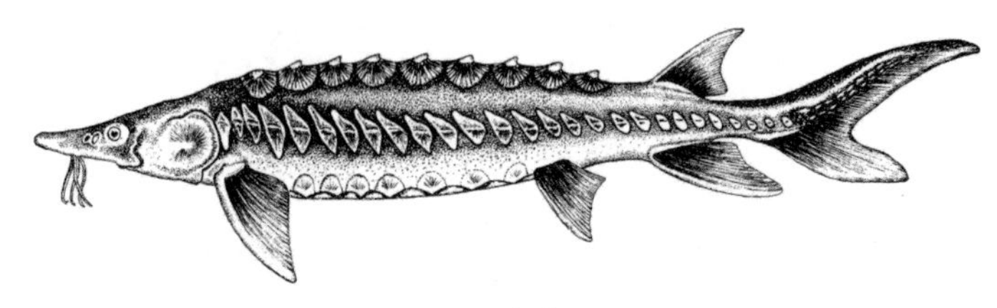

图 18　鲟鱼

以食物为核心的集体意象。这便是它们的“地位”。地位与风尚习俗有关，因时因地而异。同一种食物，此处视若珍宝，彼处却避之不及；此时意义非凡，彼时却司空见惯。

鱼类在中世纪文化中的地位模棱两可，时至今日，依然如此。其原因在于，欧洲传统给鱼类的定位多样，且两极分化。鱼既象征贫困，又象征兴旺。譬如，渔夫以炭火炙烤的是普通的蓝鱼，周末到海滨餐厅享用的则是昂贵的白鱼。其中往往缺少中间地带。鱼并非寻常食物，亦非“中性”食物。为何出现如此反差？难不成是因为鱼的地位今非昔比？毫无疑问，鱼类如今风靡世界各地，因为它遵循当今的膳食趋势，符合医生的建议，满足了偏好易消化的清淡食物的消费者之需。可实际情况没这么简单。相反，鱼类反映了对持续千余年之文化传统的逆势而行。其实，不论是出于迫不得已，还是为了改善口味，吃鱼一直稀松平常，可集体想象对此仍不敢坦然相待。

肉类的替代品

要理解个中原因，我们必须厘清一个重要因素。数百年来，在意大利文化乃至欧洲文化中，说到鱼，就不能不说献祭和忏悔。自中世纪伊始，基督教就规定，每周数日，每年数周，教徒不得食肉。[①] 当时社会视肉类为最有价值的珍馐。统治阶层多食用打猎收获的猎物；佃农在林地和天然牧场养殖大量牲畜，作为田间农产品的补充。大家也吃其他食物，但最渴望的还是肉类。[②] 医生视其为滋补佳品，可帮助肌体快速恢复气力。这一认知至关重要，因为当时人认为，食物的首要功效就在于"长膘"，使人身强体壮。那时没有汽车，没有中央供暖，故热量消耗极大，狩猎或征战的贵族也好，躬耕的佃农也罢，概莫能外。于是，肉类成了每日饮食中最为重要的食物。遵照基督教教规戒肉，是一种巨大的牺牲，是谦逊之举，追求精神之需，舍弃肉体之需；是为了远离物质世界，拒绝摄入身体"所需的"特定营养。

这种忌口在希伯来传统中早有重要先例，且为某些信仰其他宗教的哲学家所遵循。[③] 基督教将其发扬光大，推广为真正的大众现象。公元 4、5 世纪，无论是出于个人选择抑或恪守会规，戒肉在隐士和修士的推动下，被奉为圭臬。后来，教廷下令所有基督徒每周某几日（礼拜三、礼拜五，间或礼拜六），每年某段时间不得食肉，比如重要节日前夕，划分教历四个时期的四季节（Quattro Tempora），以及复活节前四十天的四旬斋，此规定遂广泛传播。

---

① Montanari 1993, pp. 98–103.

② 见本书第六章。

③ Haussleiter 1935.

按照教规，戒肉的时间超过全年的三分之一，多达一百四十至一百六十天。

因而，这段时间就必须退而求其次，寻找其他食物。作为肉类替代品，蔬菜、奶酪、禽蛋、鱼类在中世纪取得经济与文化的双丰收。最终，鱼类从众替代品中脱颖而出，成为“清淡”时期的膳食“标志”。当然，其突显之路历尽曲折，殊为不易。基督教创立初期，有人认为，鱼类是动物，四旬斋时不应食用。后来，吃鱼得到默许，既不严厉禁止，也不明确提倡。到了公元 9、10 世纪，斋戒期吃鱼就变得名正言顺了。[①]但仍不得食用“肥腻”的“鱼类”，即大型海洋动物（如鲸鱼、海豚等，事实上它们甚至不是鱼），它们血液丰富，看起来跟陆地动物并无二致。除了这些特例，鱼类和其他水生水长的动物便是当时所需，且逐渐成为“清淡”食物的文化体现。鱼肉象征着修士饮食和四旬斋的禁欲。它与其他肉类的区别原本模糊，此时变得越发明晰了。[②]

因此，在“食鱼文化”与“食肉文化”分庭抗礼的过程中，基督教的传播起了巨大甚至决定性的作用。可敬者比德（Venerable Bede）发现，异教徒盎格鲁 - 撒克逊人没有练习捕鱼，“尽管他们的海河渔产丰富”。前去宣教的威尔弗雷德主教（Bishop Wilfred）最初就提议，向他们传授“如何靠捕鱼为生”[③]。还有一些文献写道，皈依基督教的象征意象即接受四旬斋的饮食习惯。在查理大帝时代，教会规定期间不肯戒肉的撒克逊人会被处以极刑。[④]

---

① 相关内容见 Zug Tucci 1985; Montanari 1993, pp. 99–100。

② 见本书第十四章。

③ Zug Tucci 1985, p. 303.

④ Montanari 1993, p. 101.

又过了数百年，保存方法几经改进，鱼肉才真正成为“普通”食物。后来，前文提到的那种模糊地位再次出现。如果说鱼象征谦卑、克己、禁欲，可冷藏技术发明以前，鱼类制品依然难得，说到底，还是难以运输，难以保鲜。因此，在中世纪人眼里，鱼乃珍馐佳肴。这着实不可思议，毕竟水域广阔，捕鱼绝非难事，河流、沼泽、湖泊不计其数，其中栖息的大多为淡水鱼。[①]不过，肉类仍然是更“常见的”食物，故当时的文献中，既有人称赞修士的无肉之食，也有人抨击修院之佳肴、食鱼之奢侈。例如，12 世纪的皮埃尔·阿伯拉尔（Pierre Abélard）提醒爱人爱洛伊斯（Héloïse），不要戒肉，免得依赖又稀少又昂贵的鱼类。他写道，鱼是鉴别味蕾、考验荷包的美味，穷人可负担不起。[②]

鱼肉的普及

在中世纪，无论渔业还是消费方面，淡水鱼都受到非比寻常的关注。可以说，它成了一种“陆生”资源。从有据可查的法令到文学史料，从养生著作到食谱，均有佐证。5 世纪的西多尼乌斯·阿波利纳里斯（Sidonius Appolinaris）作诗歌颂狗鱼；6 世纪的图尔的格列高利颂赞日内瓦的莱芒湖（lac Léman）。哥特王国国王狄奥多里克当政时，旅居拉韦纳（Ravenna）的希腊医生安提姆斯著有

① 关于此处及下述其他文献，见 Montanari 1979, pp. 292–294 .

② 阿伯拉尔给爱洛伊斯的建议见于第八封书简（即所谓的《惯例》），见 P. Abélard, *L'origine del monachesimo femminile e la Regola*, ed. S. Di Meglio, Padova, EMP, 1988, pp. 217–218。

《食律》，书中谈鱼的部分从探讨鳟鱼与鲈鱼起，重点介绍了梭鱼与鳗鱼，海鱼只提到一种——鳎。[1]公元9世纪，博比奥修院的库存清单里，记录了加尔达湖（Garda）出产的鳟鱼和鳗鱼；而因体型而闻名的波河鲟鱼尤其受青睐。波河支流帕多莱诺河（Padoreno）流经拉韦纳，比邻入海口，河里的鲟鱼蜚声内外，拉韦纳主教要求渔夫务必将六英尺[2]以上的鲟鱼先送到自己府上。纵观中世纪，鲟鱼堪称富人餐桌的代名词；在英格兰，它主要供应宫廷御宴。后来，对淡水鱼的偏好又持续了数百年时间。公元13世纪，邦韦辛·德拉里瓦（Bonvesin de la Riva）编制了一份米兰集市商品目录，其中包括鳟鱼、海鲷、鲤鱼、鳗鱼、七鳃鳗，以及中世纪城市食用量巨大的河虾。博洛尼亚的法令中，但凡跟卖鱼有关的，也都少不了“虾”的字眼。

食用海鱼显然并未绝迹，只是缺少相关文献，我们难以估算海鱼在中世纪早期的消耗量。不过公元14世纪初，现存最早的中世纪意大利烹饪书籍《烹饪指南》，[3]揭示了时人对海产品的喜好程度。除了上文提到的鲟鱼和七鳃鳗，各类食谱的主料还有鳊鱼、鳀鱼、沙丁鱼、鲻鱼、章鱼、乌贼、虾、海螯虾。[4]这是新发现，还是典型的地中海现象？第二种情况似乎更有可能。几十年之后，该书的某托斯卡纳语译本，将其中的海鱼食谱悉数删掉，代之以河鱼或湖鱼食谱。[5]这表明，在意大利“大陆”与地中海沿岸，当地

① Anthimus, *De observantia ciborum*, ed. M. Grant, Blackawton, Prospect Books, 1996.
② 1英尺约为0.3米。——中译者注
③ 见本书第二章。
④ Capatti–Montanari 1999, p. 85.
⑤ Ibid.

图 19 奥拉乌斯·马格纳斯(Olaus Magnus)作品中的捕鱼图

人对食材的选用多种多样。

鱼肉极易腐烂,如何运输就成了主要乃至最为重要的问题。喜欢鳗鱼的人倒是有口福。据中世纪的权威说法,鳗鱼离开水后,可以存活长达六天。“若将其垫在草上,置于阴凉处,令其移动无阻,可存活更久。”大阿尔伯特(Albertus Magnus)建议道。[1]厨房里用到的,餐桌上摆放的,大概是淡水鱼,毕竟它们捕获容易,运输快捷。托马斯·阿奎那某次到坎帕尼亚旅行,受神恩眷顾,吃到了自己喜爱的新鲜鲱鱼。据说,他得到了一筐沙丁鱼,而后神迹显现,沙丁鱼竟变成鲱鱼。新鲜的海鱼不可多得,市场上只有加工过的鱼肉。盐渍(风干、烟熏或油浸)等处理方法古已有之,使民众可尽量恪守戒肉的律令。公元 12 世纪初,随着需求逐渐增长,保存技术日趋完善,这反过来又刺激了对加工鱼的需求,但鲜鱼作为奢侈品的地位仍然不可撼动。

① 关于此处及更多参考文献(来自大阿尔伯特、托马斯·阿奎那[Thomas Aquinas]和康提姆普雷的托马斯[Thomas de Cantimpré]),见 Zug Tucci 1985, pp. 303–305, 310–312, 316。

图 20　市场上的鱼贩，出自《健康全书》

波罗的海鲱鱼的商业化运作恰恰始于 12 世纪。在 13 世纪，康提姆普雷的托马斯提到，波罗的海鲱鱼经过加工，保存时间为“所有鱼类中之翘楚”。14 世纪中叶前后，荷兰人威廉·伯克尔索恩（Wilelm Beukelszoon）设计了一套系统，可在捕捞船上快速由内而外地清洗鲱鱼，然后盐渍并储存。[①] 汉萨同盟（Hanse，波罗的海地区德意志商人协会）因此而受益，后来又惠及荷兰和泽兰（Zeeland）的渔民。不过，14 与 15 世纪期间，鲱鱼游离了波罗的

① Braudel 1982, p. 190. 关于鲱鱼和后来的鳕鱼捕捞，见 ibid., pp. 190–194。

图21　奥拉乌斯·马格纳斯作品中的腌鱼图

海（整个种群全部迁移），荷兰和泽兰的商船不得不紧随其后，追至英格兰与苏格兰沿海。

甚至连淡水鱼也是加工的对象。鲤鱼曾随基督教（不出所料，我们又发现基督教跟鱼息息相关），由修士从德意志南部带至多瑙河（Danube）下游。13世纪起，当地就有文献记载制作盐渍或风干鲤鱼的大型渔场。于是，鲤鱼成了该国经济的主要物产之一。几个世纪后，威尼斯特使乔瓦尼·米希尔（Giovanni Michiel）慨叹，波西米亚（Bohemia）“渔场的鱼几乎聚集举国之财”①。山里人不养鲤鱼，而是养梭鱼和鳟鱼。其他地方会捕捞鲑鱼、七鳃鳗、鲟鱼，然后风干盐渍，经营此道的大多为威尼斯和热那亚商人。②

从15世纪末起，一个新竞争者——鳕鱼，加入了鱼肉贸易与消费，并逐渐挤走鲱鱼、鲟鱼以及其他鱼类。数百年来，鳕鱼都只能在深海捕捞，但后来发现，纽芬兰大浅滩（Grand Banks of

① 再次引用 Zug Tucci 1985。

② 关于风干与盐渍的鲟鱼，见 Messedaglia 1941–42。

Newfoundland）的鳕鱼取之不绝。一场资源抢夺战随即爆发，巴斯克人、法国人、荷兰人、英国人参战，用大炮一较高下。最终，海军实力更胜一筹的英国和法国笑到最后，保住了前往纽芬兰岛的要道。[①] 风干的鳕鱼叫作鱼干（stoccafisso），计重出售；盐渍的鳕鱼叫作腌鳕鱼干（baccalà），按块出售。二者成了劳动者，尤其是城市劳动者餐桌上的常客。

即便那时，由于种种成见，鱼肉消费仍然无法得到正名和普及。加工鱼意味着贫穷，意味着底层的社会地位。鲜鱼意味着财富，并且是那种令人羡慕的财富，因为在大众看来，鱼肉毕竟**无法果腹**。鱼肉"清淡"，故被选为四旬斋食物；只有每天都衣食无忧的人，方能惬意享用。两种情况下，鱼肉都难以获得积极的营养价值。世人虽然吃鱼，且食量巨大，但就文化角度而言，鱼仍是肉的替代品。弗朗德兰告诉我们，"尝"与"需"不一定始终同步。[②]

不过20世纪兴起的时尚革命，颠覆了这一局面，一方面把鱼的积极价值推向极致，另一方面使肉走下神坛。这场革命的意义显而易见。我们已经从物资匮乏的社会，进入物资丰盈的社会。过去，我们害怕吃不饱，故选择抗饿高热的食物；现在，我们担心吃过饱，故选择清淡低热的食物。如此一来，四旬斋食品失去了克己、牺牲或忏悔的意味。鱼获胜了。

---

① Montanari 1993, p. 103.

② Flandrin 1994.

第八章

从奶到酪

奶在饮食中的全面溃败

说到奶，我们自然会联想起婴儿。奶是好东西，是生命与健康之源。古代与中世纪医生视其为雪白纯洁的血。[①]血乃生命之精华，因此，宗教把奶作为生命与内在救赎的意象，也就不足为奇了。基督教初创时，信徒的圣餐除了面包或蜜，还有奶。后来，仪式上才逐渐食用面包和葡萄酒。[②]不知何时，在文化与宗教想象中，葡萄酒终取代奶，并承袭其所有功能。在现实中，随着人从婴儿渐渐成年，奶也失去了原有的营养价值。

与婴儿的深厚关系，是奶所获得的积极象征价值的源头，但亦限制了它的作用和意象，使之无法承载完全积极的膳食与文化价值。成人往往不会把奶（本章特指动物奶）作为食物。古代医学认为，奶不适合成年人饮用。希波克拉底与盖伦建议，奶仅作医

---

① “所有医生都一致认为，奶……造血，仿佛血生自乳房。”人文主义者巴尔托洛梅奥·普拉蒂纳在其名著《论欢愉与安康》中如是写道。见 Faccioli 1985, pp. 49–50。另见 Camporesi 1985, p. 70。

② Vogel 1976, pp. 197–252.

疗之用，并从营养角度强调其多种害处。[①] 以上论断不乏环境方面的考量：希腊与罗马文化发源于地中海，那里不适合食用像奶这样清淡易腐的食材。这在一般情况下是对的，在气候温暖的地区更是如此。因此，古代作家说只有靠近北方的居民才习惯喝奶，也就不足为奇了。斯基泰人（Sciti）是奶和奶制品的消费大户，希罗多德（Herodotus）称其为“挤马奶的人”。[②] 古代晚期及中世纪早期作家亦有类似论述。例如，约尔达内斯提及哥特人时写道，由于跟周围部族往来，他们发现了美妙的文明饮品——葡萄酒，可他们挚爱的，仍是自己世代畅饮的奶。[③]

于是，成年后饮奶成了野蛮人的饮食特征；此观念类似于婴儿饮奶的情况，只不过从生物学层面转移至社会文化层面——不知“文明”为何物的野蛮人好比婴儿，而“文明人”好比成人。但矛盾的是，在人类的膳食习惯中，成年饮奶蕴含着极为深厚的文化内涵。它是长期艰难适应的结果，其间，人类改变了本物种的自然习性，这一点至今未受重视。[④] 从象征角度看，意象截然相反：饮奶者野蛮而原始。古代和中世纪作家便持此见。在他们的头脑里，一边是“进化的”农业社会，一边是“原始的”乡村社会；一边是面包、葡萄酒等人工改进和“发明”的食物，一边是肉、奶等纯天然食物。[⑤]

我们所说的奶，主要指绵羊奶。一提到奶，现代人多默认为牛

---

① Naso 1990a, p. 67.

② Camporesi 1985, p. 59.

③ Jordanes, *Getica*, LI, 267. 见 Montanari 1993, p. 15。

④ Harris 1990, pp. 128–152（爱奶者与厌奶者）。

⑤ Montanari 1993, pp. 12–19.

奶，但对古代人和中世纪人，绵羊奶或山羊奶才是上品。直至中世纪，牛都是干活的牲口，而非食品来源，故牛的养殖量远不及猪、羊等所谓的“小动物”。[①]公元7世纪，伊西多尔在其词源学巨著中区分了两类动物：“一类用作减轻人的劳动，如牛、马；一类用作人的食物，如羊、猪。”[②]牛用来拉车犁地，而非产奶宰肉。

这种分类跟饮食习惯息息相关，从膳食和口味的分类中可见一斑——论口味，论营养，以绵羊奶或山羊奶为最。公元15世纪人文主义者巴尔托洛梅奥·萨基（同前，即普拉蒂纳），总结了世所公认的观念和评价，然后写道：“奶有着跟其出产者一样的特质。山羊奶养胃、疏肝、润肠，乃公认之上品；绵羊奶次之；牛奶再次。”[③]不过，也有人不以为然。比如，奶与奶制品开山论著（1477年发表）[④]的作者医师孔菲耶恩扎的潘塔莱奥内（Pantaleone da Confienza）就指出，“饮奶不可过量”。他认为，奶只适合身强体壮者饮用，另外，要注意以下几点：“奶必须产自健康的动物，奶质需优异、新鲜。饮奶时，应空腹或餐后三小时以上。饮后不可马上剧烈运动。”再者，依照传统文化观念与象征因素，奶与葡萄酒判若水火，故不得同饮。[⑤]

---

① Ibid., pp. 223ff.

② Isidoro di Siviglia, *Etymologiae*, XII, I, ed. W. M. Lindsay, Oxford, 1911. 见 Montanari 1988a, p. 41。

③ Faccioli 1985, p. 50（及随后的引文）。

④ Panthaleonis de Conflentia, *Summa Lacticiniorum*, in Naso 1990a, pp. 122–123. 埃米利奥·法乔利（Emilio Faccioli）将其译成意大利文：Pantaleone da Confienza, *Trattato dei latticini*, Milano, 1990。见 Camporesi 1990, pp. 89–117。

⑤ Naso 1990a, p. 66（及其后文字）。

干酪的“身价倍增”

可若说中世纪人的膳食不沾奶，那就大错特错了。相反，在营养补给方面，奶至关重要，甚至不可或缺。饮奶者固然少，制干酪者却相当普遍；毕竟干酪比奶保存得更长久。

事实上，即便对于干酪，中世纪文化跟古代文化一样，仍然有许多说不清道不明的地方。神秘的凝固与发酵机制遭到医学界的质疑。膳食著作总是羞谈干酪，还警示食酪的害处，在品质和分量上提出许多限制。希腊罗马世界最伟大的科学权威看法类似，阿拉伯医生也持此见，他们不但转述这些意见，而且还将其传播至西欧。据传，萨莱诺医学院有言：“干酪者，唯吝者所授为佳。”（Caseus est sanus quem dat avara manus.）在中世纪晚期的养生文献中，此话几近圭臬。[①] 干酪只有少量食用时，才不会有损健康。

上述批评主要针对陈年干酪。普拉蒂纳讨厌它，“因为它难以消化，营养寥寥，还伤肠胃，生胆汁，诱发痛风、肾绞痛或肾结石”。鲜奶“营养丰富，有清胃火之奇效，结合患者宜饮”[②]。类似观点一再出现，在中世纪与近代的论著中，几乎俯拾皆是。它们的论据有二。第一，发酵过程涉及有机质的腐败与腐化，故古代文化，特别是圣经文化，对其嗤之以鼻。理论偏见由此而生。第二，尽管盐渍后的食物保存时间更长，但看起来几近腐烂，其品相、口感、气味不能不令食客犹豫再三。

中世纪膳食理论以希波克拉底–盖伦的热、冷、干、湿“四

① Ibid., p. 72.

② Faccioli 1985, p. 51（及随后的引文）。

图 22　制作干酪的人，出自《健康全书》

质说”为基础。据此，食物可以通过各种各样的组合和“程度”来分类。故中世纪膳食追求正反相合的均衡饮食原则，不单讲究食物的性质，还讲究地域、气候等环境因素，强调食客的气质，如健康状态、生活与工作状况、性别、年龄等。为达到这种均衡，菜品搭配、烹饪方式、上菜次序均有说道。以干酪为例，普拉蒂纳认为，应该餐后食用，“因为干酪能管住胃口，消除油腻食物引发的恶心”[①]。干酪的这种“饱腹”感，为萨莱诺医学院的《养生宝典》所推崇（“群食享尽，方用干酪，以示膳毕”[②]），并且数百年来，受到

① Ibid.

② “Regimen sanitatis,” in *Flos medicinae Scholae Salerni*, ed. A. Sinno, Milano, Mursia, 1987, p. xxxvii: “si post sumatur, terminat ille dapes.”

营养专家的传诵。如今的某些习惯（更不消说谚语）便与此相关，如“干酪进肚”，用餐结束。[①]值得注意的是，众所周知的传统往往源于近代以前的膳食文化，其中科学的成分很多已荡然无存，但规训的力量延续至今。[②]

医生对干酪和其他饮食习惯的建议，可是有当时食谱的直接确证。近来有研究表明，15 世纪最伟大的厨师马蒂诺师傅，与普拉蒂纳时常出入的罗马圈子[③]之间，关系十分紧密。他特别指出，“饭后应该来一小盘烫嘴的干酪（caso in patellecte）”[④]。

当然，社会上只有衣食无忧的少数人才在乎这些。饥饿来袭时，一切矜持都无从谈起。孔菲耶恩扎的潘塔莱奥内认真地写道：“穷人……还有不计其数被迫终日以干酪为食的人，不必循规蹈矩，餐餐以干酪开胃。”[⑤]

这里不妨多说两句穷人与干酪的关系。穷人食酪之说古已有之，翻翻加图（Cato）、瓦罗（Varro）、科卢梅拉（Columella）、老普林尼、维吉尔等作家、农学家的著作便知。在他们笔下，消费奶制品的社会阶层显然“卑微”。不过，科卢梅拉指出了一个不同之处：干酪虽为“佃农的盘中餐”（事实上，佃农“靠其果腹”[agrestis

---

① 跟食物有关的中世纪谚语，见 Cunsolo 1970; Antoniazzi–Cittiri 1988; Pucci 2012。

② Flandrin 1997a, pp. 392–394.

③ 关于普拉蒂纳与马蒂诺师傅之间有争议的关系，见 Laurioux 1996, pp. 41ff.; 2006, pp. 503ff.。

④ Faccioli 1987, p. 186.

⑤ Naso 1990a, pp. 140–141: “Pauperes [...] et quos ad quottidianam casei commestionem impellit necessitas regulis superioribus non astringuntur, cum cogantur et in principio et in medio ac fine comestionis ipsorum caseum manducare.”

saturat]），但也能“令雅宴熠熠生辉”。[①] 对于穷人，干酪是主食，是营养的主要来源；对于富人，它仅仅是“锦上添花”，或者复杂菜品里的配料。

这种印象多多少少延续至中世纪，然而在“扬眉吐气”的过程中，最终导致了一种逆转，即奶制品的经济、膳食、文化价值为世人所认可。这一不甚清晰的过程，以修士的饮食模式为核心，它虽然无法代表普遍情况，但不啻为整个社会的理想参照点。它意义重大，对厘清集体行为与态度至关重要。修士模式的核心要素在于，要么偶尔戒荤，要么彻底戒荤。修士不能碰荤（尽管有许多例外），于是肉就替换成鱼、蛋和干酪。这种戒律以及替代方法走出修士圈子，借教规而波及整个基督教社会，一年当中大部分时间（如前所见，达到全年三分之一甚至更多）都受此影响。[②] 这些选择与要求给膳食和食材的“社会地位”带来了重要改变。一方面，干酪作为穷人食物的地位得到确认和强调，成为另一种更出名和更可口的食物（肉）的替代品；另一方面，它得以“扬眉吐气”，在饮食中占据首要地位，成为万众瞩目的焦点，有时甚至成为试验与创新研究的对象。有意思的是，禁欲文化本身却催生了新的烹调文化，带来了一种刨根问底、破旧立新的品质，日后许多新口味皆来源于此。穆兰（Moulin）问道：“但凡有口皆碑的干酪，若追本溯源，哪的不是跟修会有关？”[③] 当然，这不免言过其实，因为那些“本源”往往子虚乌有。不过，这些炮制出来的东西本身，就反映出一种文

① Columella, *L'arte dell'agricoltura*, VII, 2, 1, ed. C. Carena, con traduzione di R. Calzecchi Onesti, Torino, Einaudi, 1977, p. 498.

② Montanari 1993, pp. 98–103. 见本书第七章。

③ Moulin 1988, p. 70.

化思潮和普遍态度，从中我们能发现修院的核心——“禁欲之所”，正是那里孕育了烹调文化。

此外，谈及“修院烹调法”，我们千万不可忘记佃农世界在这种文化演化与传播过程中的核心地位。如果说修士的干酪在修院制作甚至“发明”，那其背后离不开为修士劳作的乡下人。干酪有时产自为修士所有但由他人照料的农场，这可能是较常见的情况。修院从佃户收取的所得常常有一些干酪。布雷西亚圣尤利娅修院在伦巴第和艾米利亚都拥有庄园。根据修院 9、10 世纪财产清单可知，那里储藏着数量可观的干酪，它们是庄园佃户上交的租子。以酪代租，需按对应的干酪重量计，或按车轮数计。[1] 在亚平宁山脉艾米利亚段的博比奥的圣科隆巴努斯修院，亦存在类似情况，有 9 世纪修院财产清单为证。[2] 想象一下这火花四溅的碰撞：一方面，佃农 – 羊倌传统久已有之；另一方面，地主出于私利，要求丰富并延续该传统。

于是，在中世纪烹调文化中，干酪即便受制于医嘱，也成功翻身，青云直上，成为雅宴的一部分。公元 15 世纪，孔菲耶恩扎的潘塔莱奥内在《乳制品大全》(*Summa lacticiniorum*) 里写道，自己知道哪些“国王、公爵、伯爵、侯爵、男爵、士兵、贵族、商贾”，经常吃也愿意吃干酪。[3] 这一趋势延续至文艺复兴时期乃至近代，连文学作品都歌颂干酪，譬如 16 世纪费拉拉 (Ferrara) 作家埃尔科莱・本蒂沃利奥 (Ercole Bentivoglio) 的三行诗。[4] 干酪摆上餐桌，

---

① Montanari 1979, pp. 248–249.

② Ibid.

③ Naso 1990a, p. 77.

④ E. Bentivoglio, *Le satire et altre rime piacevoli*, Venezia, 1557, c. 16r. 见 Camporesi 1990, pp. 95–97。

还有当时的食谱为佐证。例如，费拉拉埃斯特王朝（corte estense）御厨克里斯托福罗·梅西斯布戈（Cristoforo Messisbugo）就指出，要“为皇亲国戚……或重要节日准备盛宴”，“乳清干酪、奶酪饼（cavi di latte）、凝乳（gioncata）、奶油、黄油；硬干酪、肥干酪、羊奶酪（tomini）、羊奶（pecorino）、撒丁干酪（sardesco）；三月羊奶酪（marzolini）、乳花干酪（provature）、鲜奶酪（ravogliuoli）”，这些都是必不可少的。[①] 干酪命运的起伏清楚地表明了，大众文化的典型价值如何一跃跻身美食的上流阶层。[②] 这是由下至上合而为一的好例子；当然，情况也可能相反，但更多时候，上下是互惠和流通的。

图 23　挑着凝乳的人，出自《健康全书》

① Faccioli 1987, p. 290 (*Libro novo nel qual s'insegna a far d'ogni sorte di vivanda*, Ferrara, 1549).

② Montanari 2008.

美食中的干酪

干酪亦广泛用于烹饪。普拉蒂纳曾言："厨师备料时经常用到干酪。"[①]公元13至14世纪意大利及其他欧洲国家最早的食谱，就详尽记载了干酪的使用。

把新鲜干酪跟蛋、肉、蔬菜、香草等混合搅拌，制成各式各样的果仁大圆糕饼和馅饼，这大抵是中世纪最典型的食品。博洛尼亚大学图书馆某杂纂抄本，收录了一份出自"托斯卡纳无名氏"的13世纪食谱。作者建议，以"新鲜干酪"（cascio fresco）做"肉薄饼（crispelli di carne）、指环状馅饺（tortelli）或意大利方饺"的馅；至于羊肩的填料，必须加入"用适量鸡蛋拌匀的新鲜干酪"。罗马面糊（pastella romana）中，除了"肉沫"，还须放新鲜干酪；而帕尔马单层馅饼（torta parmesana）里，不但要放新鲜干酪，还要加入"等量的干酪碎"。这里的干酪碎也是"魔鬼蛋"（ova piene）的配料，而宽面条里亦少不了它。[②]此外，干酪当然是带"酪"字的菜品的主料。以酪饼（casciata）为例："取新鲜干酪，洗净，沥干，掰成小块装碗，加鸡蛋、芳草、猪油、盐、胡椒拌匀，再倒入饼皮中烘烤。"其做法相当简单，大概原本为佃农食品，但定会摆到上层阶级的餐桌，因为该食谱明言，此菜品为贵族或城市上流社会人士专享。又如烤干酪（cascio arrostito），是将干酪叉好，露天炙烤，烤毕放至薄面包片或干面饼上，然后"献给领主"[③]。

陈年干酪亦用于烹饪，对此我们已经在托斯卡纳无名氏的食谱

① Faccioli 1985, p. 50.

② Anonimo toscano, *Libro della cocina*, in Faccioli 1987, pp. 58–61, 64–65.

③ Ibid., pp. 66–67.

中有所见。新鲜干酪是（用杵臼）磨碎的，而陈年干酪是碾碎的，马蒂诺师傅的食谱在谈及施佩尔特小麦饼时，就明确了两者的区别："取新鲜干酪一磅，上好陈年干酪半磅，按习惯，**将前者磨碎，后者碾碎**。"①在咸味或甜味圆糕饼的食谱中，这两种干酪（或先后加入，或一起搅拌）均为主料。②另外，制作油炸馅饼③、煎蛋卷④、"魔鬼蛋"⑤时，它们也都必不可少。

说起干酪碎，早在中世纪，帕尔马干酪碎（parmigiano）就成为无可争议的翘楚，尽管彼时，皮亚琴察干酪碎（piacentino）与洛迪干酪碎（lodigiano）——来自皮亚琴察（Piacenza）和洛迪（Lodi）的类似奶酪——同样闻名遐迩。⑥14 世纪，帕尔马干酪碎已走出意大利国门。⑦它的成功离不开另一种与之相得益彰的人工食物——面食。13 世纪帕尔马的萨林贝内在《编年史》（*Cronaca*）里，曾提到一个修士，即拉韦纳的乔瓦尼（Giovanni da Ravenna），对干酪宽面条情有独钟。这里的干酪，很可能是帕尔马干酪碎。"我从没见过谁像他一样，一吃干酪宽面条，就狼吞虎咽。"⑧薄伽丘（Boccaccio）在《十日谈》中描写好命村（Paese di Bengodi）的主要景致之一时写道："那儿有一座完全用帕尔马干酪碎堆成的山，

① Ibid., pp. 175–176（马蒂诺师傅《厨艺指南》）。

② Ibid., pp. 172ff.

③ Ibid., p. 187: "Habi de bono caso frescho, et un poco di bon caso vecchio..."（见"frictelle de fior de sambuco"食谱）。

④ Ibid., p. 192.

⑤ Ibid., pp. 193–194.

⑥ Naso 1990a, pp. 47–48.

⑦ Ibid., p. 47.

⑧ "Numquam vidi hominem, qui ita libenter lagana cum caseo comederet sicut ipse." Messedaglia 1943–44, pp. 384–385.

图 24 约翰·威廉·沃特豪斯（John William Waterhouse）
绘《十日谈》中的故事（1916 年）

山民终日几乎无事可做，只是一门心思做通心面、方饺，然后放到阉鸡汤里烹煮。”[①]

面食上撒帕尔马干酪碎，并拌以黄油和甜香料，这种做法从那时起便见于各种论著、文学作品、宴会记录以及厨师荐语。马蒂诺师傅建议，方饺、西西里通心面、细条面、宽面条，甚至连压花面（manfrigoli）等头几道菜中，也放帕尔马干酪碎。[②]16 世纪初，切利奥·马莱斯皮尼（Celio Malespini）的一部中篇小说写过一群威尼斯绅士。他们最喜欢墨西拿（Messina）通心面，那面里加了“超过二十五磅的帕尔马干酪碎，六到八磅的卡乔卡瓦洛干酪（caciocavallo，一种熏干酪［provolone］，拳头大小，产于意大

① G. Boccaccio, *Decameron*, VIII, 3.

② Faccioli 1987, pp. 157–158, 160.

利南部），和大量的香料、糖、肉桂，以及足以将其浸泡的黄油”[1]。这些珍馐穷人无福消受，只能幻想到薄伽丘笔下的福地——好命村去解馋。很多人把那里称作安乐乡，甚至还可能信以为真。据摩德纳（Modena）的编年史家托马西诺·德比安基（Tommasino de' Bianchi）记载，一些佃农为了生计跨过波河，“他们携全部家当，拖家带口，前往伦巴第……因为听说那里能领到撒了干酪、香料和黄油的汤团”[2]。

18世纪，面食与番茄沙司成了绝佳拍档。在此以前，面食一直搭配黄油、香料（以肉桂为主）、糖和干酪。不过，即便是番茄，也没有将干酪彻底取代。19世纪30年代，那不勒斯人伊波利托·卡瓦尔坎蒂（Ippolito Cavalcanti）写出了第一份通心面配番茄沙司的食谱。他建议道，通心面沥干，撒些干酪，再加入番茄沙司，味道妙不可言：“先拌入陈年干酪和熏干酪；其他干酪无论多少，只会使通心面更加鲜美。”[3]

到了中世纪末，大家不再理所当然地认为羊奶比牛奶好。15世纪中叶，普拉蒂纳写道：“目前，有两种干酪在相互较量。一种是托斯卡纳人所说的‘三月干酪’（marzolino），产自托斯卡纳，每年3月（marzo）制作；另一种是帕尔马干酪，产自阿尔卑斯南部，因每年5月（maggio）制作，故又称‘五月干酪’（maggengo）。”[4]事实上，制作时间的不同掩盖了更深层次的对立，即羊奶干酪与牛奶干酪。奇怪的是，作者并未强调这一点。用牛奶制成的帕尔马干

① C. Malespini, *Novelle*, ed. E. Allodoli, Lanciano, 1915, nov. VII, p. 64.

② Camporesi 1980, p. 102.

③ I. Cavalcanti, *Cucina teorico-pratica, Napoli* 1839（1837年初版）。见 Faccioli 1987, p. 809。

④ Faccioli 1985, p. 51.

酪的走红证明文化已经开始走向多元，并且表明，这种产品在意大利某些地区（普拉蒂纳所说的阿尔卑斯山南地区［cisalpine］）不可小觑，其实力足以挑战传统的羊奶干酪的“霸主地位”。及至中世纪晚期与现代早期，牛奶干酪之崛起在欧洲大陆已颇为普遍。自 15 世纪始，在意大利，乳牛养殖是波河的灌溉平原与阿尔卑斯山谷的高牧场的支柱产业。[①]

与此同时，地区特产越来越多，种类繁杂。16 世纪，奥尔滕西奥·兰多（Ortensio Lando）筹划了一趟“美食之旅”。他沿途品尝了索伦托（Sorrento）新鲜的卡乔卡瓦洛干酪、锡耶纳的鲜奶酪、佛罗伦萨的三月干酪、比萨的乳清干酪、皮亚琴察干酪。其中最后一种，他记得是在皮亚琴察，配着苹果和葡萄一起吃，那“感觉就好像品尝了一只令人回味无穷的野鸡”。波河河谷的干酪中，“马伦戈（Malengo）干酪和来自比托谷（valle del Bitto）的干酪”也备受称赞；最后不能不提威尼斯的奶酪饼。[②] 在孔菲耶恩扎的潘塔莱奥内的《乳制品大全》中，牛奶干酪至关重要。作者在书中意欲赞扬（用今天的话讲，是在宣传）波河河谷之美食，尤其是皮埃蒙特与萨伏依的美食。当时，意大利南部以及各岛屿的干酪深受欢迎，畅销内外，[③] 但他只字未提。如此良苦用心，标志着 15 世纪出现的一个重要转捩点。跟先前的普拉蒂纳一样，潘塔莱奥内认为，意大利最好的干酪，是产自托斯卡纳与罗马涅（Romagna）的三月干酪（又称 fiorentino），以及皮亚琴察干酪（普拉蒂纳又称其为帕尔

① Naso 1990a, p. 46. 某些地区，如帕尔马和费拉拉，引进了新的品种。

② 见 O. Lando, *Commentario delle più notabili & mostruose cose d'Italia & altri luoghi*, ed. G. e P. Salvatori, Bologna, Pendragon, 1994（据 1553 年威尼斯版本修订，但 1548 年方首次出版）。

③ Naso 1990a, pp. 45–46, 59 (n. 2).

马干酪[parmigiano]),“因为帕尔马亦制作类似干酪，品质上并无二致”。在米兰、帕维亚(Pavia)、诺瓦拉(Novara)、韦尔切利(Vercelli)附近，当地人“数年以前”也开始制作这些干酪。三月干酪以羊奶制,“偶尔会掺点牛奶”；帕尔马干酪以牛奶制。[①]数百年后，帕尔马干酪走出意大利国门，成为意式美食的一大显著特征。

① Pantaleone da Confienza, II, 1–2, in Naso 1990, pp. 114–115. 除了这些世所公认的“样品”，潘塔莱奥内出于明显的爱国情怀，还加了第三种，即皮埃蒙特区朗格(Langhe)的罗比奥拉干酪(robiole)。这种“小干酪”(parvi casei)不到一磅，通常用绵羊奶制成，但也会掺牛奶或山羊奶；洛梅利纳(Lomellina)附近有仿制品(bona copia)。Pantaleone da Confienza, II, 3, in Naso 1990a, pp. 115–116.

第九章

调料？基料？

——橄榄油、猪油、黄油之战

橄榄油：文明的象征

皇帝腓特烈二世常说，在他的国度，权力以法律与武器为代表，而文化是权力的 condimentum（调料 / 基础）。[①] 这话令学者百思不得其解。莫非腓特烈认为，文化乃权力结构之补充，是“权力之冠上的点缀装饰”，可使之赏心悦目，平易近人？抑或相反，他视文化为权力的根基？换言之，我们该如何理解这里的 condimentum。是派生自 condire 的 condimento（调料），还是派生自 condere 的 fondamento（基础）？不过，在食物史学家看来，这或许根本不成问题。单词 condire 与 condere 显然同源，说明两者含义相仿：condire 的确意为“调味，增色”，但也意为“以……为基础，给产品定型和解释”。“烹饪基料”的说法并非出于偶然，从烹调法与词义学角度讲，它们均指以脂肪为主的调料。

当然，事实不止于此。脂肪不仅在单个预制品或食谱中必不

① J. L. Huillard Bréholles, *Historia Diplomatica Friderici II*, Paris, 1852–1861, vol. IV, t. 1, p. 383 写道：“皇权至上的国度，必须依靠科学的辅佐（necessaria fore credimus scientiae condimenta），提升行政、法律与军队（officia, leges et arma）的威望。”（Enciclica ai maestri dello Studio bolognese, a. 1232.）

可少，而且是它们所属膳食“系统”的基本构建要素。它们界定了该系统的性质、特质与本质。人类倾向不断重复和自我再生产，饮食习惯与传统由此得以区分（当然不乏例外）。于是，调料与基料就成了传承的战略要素，吸引了史学家乃至社会人类学家的关注。1938 年，吕西安·费夫尔（Lucien Febvre）在第一届国际民俗学会议的背景下，考察了法国烹饪基料的地理分布。他指出：“家常菜用哪种脂肪，在特殊场合又用哪种脂肪，显然已约定俗成。毫无疑问，几乎每个地方都有其固习。”[①]当然，费夫尔自己并未否认世易时移的可能：“脂肪更替的历史想必引人入胜。”[②]这里体现了作者的永续主张，即认为饮食习惯（尤其是脂肪的食用习惯）是重要的文化标记，在地理维度上有迹可循。20 世纪 60 年代，埃马尔丹凯（Hémardinquer）提出的制图学便源于此观点。尽管 20 世纪发生了天翻地覆的变化，但根据法国多省调查而制作的“脂肪地图”，足以让我们管窥百年间饮食操作与习惯之稳定。[③]

不过，变化并不仅仅发生在 20 世纪。有些漫长时段看似故步自封，其实只是我们在以扁平化眼光看待瞬息万变的事件。斯托夫（Stouff）在关于中世纪晚期普罗旺斯地区的研究中，对所谓“地区”习俗的永续性提出质疑，他指出，直到最近，橄榄油才成为普罗旺斯烹饪的特色；在 14、15 世纪，日常烹饪常用猪油。“彼时，橄榄油只用来做蛋做鱼”，以及个别菜品；除此之外，“咸猪肉才是脂肪的最佳来源”，特别是熬制佃农和普通民众常吃的豆子汤和蔬菜

① Febvre 1938, p. 124. 见 Hémardinquer 1970b, p. 254。

② *Annales d'Histoire Sociale*, XVI, 2, 1944, p. 32.

③ Hémardinquer 1970a.

汤时，更是如此。[①] 这里，斯托夫试图重新勾勒膳食传统中假定的“地区色彩”，质疑能否绘制由地理环境决定的“脂肪地图”。结论更极端者也大有人在。[②] 他们否认烹饪的地区色彩，否认源远流长的自认民俗，认为两者最近才构建而成。但弗朗德兰不以为然。他坚信，自中世纪以降，烹饪操作中便存在鲜明的地方差异与民族差异。[③]

无论如何，目前主流趋势是把大量烹饪习惯与操作视作史料，将其从笼统的“传统”中剥离出来。所谓“视作史料”，是指研究时，除地理维度，还要引入无可争议的时间维度；另外，还考虑至关重要的社会性变量。“在本地图里，”埃马尔丹凯承认，“我们希望用特殊符号，标记特定的社会经济范畴。”问卷当中常见的一种回复，就是“烹饪基料因社会阶层而不同”。[④]

这当然不是20世纪兴起的现象。老普林尼在《博物志》第二十八卷中写道：“黄油是从奶中提取的。它是蛮族最精致的食物，能区分哪些是富人，哪些是平民。”[⑤] 这里蕴含两种截然相反的思想。其一，黄油既为文化能指，也为种族能指，因为黄油是“蛮族”的脂肪，一如橄榄油之于“文明的”罗马人。其二，黄油乃精英的脂肪，“使贫富有别”。说来说去，我们缺少的，似乎是对“地理”的严格界定。当我们界定烹饪操作多样性时，地点固然重要，但更重要的是成品的传统以及其与地域关联的方式。老普林尼认为，宁可

---

① Stouff 1970, p. 261.

② 比如 Knibiehler 1981, pp. 167–168（但弗朗德兰对此不以为然，见后注）。

③ Flandrin 1984, p. 32.

④ Hémardinquer 1970a, p. 271 (n. 2).

⑤ C. Plinius Secundus, *Naturalis historia*, XXVIII, 133: “E lacte fit et butyrum, barbararum gentium lautissimus cibus et qui divites a plebe discernat.”

放牧于野，也不愿耕作于田，这本身足以说明那些人是“蛮族”。另外，在商品交换时，地理环境因素为其他因素所取代。老普林尼曾提到，黄油跟橄榄油一样，能保护肌肤，而蛮族就习惯以黄油护肤。“我们也这样照护婴幼儿。”他补充道。① 由此推知，古罗马人也使用黄油，但是在膳食之外使用。希腊的情况亦然。据希波克拉底讲，黄油作为油膏自亚细亚传入。

在古代，橄榄油与黄油的竞争，一直代表着文明与野蛮的对立。斯特拉波（Strabo）描写比利牛斯山山民时写道：“他们用黄油代替橄榄油。”②可即便在这个例子中，作者的视角也并非偏重地理，而是偏重人种。从社会层面看，黄油似乎回到贫穷与边缘的语境，全然不同于老普林尼的言外之意。黄油究竟是精英还是穷人的专属？我们很难给出明确的答案，因为生存环境、社会环境不同，两者皆有可能。弗朗德兰认为，在中世纪，黄油的社会地位跟贫穷有关，是“百姓的”乃至“粗鄙的”食材；近代伊始，它才晋升为上层社会的产品。③

猪油：从“百姓”之食到膳食系统顶端

古代文化将猪肉脂肪降格为“百姓”之食。拉丁农学家中，只有加图在回忆乡下的传统做法时，提到几份以猪油制蛋糕的

① Ibid., XI, 239: “Non omittendum in eo [=il burro] olei vim esse et barbaros omnes infantesque nostros ita ungui.”

② Strabo, *Geografia*, III, 3, 7.

③ Flandrin 1994, pp. 56ff.

食谱。[1] 精致的阿皮基乌斯食谱只认可橄榄油（“它简直在滴橄榄油”）。[2] 仅此一项，足以说明橄榄油的社会地位。希腊罗马作家说，橄榄油是文明的标志。[3] 这里的文明，显然主要指富有者、当权者的文明。

不过，行为与风尚恰恰生于上述文化偏见。文化上效法古代凯尔特人的波河河谷，是意大利最大的猪肉生产地，供货范围甚至包括罗马市场。[4] 可见，罗马人不讨厌猪肉。但尽管如此，我们不得不承认，迟至公元 3、4 世纪，猪肉才跟其他肉类一样，成为皇帝给罗马人民的赏赐。[5]

变化早已出现，不仅发生于生产与环境方面（作物与耕地减少），还体现在文化与态度上。日耳曼部落的涌入和崛起，亦使林业经济及其产品（起先是猪）愈发重要。[6] 那时，猪油彻底跻身膳食系统顶端，连中世纪第一位养生作者安提姆斯，都放下自己的文化背景（生于希腊，长于拜占庭帝国，哥特人统治时定居拉韦纳），在著作中花大量篇幅讨论猪油。[7] 从他致法兰克国王狄奥多里克的书简中，可清楚地看出时移世易。“猪油是法兰克人的最爱，”我们的这位拜占庭医生写道，“此乃举世皆知，无需赘言。我亦听闻，法兰克人习惯生食猪油。想来，猪油乃其灵丹妙药，故不必另寻他

① Cato, *De agricultura*, 79, 80, 121. 见 André 1981, pp. 184–185。

② André, p. 183.

③ 关于本话题，亦见 Montanari 1993, pp. 12–13。

④ Polibius, *Storie*, II, 15; Strabo, *Geografia*, V, 12, 218.

⑤ Mazzarino 1951, pp. 217ff. 亦见 Corbier 1989, p. 121。

⑥ Montanari 1993, pp. 19–23. 猪在中世纪早期经济中的重要性，见 Montanari 1979, pp. 232–244; Baruzzi–Montanari 1981。

⑦ Anthimus, *De observantia ciborum*, ed. M. Grant, Blackawton, Prospect Books, 1996. 见 Montanari 1988a, pp. 206–208。

药。”至于以猪油作调料，安提姆斯认为，“若橄榄油不可得”，可用猪油烹制蔬菜或其他食物。由此可证（ubi oleum non fuerit），到公元 6 世纪，罗马文化依然青睐橄榄油。不过，在此过程中，整体环境已经天翻地覆。日耳曼部落的政治与社会主张极大地改善了动物脂肪和肉类产品的形象。以野外放牧为主的林业经济，势必产生这种膳食结果。在罗马时代，森林没有显著的文化与生产价值。到了中世纪早期，森林的文化及生产价值倍增，甚至以猪或猪的养殖量来“计量”：森林的大小，取决于其可养殖的猪的数量。①

不管是因为代表着新文化的来临，抑或习惯了胜利者的生活习惯与饮食方式，总之，新欧洲的统治阶级喜食猪油。在私家庄园和教会庄园的仓库，始终储存着足够整年食用的猪油。②对动物食品经常挑三拣四甚至嗤之以鼻的修院，似乎也改弦更张，开始用猪油烹制蔬菜和豆子。③唯一例外的是四旬斋，其间禁食任何动物食品。

由此便来到食用脂肪在中世纪欧洲的重要时刻。教会规定，每年当中某些日子不得食用动物食品（据估计有一百至一百五十天，视地方和时期而定）。这一要求不仅限于修士，而是针对所有人。斋戒期间，猪油势必为植物油所取代。因此，膳食的时间文化，就出现了猪油与植物油交替使用的独特局面。二者不再是各类文化、各种意识形态与社会语境的参与者，而是融入了整个社会的食用体

① Montanari 1979, p. 232.

② Ibid., pp. 243–244.

③ Montanari 1988a, pp. 79–80.

系。[①]换言之，日耳曼文化与罗马文化相遇后，基督教强力干预，进而催生出一种包容二者的新价值体系。765年，祭司里索尔弗准许向卢卡地区的穷人提供免费餐食，每周三次。他特别指出，冷盆应该以“猪油或橄榄油”调味，[②]至于用动物脂肪，还是植物脂肪，可能视教历而定。

不过，融入的结果并不完美，因为只有猪油，连同一切跟肉类食用有关的膳食价值，真正走入寻常人家。究其原因，其一，受惠于上文提到的社会与文化推广；其二，特定食品的选择的广为传播。相比之下，橄榄油依旧是精英食品，得之不易，在有限的橄榄种植地区之外，除非通过昂贵的进口，否则很难获取。目前还没有文献表明，在中世纪早期有橄榄油出口至北欧。

那么，四旬斋期间的问题该如何解决？办法之一是发明橄榄油之外的植物油。这种“替代”文化在罗马时代鲜为人知，或者说以极其有限的方式践行，但到了中世纪便四处开花。核桃油率先问世，毕竟核桃树及其果实享誉全欧。[③]可难以置信的是，经过一番花言巧语，猪油涤除了其动物特质，摇身一变，也成了植物油。816年，艾克斯大公会议就在文字上做了文章。会议表示，“鉴于法兰克人没有橄榄油”[④]，特准高卢（Gallia）的修士在四旬斋时，使用化成橄榄油状的猪油（oleum lardivum）。后来，教皇格列高利十一

① 中世纪早期出现一种新的“膳食语言”，它融合了日耳曼与罗马价值而产生（其中，罗马价值通过基督教文化传承）。相关内容见 Montanari 1993, pp. 12ff.。

② Montanari 1979, p. 158. 见本书第三章。

③ 见本书第166页。

④ “Fragmentum historicum de Concilio Aquisgranensi” (a. 816), in MGH, *Concilia aevi karolini*, I, p. 832: “Et quia oleum olivarum non habent Franci, voluerunt episcopi, ut oleo lardivo utantur.” 见 Hémardinquer 1970a, p. 267。

世（Gregorius XI）的训谕[1]也赐予法兰西国王查理五世（Charles V）类似特权；而十字军训谕（bolla cruzada）亦授权西班牙人使用猪油。[2]

斋戒期间以黄油代橄榄油者，起初寥寥可数，后来随处可见。至中世纪后期，教会当局准许北欧的各类团体使用黄油。[3]值得一提的是，在查理大帝的《庄园敕令》中，黄油（butirum）已经为皇家庄园制作或储存的四旬斋食品（quadragesimale）。[4]

橄榄油的南北口味争议

若以为用植物油、猪油、黄油等作为橄榄油的替代品，乃出于简单的经济考量，由产品的可用情况或成本决定，那就大错特错了。事实上，口味问题也是争论焦点。因橄榄油味道独特，有益健康，地中海盆地的烹调与养生传统果决地将其推为烹饪首选，但不同文化与社会对此颇有异议。可以听听宾根的希尔德加德（Hildegard von Bingen）的说法。这位 12 世纪日耳曼著名密契主义者兼作家认为，橄榄油的医用价值很高，除此之外，则“一无是处”（non valet multum），因为“会令食用者反胃，破坏其他食物的

① Ibid.

② Flandrin 1994, p. 38.

③ Ibid., pp. 59, 79 (n. 108).

④ *Capitulare de villis*, XLIV, MGH, Leges, CRF, I, pp. 82–91: “De quadragesimale duae partes ad servitium nostrum veniant per singulos annos, tam de leguminibus quamque et de piscato seu formatico, butirum...”

图 25 摘橄榄的人，出自《健康全书》

口味”。[①] 显然，此乃一家之言，但不难窥见，日耳曼世界拒斥橄榄油文化，难以消受橄榄油，因它口味辛辣，全不似动物脂肪那样甘甜。[②]

中世纪早期的橄榄油运动，是否多多少少改变了日耳曼人的这种胆怯心态，我们不得而知。克雷莫纳的柳特普兰多到访君士坦丁堡期间，出席了一场晚宴。晚宴“污秽下流，摆满了橄榄油，大家

① Ildegarda di Bingen, *Subtilitatum diversarum naturarum creaturarum libri novem*, III, 16, PL 197, cc. 1229–1230: “si comeditur, nauseam provocat, et alios cibos comedendo molestos facit.”

② 弗朗德兰指出，北部地区讨厌橄榄油口味表现在，16 世纪宗教改革甫一反对罗马教皇的四旬斋规定，当地人随即就回归传统，开始使用黄油，或者其他人（比如依然信仰天主教的法国人）重金购买教皇豁免，在四旬斋期间使用黄油。鲁昂大教堂上的“黄油塔”，似乎便是拥有这些豁免的主教出资所建。见 Flandrin 1994, p. 57。

好像要喝它喝到烂醉如泥”[①]。他声称，那些滴着橄榄油的菜肴，令自己反感不已。与欧洲大陆不同，在地中海沿岸，橄榄油口味深受欢迎，而戒绝橄榄油意味着潜心赎罪。在中世纪早期，某些西班牙修院规定，四旬斋期间不得食用橄榄油。[②]考虑到信徒眼中橄榄油在四旬斋时期的作用，如此规定实在令人难以置信。显然，对那些修士而言，橄榄油是特殊的美味，故某段时间狠心拒绝橄榄油，就值得大书特书。[③]

中世纪中期，商业往来日趋频密，橄榄油不再是北部国家的稀罕物，而围绕橄榄油的争执，也愈演愈烈。12世纪初，从事橄榄油贸易的商贾大大增加，其中大多为威尼斯人。他们贩卖的橄榄油来自亚得里亚海诸港口，尤以普利亚和马尔凯（Marche）的居多，[④]有些则来自达尔马提亚（Dalmatia）与伊斯特里亚（Istria）的沿海地区及希腊。第勒尼安（Tirreno）橄榄油（产自利古里亚、托

---

① Liutprando da Cremona, “Relatio de legatione constantinopolitana,” 41, XI, in *Liudprandi Opera,* ed. J. Becker, Hannover–Leipzig, 1915, pp. 181–182: “turpi satis et obscena, ebriorum more oleo delibuta.” 相关内容，见 Koder–Weber 1980, pp. 85ff.; Montanari 1988a, p. 154。

② *Regula Isidori*, 11, PL 83, c. 881; *Regula Fructuosi*, 18, PL 87, c. 1108. 见 *Reglas monásticas de la España visigota*, ed. J. Campos Ruiz e I. Roca Melia, Madrid, 1971。甚至 *Regula Magistri*, 53, 6–7 也建议，没有橄榄油作调料也可以，橄榄油不必直接用来做菜，单独成盘即可，食客任意取用。La Règle du Maître, ed. A. De Vogüé, Paris, 1964. 卡夏诺（Cassiano）认为，是否彻底戒绝葡萄酒和橄榄油，可随个人意愿，而不必牺牲隐修志业。*Collationes*, XVII, 28, SC 54, p. 281. 拜占庭教历规定，斋戒期间，不得食用葡萄酒和橄榄油（盛大节日除外）。Parenti 2003, p. 457.

③ 圣本笃修院隐士暨后来的修士西梅奥内（Simeone）觉得，对于恪守戒绝之道的隐士来说，橄榄油是相当奢侈的食品：“只有重大节日上的蔬菜，才能加少许橄榄油（modico ungebat oleo）。”见 Montanari 1979, p. 402。

④ 关于普利亚的橄榄油，见 Iorio 1985。

斯卡纳、拉齐奥、坎帕尼亚），则供应热那亚市场。[①] 这些橄榄油几乎要么供应意大利本土，要么销往东方市场。[②] 不过，布鲁日（Bruges）、巴黎、伦敦的商业档案表明，这些地区亦出现了意大利的橄榄油——当然，主要来自坎帕尼亚和普利亚，两者同安达卢西亚（Andalusia）一样，都是地中海橄榄油的主要出口地。[③] 加泰罗尼亚橄榄油也行销佛兰德斯与英格兰市场。[④]

除了口味差异以及地域、社会、文化差别，前文所述的种种因素同样催生了涵盖各类脂肪的完整体系：橄榄油（或黄油）用于"清淡"（无荤）烹饪，猪油用于"油腻"烹饪。四旬斋与狂欢节之争，见于13世纪文学，其后数百年里，一直占据着欧洲的文化想象，时至今日，余韵依然。[⑤] 其实，这场较量子虚乌有，因为双方早已泾渭分明，相安无事。中世纪法国第一份以此为话题的文献曾写道，猪油浸的豌豆与橄榄油浸的豌豆不共戴天，黄油统领奶制品大军，"橄榄油鏖战猪油"，可最终，"大家同意握手言和"。[⑥] 四旬斋被迫流亡，但时机成熟后，会重返故里，狂欢节同意在一年的其余时间执政；于是，不难理解，为何可在"油腻"期吃鱼，[⑦] 但谁愿

---

① 相关内容，见 Cherubini 1984b, pp. 184–188 以及作者提供的大量参考书目。

② Ibid. 12 世纪，普利亚的橄榄油出口至君士坦丁堡。到了 14、15 世纪，马尔凯的橄榄油远销君士坦丁堡、萨洛尼卡（Salonicco）、卡尼亚（Candia）和塞浦路斯。除了意大利货轮，达尔马提亚的货轮也积极参与黎凡特（Levante）的橄榄油贸易。

③ Melis 1984, p. 131.

④ Ibid., p. 132.

⑤ Bertolotti 1991. Ciappelli 1997 提供了大量参考书目。

⑥ *La battaglia di Quaresima e Carnevale*, ed. Lecco, Parma, 1990, pp. 58 (vv. 235–236: "Charnage...voit venir les pois au lart"), 68 (v. 414: "pois a l'uile" minacciano Carnevale), 58 (v. 258: "Li burres vient trestout devant" in aiuto di Carnevale), 71 (v. 488: "I'uile se combat au saïn"), 74 (v. 538: "tuit s'acordent a fere pes").

⑦ Ibid., pp. 76–78 (vv. 557–574).

意那么做呢?

宗教仪式上的动因，也作用于经济层面。除地方特色与差异之外，脂肪贸易往往为单个产业所掌控。正如鱼代替肉类，摆到了屠户的摊档，橄榄油也列入猪油商贩（lardaroli）的清单[①]。

由此不难看出一套烹调的语言。正如弗朗德兰所言，“肥脂肪”，意即猪油，非常适合烹制肉类，尤其是烤肉；“瘦脂肪”，意即橄榄油，则是鱼类菜品（特别是炸鱼）和沙拉的理想之选。[②]于是，教礼搭配也反映在烹调搭配上。这也成为14世纪食谱的金科玉律。它体现了以国际化为导向的文化，将橄榄油与猪油的更替，推广至全欧。黄油仅仅偶尔出现，[③]这或许是因为它跟百姓有关，故不适合写进供上流社会使用的食谱。

黄油的异军突起

不过，久而久之，情况有所改观。尽管黄油具有“大众”色彩，但北欧的上流社会甫一获得教会宽免，便迫不及待地用黄油烹饪；黄油的社会与文化价值由此提升。究其原因，乃口味使然，或者借弗朗德兰的说法，因为厌恶，毕竟橄榄油口味辛辣，南部视其为人间美味，北部却对其难以忍受。“他们得到合法许可后，就吃起黄油烹制的素菜。这不正证明了他们在未得到许可时，食用用橄

① 维罗纳的情况，见 Brugnoli, Rigoli, e Varanini 1994, pp. 30, 38。
② Flandrin 1994, pp. 45, 53.
③ Ibid., pp. 36–37（图表 4）。

榄油烹制的菜是不得已，且充满厌恶？”[1] 对于一心支持经济在历史中占主要地位的人来说，这个假设未免难堪，“但人口、经济或技术的转变，似乎无法解释（中世纪后期爆发的）这场烹饪革命”。16、17 世纪之间，这一革命果实得到巩固，“不是在物质方面，而是在欲望方面”表现出来，并引发了畜牧业发展、乳用动物重获重用等重大经济变化。[2]

有一点可以确定：黄油的口碑渐佳，且凭着新形象，一举打入那些橄榄油长期固守的地区，影响了它们的膳食传统。其决定性时刻似乎发生在 15 世纪的意大利。用弗朗德兰的话讲，这不啻为继受到北部菜系之冲击后，地中海美食地区遭受的“二次侵略”。第一次便是中世纪早期，随着日耳曼习俗传播，猪油席卷了全欧厨房。黄油进入南部菜系，标志着两种膳食模式的争斗再掀波澜。英法菜系取黄油而舍橄榄油，“剔除了部分南部影响，进而提高了自身的原创性”[3]；与此同时，意大利却主动接受“北部影响”。

事实上，两次入侵以截然不同的模式与特色演化。我们继续沿用上文的比喻。“首次入侵”在饮食文化的保护下，伴随武器与军队的大规模部署，带有强权与社会霸权的印记，而黄油进入南方的厨房几乎悄无声息。起初，黄油是作为橄榄油的替代品出现的，这难免让人想到四旬斋的粗茶淡饭，至少在文化想象之中如此。彼时，黄油尚未进入贵族的饮食模式（那要到 17 世纪初的法国）。15 世纪 30 年代，约翰内斯·博肯海姆（Johannes Bockenheim，也是日耳曼人！）担任教皇马丁五世（Martinus V）的主厨。黄油便以

① Ibid., p. 57.

② Ibid., p. 61. 见 Montanari 1993, p. 147。

③ Flandrin 1994, p. 52.

上述作为橄榄油替代品的伪装，见于其著作《食谱汇纂》(*Registrum coquine*)[①]。在有关四旬斋的部分，作者建议，烹制豆子汤时，放“橄榄油或黄油”；烹制干烧鲤鱼时，放葡萄酒、香芹、“橄榄油或黄油”[②]；烹制香草馅饼（herbulatum）时，放辛香料“和新鲜黄油”[③]。最后，作者特别指出，建议用黄油煎鸡蛋，此菜正“适合教士和修士”[④]。至于肉类，往往以火腿脂肪或猪油烹制。

另外，早在1450年，马蒂诺师傅的著名食谱就用到了黄油。[⑤]他建议，给面食调味，除了放干酪碎这种沿用数百年的经典调味品，还要加黄油。“西西里通心面，”他写道，“应加水或肉汁炖煮，盛盘后，撒干酪碎、鲜黄油、甜香料，多多益善。”[⑥]这种混用有15世纪烹饪法为证据，如费拉拉的埃斯特王朝御厨克里斯托福罗·梅西斯布戈的食谱[⑦]，教皇庇护五世（Pius V）的主厨巴尔托洛梅奥·斯卡皮（Bartolomeo Scappi）的食谱[⑧]，以及各类论著或文献[⑨]。16世纪，米兰人奥尔滕西奥·兰多所著奇书《饮膳名录》(*Catalogo de gli inventori delle cose che si mangiano & si beveno*)介绍道，西西里通心面（中世纪意大利的面食文化重镇，主要是西西里和后来的热那亚[⑩]），“烹制时，往往用阉鸡脂肪，以及四周流着黄油和奶的鲜干

① 发表于 Laurioux 1988，后重刊于 Laurioux 2005, pp. 57–109。

② Ibid., pp. 740–741 (nn. 61, 63).

③ Ibid., p. 737 (n. 42).

④ Ibid., p. 736 (n. 38).

⑤ 见本书第二章。

⑥ Faccioli 1987, p. 158（马蒂诺师傅《厨艺指南》）。

⑦ *Libro novo nel qual s'insegna a far d'ogni sorte di vivanda*, Ferrara, 1549.

⑧ *Opera*, Venezia, 1570.

⑨ C. Malespini, *Novelle*, ed. E. Allodoli, Lanciano, 1915, nov. VII, p. 64.

⑩ Capatti–Montanari 1999, p. 60.

酪”，然后“撒上大量的”糖和肉桂。[①]穷人虽然缺材少料，但并未放弃对美食的幻想乃至追寻。正如前文所说的，据摩德纳的编年史家托马西诺·德比安基记载，一些佃农为了生计跨过波河，“他们携全部家当，拖家带口，前往伦巴第……因为听说那里能领到撒了干酪、香料和黄油的汤团”[②]。

15世纪中叶，紧随马蒂诺师傅，普拉蒂纳发表了人文主义膳食哲学宣言书《论欢愉与安康》。书中指出：“西部与北部地区，橄榄油匮乏，当地人多以黄油代之。”[③]在梳理了黄油的古今评价后，普拉蒂纳似乎摒弃了对这种“蛮族”脂肪的成见，认为它现在能“替代猪油或橄榄油烹制任何食物”。

不过，有人坚决认为，黄油有害无益，不应出现在高贵的餐桌上（相关争论早已出现并平息），比如15世纪某养生名著作者帕多瓦的米凯莱·萨沃纳罗拉（padovano Michele Savonarola）。他认为：“很多人以黄油代替橄榄油，可黄油难消化，于肠胃无益，不习惯的人吃了更伤胃。”[④]常食黄油者无须担心，但事实是，黄油的“炎性”（inflammabile）肥腻易伤血，会引发“麻风及类似疾患”。萨沃纳罗拉甚至暗示，“德国长瘢痕者、麻风病人多，恐怕与此不

---

① 见 O. Lando, *Commentario delle più notabili & mostruose cose d'Italia & altri luoghi*, ed. G. e P. Salvatori, Bologna, Pendragon, 1994（据1553年威尼斯版本修订，但1548年方首次出版）。

② *Cronaca modenese di Tomasino de'Bianchi detto de'Lancellotti*, Parma 1862–84, t. VII, 1539, pp. 176ff.（Basini 1970, p. 14引用了这段话）。亦见 Camporesi 1980, p. 102。

③ Faccioli 1985, p. 52 (II, 41). 关于马蒂诺师傅与普拉蒂纳的关系，见 Laurioux 2006, pp. 503ff.。

④ M. Savonarola, *Libreto de tutte le cosse che se magnano, Un'opera di dietetica del sec.* XV, ed. J. Nystedt, Stockholm, 1988, p. 148（及其后文字）。15世纪，弗留利（Friulano）的医生杰雷米亚·西梅奥尼（Geremia Simeoni）建议，不食用“奶及任何奶制品”，从黄油开始。*De conservanda sanitate, I consigli di un medico del Quattrocento*, ed. M. D'Angelo, Cassacco, 1993, p. 69. 古代及中世纪医生对奶制品的怀疑，见 Camporesi 1985。

无干系”。总而言之，黄油“不应成为阁下之食”。这里的“阁下”指摩德纳、雷焦（Reggio）、费拉拉公爵博尔索·德斯特（Borso d'Este），萨沃纳罗拉的《小书》（*Libreto*）便题献给他。其实，像许多论著一样，此书主要面向上流社会，故极其在意食物的社会地位，关注各种工序，以及中世纪晚期与近代早期几乎无处不在的思想观念。彼时，凡谈食材、菜谱、饮食传统，必言“个人品质”，即社会定位，而非个人口味。[①] 食物用以彰显阶级差异，兼具象征意味，且内涵丰富。其中不仅蕴含集体的想象，还有食材的实际做法和经济价值，因为除了或多或少的实用性，食材地位还取决于其所承载的口碑。

萨沃纳罗拉斩钉截铁地将黄油逐出“阁下”的膳食天地。按照上文提到的饮食模式，对他最合适的是橄榄油和猪油。动物脂肪不宜多食，适可而止，切不可单独食用。“烹制其他菜肴时”，它们不错，因此“阁下可以使用”，当然“少放，仅做调料”，但最好选猪肉脂肪（符合基督教教规），把“鹅脂”留给犹太人。[②] 橄榄油种类繁多，其中最佳者，当属以生橄榄压制的生油。“依我之见，为健康计，阁下食膳当用生油。”[③] 有趣的是，时人习惯把橄榄油与四旬斋饮食联系起来。萨沃纳罗拉解释道，橄榄油“使人发胖，易致肝脏肿大”，所以“吃橄榄油的修士都大腹便便的”（他还补充道，“我相信，橄榄油烹制的蛋堪称催肥良品”）。“东方人”普遍肥胖，因为他们“烹制肉食的时候……使劲儿放橄榄油”。[④] 在这位帕多瓦医

① Montanari 1993, pp. 103–115.

② Savonarola, *Libreto*, cit., pp. 128, 160.

③ Ibid., p. 159.

④ Ibid., p. 160.

生看来，用橄榄油烹饪，即便是烹制肉食，也体现着一种完全陌生的饮食文化。不过，从时间角度看，橄榄油“更易使人发胖”（似乎是他的个人之见），不应被理解为缺点或坏事；在一个无论在营养上，抑或饮食上，甚至想象（审美偏好）上，一心**求胖**，以胖为美的社会，这是一个优点，而橄榄油也成了他们欲尽享的美味。[①]

此后的影响不可小觑。尽管有萨沃纳罗拉等人评定，橄榄油更易使人发胖，但饮食及文化上跟无荤烹饪紧密相连的脂肪，如橄榄油和黄油，都一直被误认为“寡淡”。贵族菜品或言“领主”之食，依旧以食肉（和猪油）为权力象征；而清淡膳食（四旬斋的鱼和蔬菜，以及与之相关的橄榄油或黄油），更适合教士大快朵颐。在民众的想象中，安乐乡流淌的不可能为橄榄油，肉类和动物脂肪才是主宰，包括生腌火腿、香肠、大块猪油、盐渍猪肩、肥鹅。[②]那个饕餮乐园里，日日狂欢节，四旬斋每二十年才有一次。如此看来，贵族文化与大众文化绝无龃龉，殊途同归。

有人以为，阿尔卑斯山地区乃黄油文化不可或缺的部分。可事实上，直到15世纪初，黄油才为统治阶级所接受。在此之前，它始终是自缚于贫穷的内陆山谷的边缘文化。[③]即使在14世纪，萨伏依王朝的黄油采购还相当有限，[④]御医乔瓦尼·阿尔比尼（Giovanni Albini）坚决抵制黄油，并表示，黄油与其食用，不如药用。[⑤]

---

① Montanari 1993, pp. 205–208（及其后文字）。见 Flandrin 1994, p. 10 和本书第六章。

② Montanari 1993, pp. 118–120.

③ 吃黄油的山谷贫民形象，常见于游记文学，例如 Gillet 1985, pp. 60–62（茹万·德罗什福尔［Jouvin de Rochefort］游历上阿迪杰［Alto Adige］）。

④ Naso 1990b, p. 201.

⑤ G. Carbonelli, *"De sanitatis custodia" di maestro Giacomo Albini di Moncalieri con altri documenti sulla storia della medicina,"* Pinerolo, 1906, p. 84.

15 世纪，宫廷的黄油食用量大增。1477 年，潘塔莱奥内发表《乳制品大全》。由于作者与萨伏依王室交往密切，此书无疑至关重要。它是第一部有条有理论述奶制品的著作。作者不仅分门别类地选用经典的科学文献，而且周游全欧，实地考察，提出许多有趣的烹调见解。[①]不过，他所关注的几乎都是干酪，[②]黄油显然不在他的文化视野之中。潘塔莱奥内吃惊地发现，有些人对黄油挚爱有加，宁可为黄油而“舍”干酪。他写道，布列塔尼（Bretagne）牧草丰富，那里的动物奶“高油高脂”，可尝到的干酪却普普通通。在他看来，之所以如此，是因为奶之精华被当地人做成了黄油。“我以为，若他们待干酪如待奶一般用心，那干酪的味道也不至于此。”事实上，布列塔尼人制作的黄油极多，且远销普瓦图（Poitou）、安茹、图赖讷（Touraine）甚至诺曼底等地。不过，本地的食用量也非同小可，“几乎所有食物都搭配黄油”，包括这位意大利医生认为与黄油“极不搭调”的鱼。他坦言，“我已再三劝告他们”，可无济于事。他们对黄油情有独钟，正应了那句话：“喜鹊惦记梨子，布列塔尼人惦记黄油”（Sicut pica pirum, sic comedit Brito butirum）。[③]

类似观点还见于英式干酪。英格兰也拥有广袤的优质牧场，但干酪“若做得像黄油，就更好了，不会太脆，难以消化”[④]。德式干酪亦如此。“若它们放久了，”潘塔莱奥内写道，“就很容易碎，至

① Panthaleonis de Conflentia, *Summa lacticiniorum*, II, 11, in Naso 1990a, pp. 122–123. 埃米利奥·法乔利将其译成意大利文：Pantaleone da Confienza, *Trattato dei latticini*, Milano, 1990。见 Camporesi 1990。

② 见本书第八章。

③ *Summa lacticiniorum*, II, 11, Naso 1990a, pp. 122–123.

④ Ibid., II, 12, in Naso 1990a, p. 125.

于原因，大概是被提炼做了黄油。”日耳曼人多好此道。[1]另外，佛兰德斯人也对黄油心心念念。[2]相比之下，阿尔卑斯山区的居民制作的干酪精致且富含高脂肪，这主要得益于他们令人羡慕的膳食健康状态。[3]这话出自皮埃蒙特人（如潘塔莱奥内），不啻为巨大的褒奖。不过，从中我们不难看出，在意大利当时的膳食文化中，黄油实在微不足道。

没有谁像潘塔莱奥内一样，精确地勾勒出黄油在欧洲的足迹——法兰西的布列塔尼、诺曼底、图赖讷、安茹、普瓦图，以及昂古莱姆（Angoumois）和奥弗涅（Auvergne）；[4]英格兰；低地国家的布拉班特（Brabant）、埃诺（Hainaut）、阿图瓦（Artois）；[5]还有德意志的部分地区（潘塔莱奥内仅知与瑞士接壤的南部地区）。不过，对于黄油类菜品，我们最好区分“哪些人只在无荤期吃黄油，哪些人日日以之为食”。弗朗德兰援引15世纪布吕耶兰·尚皮耶（Bruyerin Champier）的话指出，佛兰德斯人耻笑法兰西人是“黄油食客”，“终日与黄油为伴，午餐吃，晚餐吃，节假日亦不例外”，连喝饮料时也放（“愿主宽恕他们！”）。[6]

在黄油地区以外，理想的“瘦脂肪”为植物油；当然，未必是橄榄油。橄榄油原产于法国南部的朗格多克（Languedoc）与普罗旺斯，后来跨越比利牛斯山与阿尔卑斯山，来到伊比利亚半岛和意大

① Ibid., II, 14, in Naso 1990a, p. 126.

② Ibid., II, 13, in Naso 1990a, p. 126.

③ Ibid., III, 1, in Naso 1990a, p. 128.

④ Flandrin 1994, p. 33（及注释）。

⑤ *Summa lacticiniorum*, II, 13, in Naso 1990a, p. 126. “我实在太喜欢黄油，记不得在佛兰德斯、布拉班特、埃诺或阿图瓦吃过什么好干酪。”

⑥ 尚皮耶的引文出自 Flandrin 1994, pp. 38, 71–72 (n. 49)。

利（至少传至中南部的利古里亚，以及北部的湖区，那里自中世纪早期便开始出产橄榄油）。[①]不过，在皮埃蒙特，[②]在勃艮第、洛林和卡斯蒂利亚（Castilla）内陆，[③]当地人用核桃油替代无荤日的猪油。

罗马人觉得核桃油难以下咽。老普林尼认为，核桃油“味道涩而浓”[④]，跟香桃木油和芝麻油等非橄榄油一样，只适合药用。不过，中世纪时，次等植物油在厨房里大获成功。究其原因，一则教会有令，无荤日不得食用动物脂肪；二则橄榄油价格昂贵，常人难以承受；三则橄榄油味苦，罗马人虽爱之，北欧人却不喜。[⑤]弗朗德兰写道，北欧人青睐“无色、无臭、无味”的植物油，[⑥]尽量远离其原始性质。蒙田（Montaigne）是个例外。他曾穿越阿尔卑斯山，回到法兰西。途中，他品尝过意大利那味冲的橄榄油后，便念念不忘。[⑦]更多人与拉巴（Labat）神父的观点一致。这位神父表示，自己讨厌橄榄油烹制的菜肴（不凑巧，他到访意大利，适逢四旬斋），除非橄榄油看上去与水无异，自己才敢于尝试。[⑧]无独有偶，17 世纪某沙拉论著作者英格兰人约翰·伊夫林（John Evelyn）明言，给沙拉调味，应该用“没有任何可察觉味道的”橄榄油。[⑨]

---

① 橄榄在中世纪的栽培问题，见 Cherubini 1984b; Pini 1990; Pasquali 1972; Varanini 1983; Iorio 1985。

② Ibid., pp. 302–303.

③ Dufourcq–Gautier–Dalché 1983, p. 153.

④ C. Plinius Secundus, *Naturalis historia*, XXIII, 88.

⑤ Ibid., XXIII, 79. 医用橄榄油应该“清淡，芳香，不可辛辣”（tenue, odoratum quodque non mordeat），有别于食用橄榄油（cibis eligitur）。见 André 1981, p. 182。

⑥ Flandrin 1994, p. 42.

⑦ Gillet 1985, p. 136.

⑧ Ibid., pp. 135–136. 见 Flandrin 1994, pp. 42–44。

⑨ Flandrin 1994, p. 42. 伊夫林的 *Acetaria, a Discourse of Sallets* 刊行于 1699 年（见 Montanari 1993, p. 145）。

对橄榄油的疑信参半，见诸多种膳食传统，究其原因在于，地中海商贩或认为顾客孤陋寡闻，遂在出口至北欧地区时，以次充好。弗朗德兰转述托马斯·普拉特（Thomas Platter）的评价说，16世纪，从普罗旺斯卖到北欧的橄榄油都是次等货。“15世纪的英语有个说法叫‘褐如橄榄油’（as brown as oil）。听了这话，您想必好奇，欧洲地中海地区以外的居民，到底知不知道上等橄榄油的样子。”[①]

在德国，市场推崇的是清淡至极的橄榄油，因此，比南意橄榄油色更轻、味更淡的加尔达（Garda）橄榄油长期受到青睐（地理上毗连，因此运输成本低，可能也是一个原因）。18世纪初，加尔达的代销人指责威尼斯垄断橄榄油贸易，把南部橄榄油销往德国，进而破坏了加尔达市场。他们怒斥威尼斯商贩“误导德国人的口味”，往普利亚橄榄油里，掺少许加尔达橄榄油，以潜移默化地改变顾客的口味。因此，由于奸商的胡作非为，一度“比威尼斯橄榄油还畅销，毕竟威尼斯橄榄油的天然气味难以为文明人所接受”的加尔达橄榄油终受冷落，威尼斯的进口货热销起来，“现在几乎人人在吃”。只有少数高端客户，那些“大领主”，仍选择更清淡却也更昂贵的“（加尔达）湖区”橄榄油。[②]

这里，社会变量再次成为食物选择的决定要素。出于某些文化动因，黄油与橄榄油成了对手，两者又成了猪油的对手。在这背后，我们不难发现，日常操作中更简单、更具体的选择，其实是普普通通的经济因素决定的。看看那些选择催生的替代物，如声名不佳的橄榄油、品质低劣的黄油、猪油之外的动物油，都成为主角。

---

① Flandrin 1994, p. 41.

② Brugnoli, Rigoli, e Varanini 1994, pp. 57–58.

在中世纪早期，除了猪油，《庄园敕令》还提到 soccia，一种自“肥羊和肥猪”身上提炼的脂肪，就连每个皇家牧场都有两头肥牛，专供生产 soccia 之用（ad socciandum in）。[1] 佃农不得不长期食用这种脂肪。相比之下，城里的穷人不像佃农那样还饲养了家猪，故连食用这种脂肪几乎都成了奢望。

欧洲“脂肪地图”

为了追溯橄榄油、猪油和黄油的使用时间和地点，我们可以在欧洲膳食史中，按照时空与社会差别，绘制多份“脂肪地图”。

第一份是古代地图。其中，地中海橄榄油标志着以耕地为基础的文明，与之相对的是“蛮族”的黄油与猪油，它们是游牧文明的膳食象征。猪油亦见于希腊罗马世界，但仅及穷人，且文化地位不高。

第二份地图显示，在中世纪早期，猪油逐渐成为欧洲烹饪用脂肪的普遍之选。作为新的生产与文化模式，猪油的大量使用暗示了基督教的身份归属，因而有别于使用鹅油的希伯来世界，以及使用羊油或植物油的伊斯兰世界（正是伊斯兰世界将希腊文化与罗马文化最重要的传统，传至地中海南部）。

第三份地图跟第二份多有重叠。它表明，橄榄油也申明自己为普遍之选，并且是无荤日里猪油的替代品。在同样轰轰烈烈但目标相反的运动中，南部脂肪携教令占领了北部。不过，橄榄油例外。

① *Capitulare de villis*, cit. 35, p. 86. 见 Montanari 1988a, p. 40。

这份地图显示，许多独立产区像油渍一样四散开来，但它们大多生产次级橄榄油。

第四份地图成形缓慢，但至13、14世纪，黄油找回昔日为橄榄油所遮蔽的地盘，地图终清晰可辨。

第五份同时也是最后一份地图，涵盖15至17世纪。它体现了截然相反的情况：黄油占领了南部，与橄榄油并肩而立，又因气候、地形、经济条件允许，甚至取而代之（起初作为四旬斋用脂肪，后来通用）。在同一地理与社会范围内，猪油的形象渐渐淡化，再无力捍卫昔日膳食文化的霸主地位。随着农业新产业发展，肉牛养殖大大增加，家猪养殖空间日益狭小，并带有典型的佃农特征。在中世纪晚期，城市居民强调自己身份特殊，生活习惯迥异，便有弃猪之势，因为猪象征着农村生活。他们宁愿选择当时市面上的其他肉类，如牛肉和羊肉。[①]

此后数百年间，即便是与猪文化有密切关系的人，比如艾米利亚人温琴佐·塔纳拉（Vincenzo Tanara，他在1644年发表了一部农学论著，对猪肉赞不绝口，称“其烹饪方式多达一百一十种”），也让我们觉察到黄油有了新的社会地位。黄油不再是几个世纪以来的“粗鄙”食物，它已成为上流社会的时髦美味。其实，塔纳拉对黄油着墨不多，认为其价格昂贵，不接地气。“在我们的祖先眼里，黄油是贵族与平民、富人与穷人的分界线。”这跟老普林尼似乎遥相呼应。老普林尼就认为，对蛮族而言，黄油能“区分哪些是富人，哪些是平民”（divites a plebe discernit）[②]。塔纳拉补充道，这

① Montanari 1993, pp. 96–97. 见本书第六章。

② 见本书第149页注释⑤。

种区分体现了奶的精华与糟粕的分野。如此意象多少承袭自圣伯纳德（Saint Bernard）。他便把绝对高尚者的生命，比作黄油……奶之精华，而干酪代表“邪恶者的生命，其心脏像奶一样慢慢凝固、干硬”[①]。以上引语不可仅视为例证，因为塔纳拉大可以其他为据，毕竟论著和文学作品中，贬低黄油的不在少数。为黄油之高贵背书，恰表明17世纪对食物的态度有所转变，法意食谱显然先行一步，将黄油引入精英饮食之中。

不过，值得一提的是，黄油甚至还侵入肉类的王国，彻底消除四旬斋在其身上留下的印记。彼时，有人发明了肥腻的黄油（或其他植物油）沙司，作为肉菜的副菜，取代中世纪和文艺复兴时期烹饪常用的清寡酸辣的沙司。[②] 弗朗德兰认为，“口味的转变”彻底改变了法兰西的烹调体系，其主要原因之一，便是时人逐渐拒绝酸辣沙司，转而寻求更顺滑、更柔和的脂肪沙司。[③] 彼时，法兰西王室如日中天，为欧洲的政治核心，而这种模式也随其风尚，很快风靡全欧。

同在17世纪，意大利也出现显著变化。一百年前，酸辣沙司是各种食谱的宠儿，比如梅西斯布戈与斯卡皮的著作、马蒂诺师傅的著作以及14、15世纪各种无名氏食谱。曼托瓦贡扎加（Gonzaga）王朝的御厨巴尔托洛梅奥·斯特凡尼（Bartolomeo Stefani）于其1662年刊行的食谱中，依然建议使用酸辣沙司。不过，油料沙司亦可供选择，如“黄油沙司”或“安茹沙司”（“一磅

① V. Tanara, *L'economia del cittadino in villa*, Venezia, 1665（1644年初版于博洛尼亚），pp. 174–175（见 Camporesi 1985, pp. 71–72）。

② 见本书第一章。

③ Flandrin 1994, p. 28. 关于这场“口味革命”，见 Pinkard 2009 和本书第一章。

食醋、蔗糖、辛香料”，加“上等橄榄油或黄油”熬至液体状）[①]。至此，新老并立的态势已经形成。黄油与橄榄油不再遮遮掩掩，而是大大方方地出现在破旧立新的沙司中，而且不仅限于沙司。斯特凡尼的食谱常常且喜欢以前所未见的方式，系统阐述黄油的用法。

诚然，斯特凡尼未能展现意大利文化全貌。斯氏是博洛尼亚人，后来到曼托瓦谋生。他所呈现的是“伦巴第”乃至波河河谷的菜系。那里早就主动迎合黄油在欧洲的新风尚。18、19 世纪期间，这个迎合过程依旧持续。1840 年，在加尔达种植橄榄的维罗纳（Verona）人卡洛蒂（Carlotti）哀叹：“很多菜肴原本用橄榄油烹制，可现在都换成了黄油。黄油能‘区分哪些是富人，哪些是平民’。”老普林尼的话言犹在耳，意指黄油是精英食材，[②]只不过适用对象不再是老普林尼笔下的蛮族，而是意大利人。

19 世纪末，佩莱格里诺·阿尔图西（Pellegrino Artusi）把波河河谷视为黄油产区。“最好的煎炸用脂肪其实就出自本地。托斯卡纳人喜欢橄榄油，伦巴第人喜欢黄油，艾米利亚人喜欢猪油。”[③]他对于将各种地方传统置于极具争议的意大利菜式的“全国”版图中持谨慎态度，[④]但对于脂肪的选用，他倒比较宽容，“投己所好”即可：煎炸时，“或遵当地口味，或循自己偏好”；调味时，“橄榄油该放就放”；“不管出于何种地方因素，若人家更习惯用猪油或黄油调味”，那就入乡随俗。在这些以及类似的建议中，[⑤]我们看到，阿

① B. Stefani, *L'arte di ben cucinare*, Mantova, 1662, p. 54.

② Brugnoli, Rigoli, e Varanini 1994, p. 43.

③ P. Artusi, *La scienza in cucina e l'arte di mangiar bene*, ed. A. Capatti, Milano, Rizzoli, 2010, ricetta 209.

④ 见 Camporesi 1970; Montanari 2010。

⑤ Artusi, *La scienza*, cit., *passim*.

尔图西希望尊重地方口味与传统，特别是在脂肪选用方面。于是，我们仿佛又回到了起点——从民族学角度研究烹饪。为此，我们必须考察其历史分层，在“传统”中，寻找促使性质与意义变化的多重因素之交汇点。古代的橄榄油、中世纪的猪油、近代的黄油，携手走进意大利人的厨房，当然其用法绝非一成不变或者不可改变。

到了20世纪，黄油再接再厉，最终冲破其精英意味的内涵，收获了广泛的消费者。[①] 不过，大幕没有落下。21世纪初，由于美国医生与记者对地中海饮食习惯的发现（或可能是发明），橄榄油再次向动物脂肪发难。好戏继续上演着。

① Hémardinquer (1970a, p. 261) 解释了这个现象在法国的情况。至于意大利，则缺乏最新研究。不过，20世纪意大利食物选择的演化，见 Capatti, De Bernardi, e Varni 1998; Sorcinelli 1999。

第十章

面包树

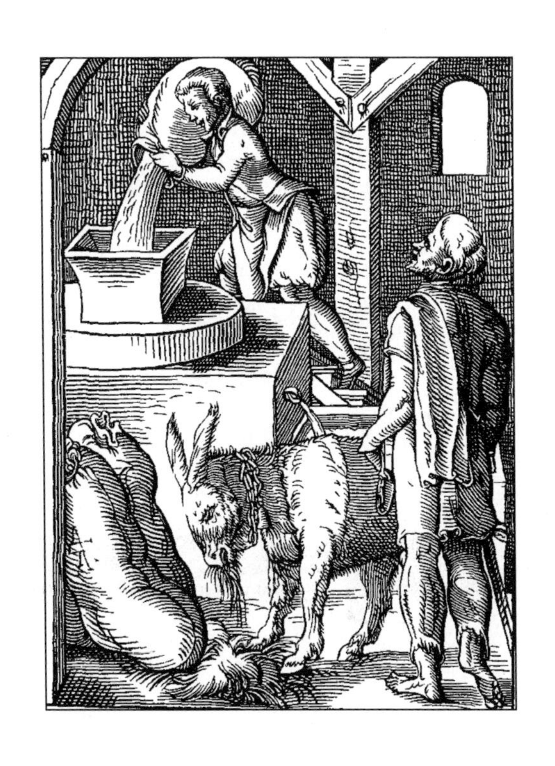

栗子：谷物的替代品

栗子产于地中海气候地区，长久以来，一直不是贸易的对象。起初，希腊人甚至都没有给栗子命名，仅将其当作另类橡实或核桃。[①]罗马农学家也并不重视它。尽管科卢梅拉概述了栗子的栽培，[②]老普林尼记载了栗子的“诸多品种”，[③]但养生学仍将其划为野生物种。公元 2 世纪的盖伦写道：“野果之中，唯有栗子为身体提供足够的营养物质。”[④]

这种情况在中世纪早期仍然存在。彼时，凡文献提及栗子，我们实难以判断所指为野生还是栽培。[⑤]例如，隆戈巴尔迪（Longobardi）地方的法律规定：“凡砍伐栗子树、核桃树、梨树或苹果树者，处罚金一银币（soldo）。”（公元 643 年《罗塔里敕令》）[⑥]

---

① 这个定义（把栗子当作“橡实”或“核桃”）经常见于每个拉丁农学家的作品，甚至盖伦等人的养生著作（见后文引用部分）。

② Columella, *De re rustica*, IV, 33.

③ C. Plinius Secundus, *Naturalis historia*, XV, 25.

④ Grant 2005, p. 145（《论食物的特性》[*Sulle proprietà dei cibi*]，第二册）。

⑤ Montanari 1979, pp. 38–42.

⑥ *Edictus ceteraeque Langobardorum leges*, ed. F. Blühme, Hannover, 1989, p. 301.

直至中世纪中叶，栗子才得以广泛栽培，并成为重要的口粮。10、11 世纪，情况出现了变化，当时人口日增，食物需求见涨。在平原和丘陵地区，当地人将大片林地开辟为栗子园。山区不适合种谷物，便成就了栗子园的霸业。于是，我们看到两种现象齐头并进——谷物田与栗子种植园同步扩张。[①]

11 至 13 世纪，栗子园遍布意大利的亚平宁山脉，从艾米利亚到托斯卡纳，从翁布里亚（Umbria）到拉齐奥，远及坎帕尼亚，都有栗子园。[②] 法兰西中南部、西班牙、葡萄牙以及巴尔干半岛也是如此。上述地方的林地都经过改造，能够“为人所用”。中世纪早期，森林最“自然”的用处便是放牧和狩猎。现在，传统的林业－畜牧经济让位于新林业经济。栗子园的栽种与养护一直需要尽心尽力。如此看来，新经济与农业更为接近。以意大利为例。圣斯特凡诺（Santo Stefano）森林是皮埃蒙特的蒙多维镇（Mondovì）的公共财产。1298 年，森林租给了十五个承租人，租金每年五十里拉（lire）。按约定，他们必须让森林变得**富饶多产**。那么，如何实现？第一，开荒耕种，将其改造为农田；第二，广种栗子。在富饶多产的土地上，可以种植“许多精心培育的栗子树”（multa bona et domestica castagneta）[③]。

林地的“为人所用”往往以牺牲橡树为代价。从膳食层面讲，这彻底改变了民众的饮食结构，使其逐渐舍肉类（猪或猎物）而取栗子；在平原地区，则是舍肉类而取谷物。在这两种情形中，或许由于增重效果显著，且使用更为方便，一种植物产品——淀粉夺走

① Montanari 1993, p. 53.
② 此处及下文，见 Cherubini 1984a。
③ Comba 1983, p. 51.

了肉类的光环。随着人口增加，聚落扩张，为了饱腹，选择淀粉也便顺理成章。在“真”面包难求的地方，栗子取而代之，成了“山面包”。地中海地区称其为“树面包”，而栗子树也就是“面包树”。[1]

栗子作为替代品的例子比比皆是。1288 年，邦韦辛·德拉里瓦谈及伦巴第佃农的膳食习惯时指出：“没面包时，他们往往吃（栗子）；或者说，不吃面包，改吃栗子了。”[2]15 世纪托斯卡纳某法令曾写道：“栗子是穷人的面包。”[3]后来，底层阶级的膳食条件日益恶化，类似表述也变得更为常见。1586 年，卡斯托雷·杜兰特（Castore Durante）描述道：“在不产谷物的地方，（栗子）被放到炉栅上熏干，然后磨成粉，当作面包的原料。”[4]文学作品里亦不乏类似素材。16 世纪末，某无名氏的诗，在描绘托斯卡纳亚平宁山民的习俗与困苦时表示，那儿的“面包是用栗子做的”[5]。17 世纪，艾米利亚的贾科莫·卡斯泰尔韦特罗（Giacomo Castelvetro）证实：“成千上万的山民吃这种果子。至于面包，他们几乎未见，甚至闻所未闻。”[6]

论营养价值，还有人发现，栗子与谷物不相上下。中世纪最负盛名的意大利农学家皮耶罗·德克雷申齐（Piero de' Crescenzi）援

① Bruneton–Governatori 1984.

② Bonvesin da la Riva, *De magnalibus Mediolani*, ed. M. Corti, Milano, 1974, IV, 14, p. 98.

③ Cherubini 1984a, p. 157.

④ Castor Durante da Gualdo, *Il tesoro della sanità*, Roma, 1586, ed. E. Camillo, Milano, 1982, p. 113.

⑤ Cherubini 1984a, p. 154.

⑥ G. Castelvetro, “Brieve racconto di tutte le radici, di tutte l'erbe e di tutti i frutti che crudi o cotti in Italia si mangiano,” in *Gastronomia del Rinascimento*, Londra, 1614, ed. L. Firpo, Torino, Utet, 1973, pp.131–176, a p. 165.

引盖伦来论述医学与养生著作中的某观点。他表示，栗子是“最有营养的种子，因为它最像做面包用的种子”①。西班牙人德雷拉（D’Herrera）确信，栗子“虽不及小麦，但为身体供应的营养胜过任何面包”②。18世纪的温琴佐·塔纳拉借用盖伦的权威说法表示，栗子面包“不及小麦面包，但比任何其他谷物面包都有营养”③。

作为面包替代品，栗子的确更接近次等谷物（而非小麦），毕竟其膳食用法与之相似，且食用者多为底层阶级。德拉里瓦指出，栗子、豆子、小米取代了面包，成为许多佃农的主食。帕尔马的萨林贝内的《编年史》记录了1285年“谷物与栗子歉收”④。栗子树的确是不少山中社群的主要资源，是名副其实的“文明作物”⑤。它跟小麦一起，甚至取代小麦，成为当地生活与文化的核心。

抵御饥饿的不二之选

传播栗子树的种植与栽培技术，除了靠言传身教，亲身实践，亦离不开文字记录。有时，种植者签订的契约详细规定了具体步

---

① Piero de’Crescenzi, *Trattato della agricoltura*, traslato della favella fiorentina, revisto dallo ‘Nferigno accademico della Crusca, Bologna, 1784, I, p. 199 (v. 6).

② G. A. D’Herrera, *Agricoltura tratta da diversi antichi et moderni scrittori*. Tradotta di lingua spagnola in volgare italiano da Manbrino Roseo da Fabriano, Venezia, 1568, p. 107. Gasparini 1988, p. 9 引用了这段话。

③ V. Tanara, *L’economia del cittadino in villa*, Venezia, 1665（1644年初版于博洛尼亚），p. 507.

④ Salimbene de Adam, *Cronica*, ed. G. Scalia, Bari, Laterza, 1966, II, p. 846.

⑤ Cherubini 1984a. 布罗代尔用“文明作物”这一说法表明某些作物（小麦、大米、玉米）在全世界的生产与象征体系及其历史演化中的核心作用。见Montanari 2004, p. 8。

骤。1286年，博洛尼亚附近山区的两个山民承租了一座庄园。其租约承诺，修剪栗子树，砍掉老原木，嫁接新的根出条，以便通过引入各种特殊作物来提高产量。另外，还要犁地，翻地，施肥；初次收获，租金减免，仅为收成的五分之一。按照典型的分成制租约，随着产量增加，租金将渐涨至收成的一半。①

近代一些农学家建议，种植栗子树要从种子种起："要想栗子成林，最好从种子种起，不要栽种栗子苗"；播种宜在3月，选"翻松、干净、肥料丰富的"土壤（16世纪布雷西亚的阿戈斯蒂诺·加洛［Agostino Gallo］亦以为然）。②不过，更古老更常见的做法是栽种幼苗。科卢梅拉的经典格言就指出："栽种始于11月。"③不过，像1286年那份契约所述的往老树桩嫁接根出条的做法也非常普遍。除了修枝、去壳，栗子种植还要注意防止水分流失。至于施肥，17世纪的塔纳拉建议，只用"栗子壳"作肥料。④

乡规民约如何保护栗子园与栗子，如何稳定这种珍贵资源的价格，也值得特别关注。当地委派特别官员（有时带薪，薪酬以栗子计）看护栗子园，保证其免遭人类或动物破坏。林间放牧受到严格限制，在特定时期甚至遭到禁止。收获时间由乡政府决定，必须遵循，无人例外。在实地管理中，栗子树栽培与放牧的矛盾尤为尖锐，管理者往往试图找到两全之道，虽困难重重，但总有可能。桑布卡（Sambuca，位于托斯卡纳与艾米利亚的亚平宁山区）规定，收获结束前（abandonamentum），养猪户不得到栗子园或附近的橡

---

① Zagnoni 1997, pp. 49–50, 56 (app. 2).

② A. Gallo, *Le vinti giornate dell'agricoltura et de'piaceri della villa*, Venezia, 1593, p. 117.

③ Columella, *De re rustica,* loc. cit.

④ Tanara, *L'economia*, cit., p. 506.

树林放猪；收获结束后，方可到林间放牧、掘土，或者说捡拾果实。栗子落实十日以后，养猪户才能赶猪缘溪而下，且途中猪群距主路不得超过十臂。同样，栗子园所有者需在猪群到来前捡拾栗子。林间放牧的日子因地而异，取决于收获时间，有些地方甚至持续至 12 月底。[①]

偶尔，人们不会等到果实自熟自落再来收获，而是用长杆击树来判断。克雷申齐指出："当你看到果实落地，或者有人用长杆敲击树上的果实，那都说明收获的时间到了。"[②]

由于栗子可长期储藏，故对穷人的饮食至关重要。若收成好，几个月的口粮就有着落了。加洛在提到阿尔卑斯山脉以南的伦巴第大区时就写道："我们的山民不知有多少只靠这种果实果腹。"[③]1553 年，皮斯托亚（Pistoia）的山区首领表示，库蒂利亚诺（Cutigliano）的村民"一贫如洗，全年**八分之七**的日子，只能以栗粉脆饼（castagnacci）充饥"[④]。许多欧洲国家的情况亦然。在法兰西某些地方，每年有六七个月，每人日均食用大概两千克栗子（约四磅半）。[⑤]

显然，这并非天方夜谭，因为储藏技术已经完善，且栽培品种越来越多，可满足连续种植的需要。数百年来，此乃保护生产体系的基本策略，加之能够选择各种谷物，[⑥]这让我们更确信，在供需难以匹配的经济中，佃农的需求能得到满足。跟谷物一样，栗子的生

① Zagnoni 1997, pp. 53–54.
② Piero de'Crescenzi, *Trattato della agricoltura*, cit., pp. 297–298.
③ Gallo, *Le vinti giornate*, cit., p. 117.
④ Cherubini 1984a, p. 154.
⑤ Bruneton–Governatori 1984, pp. 281–321.
⑥ Montanari 1979, pp. 148–150.

长时间灵活，故其收获期被延长。于是，在远长于今日收获期的时间段，佃农仍可收获栗子。[①] 托斯卡纳南部阿米亚塔（Amiata）山区的中世纪法规记载："山民只捡拾栗子。从 9 月到 12 月，他们一直忙着收获，以保证全年的口粮。"[②]

农学家关注佃农的日常做法，也关注保鲜技术。保鲜技术主要分两种——栗子不去毛刺保鲜，以及将栗子暴晒或火烤。克雷申齐描述了第一种技术。他建议，趁栗子仍绿，就将其打落。然后收集起来，"放到灌木丛中堆好，避免被猪食用。几天后，不去毛刺的栗子就会裂开。栗子保鲜的最佳方法，莫过于此……经此处理，整个3月它们都色泽鲜绿"。若待栗子成熟落地，则"存不过两周"。[③] 克雷申齐还提到，生栗子可藏于"沙土"；[④]16世纪的加洛建议，"欲储藏栗子，需于下弦月，栗子仍半熟干硬之际采摘，然后埋入沙中，置于阴凉处；或于阴凉处，放入瓦罐密封，否则栗子很快便会腐烂"[⑤]。过了很久才出现"腌制"法，即把栗子水浸数日，使其轻微发酵。直至 18 世纪始有农学家提及此法。[⑥]

干燥法在栗子园中专门修建的露天场地进行。塔纳拉写道，栗子"采集后，旋即被置于炉栅，熏烤数日，直至完全脱水，硬如石子"[⑦]。卡斯泰尔韦特罗指出，熏干去壳后的栗子，"可储藏两年以上"[⑧]。16世纪文献复制了中世纪的做法。半干的栗子被整个吃下。

---

① Montanari 2004, pp. 23–25.

② Cherubini 1984a, p. 157.

③ Piero de'Crescenzi, *Trattato della agricoltura*, cit., p. 298 (v. 6).

④ Ibid.

⑤ Gallo, *Le vinti giornate*, cit., p. 118.

⑥ Cherubini 1984a, p. 162.

⑦ Tanara, *L'economia*, cit., p. 506.

⑧ Castelvetro, "Brieve racconto," cit., p. 165.

“我们的妇女，”卡氏写道，“把栗子储存到篮子或箱子里，再放些玫瑰叶，它们就变得松软，香气扑鼻。”干硬的栗子则被研磨成粉。在某些山区，磨坊只磨栗子，一部分磨好的栗粉作为报酬留给磨坊主。

栗子是山区穷人抵御饥饿的不二之选，在平原地区就比较少见，而城里人食用栗子是追求其味美，而非生存所需。即便如此，栗子之重要性也是由于其特别适宜储藏，利于长期买卖。14 世纪中叶文献显示，就算到了 5 月，佛罗伦萨修院院长的筵席上，仍摆着“新鲜栗子、蜜饯栗子、熏干栗子”[①]。几个世纪后，塔纳拉发现，夏天储藏栗子“不足为奇”[②]。需求与奇想、饥饿与“反常”这两个方面并不冲突。相反，它们为栗子的故事增光添彩。托斯卡纳亚平宁山区波皮廖（Popiglio）小镇 16 世纪时的法令写道，居民从“栗子园和栗子林”采摘果实，一来满足“每日的食需”，二来“换钱，清偿公共或私人债务”。[③] 换言之，他们**售卖**栗子。

栗子易于储藏显然是得天独厚的商业优势。在中世纪，各式各样的栗子更是将这种优势发挥得淋漓尽致。[④]13、14 世纪，伦巴第栗子出现在了巴黎的市场上，坎帕尼亚栗子远销至埃及和君士坦丁堡。[⑤] 大城市商人控制着外贸出口。他们从当地集市进货。例如，罗马涅亚平宁山区的栗子大多销往威尼斯，然后转口至黎凡特的市场。

① Cherubini 1984a, p. 160.
② Tanara, *L'economia*, cit., p. 507.
③ Cherubini 1984a, p. 154.
④ Ibid., p. 167.
⑤ Ibid., pp. 160–161.

进货后，城里的商人会先拣选，一部分用来外销，一部分留作内销。有时，行家也会从事栗子贸易。比如在特雷维索，农产品经销商黛安娜（Diana）与当地佃农签订契约，提前订下栗子园的收成；其中一部分她卖到城里，其余的销往威尼斯。[①] 贸易会持续一段时间（少则四五个月），直至冬季。

口腹之需与市场之需偶尔也两相冲突，至少互不相让。职是之故，饥荒期间，栗子不得出口。1593 年博洛尼亚颁布的某禁令写道："大板栗与栗子丰收……则穷人无饥馑之忧。"该禁令规定，商贾不得囤积栗子，不得将其销往外地；若收成大于所求，只可售于"博洛尼亚郊外市场或市内集市"。[②]

美食中的栗子

栗子可烤，可煮，可炸。选大小适中者，趁新鲜或半新鲜食用，抑或带壳或埋于沙土储藏。塔纳拉解释道，储藏的栗子"经玫瑰花精浸泡"，可变得松软；"若同以 5 月玫瑰点缀之"，则口感与新鲜时无异，令人"回味无穷"。[③]

在论述意大利各种果蔬的小册子（1614年作于英格兰）中，卡斯泰尔韦特罗详细描述了栗子的处理方法。他写道："我们烹栗子，

---

① Cagnin 1988, p. 41.

② "Bononia manifesta," in *Catalogo dei bandi, editti, costituzioni e provvedimenti diversi, stampati nel XVI secolo per Bologna e il suo territorio*, ed. Z. Zanardi, Firenze, Olschki, 1996 (n. 2539).

③ Tanara, *L'economia*, cit., p. 507.

多为烤制。将栗子置于镂空平锅中，或炙以炽火，或烘以热灰，烤毕，佐椒盐食之。”他进而补充道，意大利人用“橙汁”给栗子调味，不像“我们（英格兰）”用蔗糖。卡氏认为，煮栗子是平民之食，“比起文明成熟的人，小孩子和底层阶级更好煮栗子”。另外，他还提到，有些地方烤家禽，习惯用栗子作填料，“栗子入滚水浸泡，褪去其第二层壳，加乳脂，则可用于各式菜肴，口味独绝。此外，烤阉鸡、烤鹅、烤火鸡时，栗子可随李子干、葡萄干、面包碎一起作填料”。[①] 这些习俗随欧洲人传至美洲大陆。

早在一个多世纪前，橙汁泡栗子的做法，就已为医师杜兰特所记载。“将栗子在余烬略加烹制，再去壳，然后倒入平锅，加橄榄油、胡椒、食盐、橙汁烹制”（此处还附有谜一般的说明，提到如此处理后栗子“可替代松露”）。[②] 不过，跟卡斯泰尔韦特罗暗示的似乎相反，蔗糖在 17 世纪意大利使用得非常普遍。塔纳拉建议，到了 11 月，吃“烬烤大板栗，并且撒上食盐、蔗糖和胡椒”[③]。

类似于很多情况，这些调味法跟养生观念息息相关。塔纳拉自己就讲，烤栗子“加胡椒、食盐或者蔗糖，都有益健康”[④]。这一观念还见于为其据理力争的中世纪文献。杜兰特指出：“栗子以余烬烤制，以胡椒、食盐或蔗糖佐食，更易于消化。”[⑤] 马蒂奥利（Mattioli）更进一步提到，烤栗子“佐以胡椒、食盐或蔗糖”，可

① Castelvetro, “Brieve racconto,” cit., p. 165.

② Durante, *Il tesoro della sanità*, cit., p. 113.

③ Tanara, *L'economia*, cit., p. 505.

④ Ibid.

⑤ Durante, *Il tesoro della sanità*, cit., p. 113.

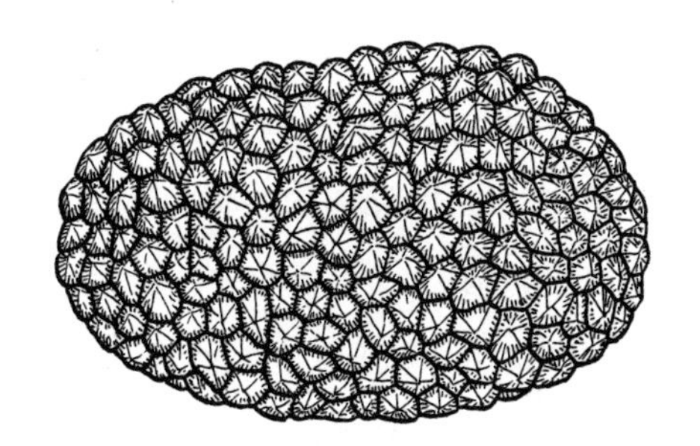

图 26　松露

彻底去除其有害物质。[①]

塔纳拉还介绍了许多烹制栗子的方法。例如，“甜酒泡栗子可口齿生香；若酒为新酿则更佳，但食者亦需脾胃强健”。做好的栗子“还可加猪肉重新烹饪。加入蔬菜汤，尤其是做方饺用的白豆汤，顿时鲜美无比……栗子搭配干酪和奶也不错”，还可加葡萄酒烹制，再用余烬烘干。皮埃蒙特的栗子做法独树一帜：以葡萄酒烹制，再加入大茴香、肉桂、肉豆蔻等辛香料，“但栗子必须先去外壳”，且趁热食用。[②]

干栗子则是研磨成粉待用，其用法跟谷类面粉如出一辙。早在 15 世纪，普拉蒂纳在其转录马蒂诺师傅大作烹调部分的论著中，记载了栗子馅饼（torta ex castaneis）的食谱：“栗子入水煮。煮毕，盛研钵碾碎，加奶少许，过滤，然后加施佩尔特奶油果馅饼配料。

① P. A. Mattioli, *I discorsi nelli sei libri di Pedacio Dioscoride Anazarbeo della materia medicinale*, Venezia, 1568, p. 229.

② Tanara, *L'economia*, cit., p. 505.

若想上色，可加些藏红花。”[①]教皇庇护五世御厨巴尔托洛梅奥·斯卡皮的著作，堪称文艺复兴时期意式菜的扛鼎之作（1570年出版）。书里众精美食谱中，有两个用到栗子和栗粉。一个是“鲜干栗子馅饼”，他建议使用8月捡拾的生栗子；另一个是“栗粉汤”。[②]这些食谱似乎源于佃农烹饪，但经过重新阐述，工序更为复杂，配料也价格不菲。大量使用黄油、蔗糖、东方辛香料（肉桂、胡椒），足以匹配奢华盛宴。不过，它们的“佃农”气息并未根除，这或许证明，尽管在14至16世纪的贵族文化影响下，上层阶级与农民阶级之间存在偏见性的意识形态对立，可两者的烹饪方式却出奇相近。[③]

说到这种相近，精英食谱中出现栗子，便是最好的证据。从意大利到法兰西，再到西班牙，类似情况比比皆是。1607年，多明戈·埃尔南德斯·德马塞拉斯（Domingo Hernández de Maceras）在萨拉曼卡（Salamanca）出版了《厨艺之道》（*Libro del arte de cocina*），其中提到一道菜，叫捣栗子（castanas piladas），里面添加了不少昂贵的辛香料，如肉桂、丁香、姜、藏红花，但拌以橄榄油和洋葱[④]。甚至酥皮糕点类书籍，也会使用栗子或者大板栗。比如，17世纪下半叶多次再版的《法兰西果酱商》，收录了精致的大板栗烩水果（compote de marons），它就是“用余烬烹制大板栗，配以杏糖浆和西班牙葡萄酒”[⑤]。

---

① B. Platina, *Il piacere onesto e la buona salute*, ed. E. Faccioli, Torino, Einaudi, 1985, p. 187. 关于普拉蒂纳与马蒂诺师傅的关系，见 Laurioux 2006, pp. 503ff.。

② B. Scappi, *Opera*, Venezia, 1570, II, clxxxvii, p. 71; V, cxx, p. 365.

③ 见本书第十三章。亦见 Montanari 2010, pp. 23–32。

④ Pérez Samper 1998, p. 232 (III, 8).

⑤ “Le confiturier françois,” X, in *Le cuisinier françois*, J.-L. Flandrin, Ph. et M. Hyman, Paris, Montalba, 1983, p. 481.

17世纪，塔纳拉介绍了有趣的甜食食谱。要想获得理想口感，可将栗粉化入玫瑰花精，与帕尔马干酪或其他松软的油干酪混合搅拌，“制成油炸馅饼状，然后用黄油煎”（有时往栗粉中加蜂蜜，“以利口感和健康”）。[①]

有了养生科学，就知道选择哪些佐料，能降低栗子所谓的副作用；有了养生科学，就知道餐中何时食用上述栗子制品。马蒂奥利认为，“栗子使食物秘结”；杜兰特亦认为，“栗子致便秘”。由于此收敛作用，他们建议，栗子最好餐后食用，以“封住”之前被柑橘等酸性水果打开的胃口。“栗子餐后进食……则有收敛之功效。”[②]塔纳拉这段无可争议的说法，[③]汇集了几个世纪的观察与实践。13世纪末，德拉里瓦详述伦巴第地区的栗子用法后指出：“它们往往是最后食用的食物。”[④]1266年，阿斯蒂（Asti）地区某领主起草了一份奇怪的土地合同。合同规定，佃户每年需准备两次正餐：先上一个柠檬，再上配着合适沙司的各种肉菜以及一盘蔬菜，最后上一份“天堂水果”和六个栗子。[⑤]

---

① Tanara, *L'economia*, cit., p. 507.

② Mattioli, *I discorsi*, cit., pp. 228–229; Durante, *Il tesoro della sanità*, cit., p. 113.

③ Tanara, *L'economia*, cit., p. 508.

④ Bonvesin da la Riva, *De magnalibus Mediolani*, cit., IV, 14, p. 98.

⑤ Codex *Astensis*, ed. Q. Sella, IV, Roma, 1880, pp. 43–44 (n. 1022). 见 Montanari 1989, pp. 318–319。

第十一章

水的口味

水：生命之源

水无味，却是万味的载体，让万味得以存在。这一观念由古希腊的自然主义者和哲学家提出，后成为中世纪科学思想的基础。它本质上包含了围绕水的口味（或称味道，是对口味的感知和区分）所产生的种种争论。如果水无味，那么这两个术语就不必同时出现，我们的讨论可到此为止。然而，口味源于湿气，也就是水分；从定义上讲，不讨论水，口味自然无从谈起。12 世纪圣蒂埃里的纪尧姆（Guillaume de Saint-Thierry）指出，每种感觉都跟天地四素之一息息相关。视对火，触对土，听对气，嗅亦对气（或气的另一种形式——烟），最后，味对水。[1]职是之故，水与味道的关系至关重要。

不过，在考察水的味道前，我们先表明一些基本情况。我们需要以实体形式**存在**的水，因为没有水就没有生命。这个原始、基本而又相当朴素的价值，正是许多文献中首先点明的。流落海中荒岛后，修士们问修院院长布伦达诺（Brendano），“没有水，我们可怎

---

① Guillelmus de Sancto Theodorico, *Liber de natura corporis et animae*, I, 46, ed. M. Lemoine, Paris, 1998: “Visus enim igneae est naturae, auditus aeriae, odoratus fumeae, gustus aquosae, tactus terrenae.”

么活？”[1]这群修士在游历时，还遇到一个只靠水度日的隐居老翁：“六十年来，他只喝水，不吃其他食物。”[2]

仅靠水生存堪称绝技，但不靠水生存就是天方夜谭了。因此，在“水资源匮乏”[3]的中世纪早期，为了喝水，大家竭尽全力地寻找涌泉、水井、江河、湖泊。在罗马时代，借助输水道[4]那样精巧的公共设施，可长途送水，可到了中世纪，重要的是获取**本地**用水，并以此划分不同村落和地区。城乡定居点、贵族的城堡、隐士的秘庐、修院的中心，无不靠近泉眼和水道。淡水充足的乐土（luogo ameno）[5]是文学套语，反映了日常生活里的真正需求。

圣徒传记文学中提及的众多神迹都跟这种需求有关。古代晚期基督教文献，反复出现岩石或不毛之地有水流出的主题。[6]摩

---

① *Navigatio Sancti Brendani abbatis,* 16, ed. C. Selmer, Notre Dame, Indiana, 1959.

② Ibid., p. 26.

③ 该说法出自 Roche (1984)。在发达国家，“将水据为己有”始于 19 世纪，见 Goubert 1986。其他有用的建议见 Sorcinelli 1998。

④ 卡西奥多鲁斯在其书简中，谈到了帕里亚（Parma）和拉韦纳的情况。*Variae,* VIII, 30; V, 38 (CCL, XCVI).

⑤ 早年维吉尔（Virgil）用过这种表述，后来因阿里奥斯托（Ariosto）的使用而广为人知。在中世纪早期的修院文献中，该词指理想之地，也就是适合修建修院的好地方。

⑥ 第一个例子是圣安东尼。在埃及的沙漠里，他至少两次让水喷涌，给人畜解渴。Anastasius, *Vita Antonii*, 54, 1–5; 59, 1–5, ed. G. J. M. Bartelink, Milano, Valla–Mondadori, 1974 (*Vite dei santi*, ed. C. Mohrmann, 1), pp. 45, 48；希腊文原文见 PG, XXVI, cc. 919, 927。其中第一次，安东尼拜访某些隐士的祷告处，随行只带了一匹骆驼，驮面包和水。他和旅伴一度喝不到水。于是，他停下来祷告，祈求上帝赐水。后来水出现了，牲畜解了渴，水囊也得以装满。第二次，两个隐士前去拜访安东尼，途中水喝完了。一人不幸因此遇难；另一人为安东尼所救。安东尼在祷告时得到启示，于是派遣其他隐士前去救援。圣徒传作者自问，为何两人没有都获救，然后自答道，生死之选由上帝做主，由不得安东尼。

西在沙漠里敲击磐石取水解众渴，[①]便是明显的例子，[②]因此，要祷告求水，可以“遵循摩西的仪式（Moysaico ritu）”[③]。不过，其意义不止于文本参照。[④]圣徒身上的神迹，并非可供模仿之模式的单纯复制，而是对某种请求、需求或亟待抚慰的渴求的回应。概言之，神迹总是对特定请求的回应。

神迹的类型极其丰富。[⑤]它可以关乎修院的供给，比如教皇格列高利一世（Gregorius Magnus）在《对话录》中提及的故事。主人公诺尔恰的本笃（Benedetto da Norcia）在亚平宁的悬崖边修建了三座隐庐。对于修士而言，“下山去湖边汲水”，不但辛苦而且危险。于是，他们找到本笃，建议迁居。当晚，本笃带着一个名叫普拉奇多（Placido）的男孩爬到山顶，以简单而肃穆的姿势祷告。祷告完毕后，他放了三块石头来标注正确的位置。接着，他下山催促修士赶到山顶，“在三块石头叠放的地方掘土。上帝会让水从那里流出，你们不必再如此辛劳”。众修士上山找到那石头，发现水正不断渗出。他们在出水口旁挖了个洞，这样水就能从山顶直接流到山下。[⑥]

神迹也会降临到独居隐士的身上。《对话录》还讲到隐居于

① 《民数记》20:2–11（摩西让水从沙漠的磐石中涌出，解了以色列人的渴）。

② 例子很多，其中之一见 *Vita Willibrordi*, XVI, 9, MGH, SRM, VII, p. 129：圣徒为了解决缺水难题，向上帝祷告，上帝“能让水从沙漠里的石头中涌出，给他的子民解渴”（qui populo suo in desertis aquam produxit de petra）。

③ *Vita Carileffi*, 4, AS *Iulii* I.

④ 学者频繁指出，这个话题“子虚乌有”。它其实有关文本之外的事实，一种明确界定环境与文化的**语境**，请读者参阅 Montanari 1988b。关于文本 – 语境，以及离开文本通达语境的可能性或必然性，见 Ginsburg 2000, pp. 44–49 的方法论部分。

⑤ Montanari 2003.

⑥ Gregorius Magnus, *Dialogi*, II, 5, ed. A. de Vogüé, SC, 261–265.

阿布鲁佐（Abruzzo）的马尔西卡山（Marsica）山洞的隐士马蒂诺（Martino）。他的第一个神迹是，刚到那里隐居时，“他为自己开凿了一个洞穴，里面有水涌出”，不多不少，刚好是每日的用量。[①] 更不可思议的是科隆巴努斯的神迹。彼时，他在阿讷格赖（Annegray）附近山洞修行。负责送水的年轻人多马奥洛（Domaolo）抱怨道，周围无水，自己不得不长途跋涉，到怪石嶙峋的山中汲水。科隆巴努斯提醒他回想摩西沙漠取水的神迹，令其模仿摩西，敲击岩石，来重现这一神迹。突然，“一股泉水汩汩涌出，直至今日，依然不竭”。[②]

说圣徒开辟的泉水潺潺不竭，当地人至今仍在饮用，本就是常见的叙事手法，以使所述内容更为可信，或者与民众的真正需求联系起来。《瓜尔蒂耶罗传》便运用了这一手法。书中写道，圣徒一行前往耶路撒冷，途中来到滴水不见的不毛之地，大家口渴难耐。于是，瓜尔蒂耶罗停下来祷告，然后用手杖击地，清甜之水顷刻而出，一解朝圣者之渴，久而久之，竟汇成一条永世不竭的清泉。[③]

有时，满足集体或**社会**需求，并不是可有可无的好结果，而是施行神迹的本意。莱乌弗雷多（Leufredo）前往图尔参访圣马丁教堂。一天晚上，他行至旺多姆（Vendôme），到一个村子讨水喝。村长答道：“啊，圣徒，我们村一直为吃水发愁。这儿没有一口井，没有一眼泉。”圣徒对着他的修士，告诉他们应该干活，祈求神助，让水从地下涌出。祷告完毕，他用手杖击地十下，泉水旋即出现，

---

① Ibid., III, 16.

② Giona di Bobbio, *Vita di Colombano e dei suoi discepoli*, I, 9, ed. B. Krusch, Hannover–Leipzig, 1905.

③ *Vita Gualtieri auctore Marbodo*, AS, *Maii* II, p. 702.

并“流淌至今”。[①]

神迹显现不仅是为了解决偶然的艰难（如山巅隐士），而且还为了应对环境上长期的困苦（如修士与佃农村庄的困境）。神迹频繁显现反映了特别急切又受到忽视的请求。像圣徒那样无中生水，亦旨在震撼并皈依不信神者。[②]同样，他们操控着自然力量，能呼风唤雨，左右水流，[③]或者阻止洪水。当某个虔诚的人物在茂密的植被中，发现了不为当地人所知的泉水，这时故事的主题就是智慧而非信仰。[④]还有些时候，主题是劳作，因为人利用手里的工具，想方设法，克服困难，开辟出生存之地。《森齐奥传》中的一章便有类似情节。主人公发现，托斯卡纳海岸的居民因缺水而备受折磨，遂身先士卒，拿起铁铲，埋头掘土。突然，“刺骨的冰水”（aqua frigidissima）涌出，传记作者信誓旦旦地保证，那水至今仍在。[⑤]这种“劳作神迹”让我想起 6 世纪拉韦纳的狄奥多里克大帝时代的牧师卡西奥多鲁斯。在一封信中，他把负责修建输水道的官员，比作击石出水的摩西（又是摩西）。他不禁感叹，“摩西以神迹所为之事，他人成之以劳力”（Hoc labore tuo praestas populis, quod ille miraculis）。[⑥]

---

① *Vita Leufredi*, AS, *Iunii* V, p. 95.

② 圣韦南齐奥（san Venanzio）让水从岩石中涌出，为此许多人决心皈依。*Acta Apocrypha S. Venantii*, AS, *Maii* IV, p. 141.

③ 这个及其他例子取自 Gregorio di Tours, *Liber in gloria martyrum*, 36, MGH, SRM, I/2, p. 61。在莱莫维奇纳（Lemovicina）城，灌溉田地的水泉改道，流向一个沼泽，故灌溉无法进行。圣克雷芒（san Clement）施以神迹，使其恢复正常。

④ 例子见 *Vita Walfridi*, AS, *Feb.* II, pp. 843–844。

⑤ *Via Sentiae in Tuscia*, AS, *Maii* VI, p. 72.

⑥ *Variae*, cit., IV, 31.

以水赎罪

在上述语境中，水的意象呈现为纯粹的必要性。赎罪书里蕴含着同样观念。它们把食用面包与水，视为肉身苦修的模式，[1]并且认定，其他外物都可有可无，没有面包与水却万万不能。这就是所需与所悦的区别。满足所需，完全合情合理，并且是责任所在；戒绝所悦，绝非枝末生根，若有所成则堪称佳话。问题在于，所需与所悦的分野微乎其微，不易觉察。饮食之间，二者兼有，难分难解。于是，基督教传统就对看似无害的日常饮食，产生了深深的疑虑。奥古斯丁说得好，讨论贪饕之罪，关键要弄清两点：究竟是所需顺理成章地产生所悦，还是所悦狡猾地伪装成了所需。他坦言，自己对此尚无定论（consilium mihi de hac re nondum stat）。[2]所悦的诱惑伺机而动，中世纪常有文献告诫世人，所需与所悦不可混为一谈，这无异于分不可分，解不可解。由于这本无可能，对所悦的恐惧（圣洁之大敌），最终让人对最亟需的必需品（比如水）都不敢奢求。

如果连水都能使人愉悦，人就必须小心对待。修院戒律规定，不得过量饮水，[3]因为水可“麻痹感官”（见《师门律令》）。由于水乃所悦之物，故能激发肉欲，促进精液分泌。据某圣徒传记载，根特的利维尼乌斯（Livinius de Gand）为了克制欲望，把面包跟灰拌在一起，“再饮用极其微量的水”（parcissimo aquae gustu）。[4]赎罪事大，

① Muzzarelli 1982.

② Agostino, *Confessioni*, X, 31, 44.

③ Squatriti 2008, pp. 593–594.

④ *Vita Livini Flandrensis*, PL 87, c. 337.

为此禁欲，在所不惜。据立传者说，修院院长卢皮奇诺（Lupicino）八年来滴水未进，即便盛夏时节，渴得口舌生烟，肠胃痉挛，四肢抽搐，亦不为所动。他唯一的让步就是把面包弄碎，浸冷水，用勺舀着吃。[①] 水之悦想必令卢皮奇诺念念不忘。他的另一部传记（作者为图尔的格列高利）记载，卢氏身怀绝技，能让干渴的身体变得水润。有人给院长提了一桶水。院长将双手浸入水中。此时，不可思议的事情出现了。他的肌体充盈起来，仿佛水从他嘴里灌进一般。就这样，院长既解了渴，又克制了口腹之欲。[②] 另一位圣徒埃马诺（Emano）对自己也毫不客气。他不喝水，猛吃盐，还对自己的肉体与干渴的嘴巴讥讽道："赶紧吃，你这贪得无厌的嘴，忘掉水的甘甜"（hoc sit tibi pro dulcedine aquae）。[③]

饮劣水也是赎罪的方式。据《劳苏斯纪事》，埃及隐士皮奥尔（Pior）"在居所附近掘土，发现一处苦水。为证明自己意志坚定，他终其一生都在饮用这处苦水。他去世后，许多修士竞相到其居所修行，可没人有毅力坚持一年"[④]。

有的赎罪者以水冲淡食物的味道，此举就没那么激进了。纪尧姆解释道，饮料有时能增加食物口感，有时则降低食物口感，"使味道减弱"[⑤]。阿西西的方济各（Francesco d'Assisi）利用水的这种性质，戒绝味蕾的快感。他往食物里掺灰烬，或者用冷水稀释，使其不甚

① *Vita patrum lurensium*, II, 2, MGH, SRM, III, p. 144.

② Gregorii Turonensis, *Vitae Patrum*, 1, 2, MGH, SRM, I, 2, p. 665.

③ *Vita S. Emani presbyteri*, AS, *Maii* III, p. 597.

④ Palladio, *Storia Lausiaca*, 39, 3, ed. G. J. M. Bartelink, Milano, 1974, p. 205.

⑤ Guillelmus de Sancto Theodorico, *Liber de natura corporis et animae*, cit., I, 16.

可口。[①]

水的上述用法无疑与“烹饪格格不入”。更普遍的做法，当然是饮用可口又健康（这两个观念跟中世纪息息相关）的好水。[②]养生书籍最推崇的是未经地面杂质污染的雨水。萨莱诺医学院医生确信，“天地最有益健康之者，非雨水莫属”（est pluvialis aqua super omnes sana）[③]。此说古已有之。4世纪帕拉迪奥（Palladio）的农学论著这样写道：“饮用水，当以天降之水为最佳。”[④]但我们可继续上溯至老普林尼等古代作家。事实上，中世纪不乏用水箱收集储存雨水的团体。[⑤]不过，谈论最多的水，还是井水、泉水、河水甚至湖水。由于害怕污染，大家喝水都非常谨慎。某骑士弥留之际向儿子交代后事时说道：“别喝死水，不流动的水也别喝。”[⑥]水里加酸果汁（覆盆子、黑莓、蓝莓等）调味，至轻微发酵，有消毒作用。[⑦]煮沸的效果亦然。膳食历一再号召大家“用开水”（aquam coctam usitare），同时也建议兑葡萄酒，或加香草和辛香料提味。[⑧]除此之外，水里还经常加食醋。中世纪文献显示，当时流行饮酸酒（posca）。那是

---

① Tommaso da Celano, *Vita prima sancti Francisci*, I, 51: “cocta cibaria... saepe aut conficiebat cinere aut condimenti saporem aqua frigida exstinguebat.” 见 Bonaventura, *Legenda maior sancti Francisci*, V, 1: “condimenti saporem admixtione acquae ut plurimum reddebat insipidum.”

② 见本书第十八章。

③ “Regimen santitatis,” in *Flos medicinae Scholae Salerni*, ed. A. Sinno, Milano, Mursia, 1987, p. 84.

④ Palladii Rutilii Tauri Aemiliani, *Opus agriculturae*, I, 17, ed. R. H. Rodgers, Leipzig, B/G. Teubner, 1975, p. 21.

⑤ Ermini Pani, 2008.

⑥ Walter Map, *De nugis curialium*, II, ed. C. N. L. Brooke e R. A. B. Mynors, Oxford, Clarendon, 1983: “non bibes aquan veterem que de se rivum non facit.”

⑦ 关于水的净化技术，见 Lorcin 1985; Moulin 1988, pp. 120–121。

⑧ Pucci Donati 2007, pp. 131–133.

罗马士兵的传统饮品。① 耶稣被钉到十字架后，他们出于怜悯而非蔑视，给他喝的就是酸酒。这里，食物史家不信《路加福音》，只信《马太福音》和《约翰福音》。②

水兑酒在中世纪相当常见，这一做法可追溯至罗马时代，除了烹调原因，也有卫生上的考虑，因为葡萄酒的酒精成分有助于消灭水中的细菌。像一些修士那样，为磨炼肉体而仅喝水，会对健康产生不良影响。③ 另外，水兑酒也有膳食科学的依据。依照希波克拉底－盖伦的传统，膳食科学将物质分为四质，即热、寒、湿、干。水，性寒而湿，④ 在夏季可使体液恢复平衡；但通常来讲，消化行将结束时，不宜饮水。当时人认为，消化是食物在肠胃中的"烹饪"。⑤ 这种"烹饪"需要热，而性寒的水会起阻滞作用。希波克拉底传统的晚期文献的译本写道："寒，则体液秘结，麻木。"⑥ 简而言之，水致胃寒，阻滞消化，食物因此"无法加工"。萨莱诺医学

① André 1981, pp. 172–173.

② 《马太福音》27:48："内中有一个人赶紧跑去，拿海绒蘸满了醋绑在苇子上，送给他喝。"这里的"醋"似乎极可能是罗马士兵的酸酒（有些译者认为这里的"苇子"是标准的标枪），因为这可视为仁慈之举。另外，《约翰福音》19:28–29："耶稣知道各样的事已经成了，为要使经上的话应验，就说：'我渴了！'有一个器皿盛满了醋，放在那里，他们就拿海绒蘸满了醋，绑在牛膝草上，送到他口。"只有《路加福音》23:36 将其描写成不怀好意："兵丁也戏弄他，上前拿醋送给他喝。"这种解读让人不禁想到《诗篇》69:21："他们拿苦胆给我当食物；我渴了，他们拿醋给我喝。"

③ 见本书第十二章。

④ Ippocrate, *De diaeta*, II, LII, 1.

⑤ 自 17 世纪开始，人类才认识到，消化过程同化学反应而非物理反应有关。Flandrin 1997b, pp. 540–546.

⑥ "De observantia ciborum," in *Traduzione tardo-antica del Perì diàites pseudoippocratico*, I, II, ed. I. Mazzini, Roma, G. Bretschneider, 1984, ch. 96, p. 7. 公元 6 世纪安提姆斯的膳食烹调著作自始至终强调，为消化考量，必须把食物彻底"弄熟"；另外，必须小心重视可能阻滞消化的一切食物，比如开水。Anthimus, *De observantia ciborum*, ed. M. Grant, Blackawton, Prospect Books, 1996, p. 46.

院的《医学之花》（*Flos medicinae*）指出："进膳时饮水，有害无益，盖水致胃寒，食物无法消化。"[①]

相反，葡萄酒性热，助消化。"若要助消化，便饮上好葡萄酒。"[②]因此，若喝水，最好再喝点葡萄酒。"喝水后饮些葡萄酒，不啻为补救之道。"克雷莫纳的阿达莫（Adamo di Cremona）推荐道。[③]不过，最好在饮前就将水酒相混，以使两性相合。酒能减弱水的寒性（若用的是热水，则效果更显著），[④]反过来，水也能减弱酒的热性。混合后，两种饮品均有所受益。[⑤]

虽然我一再强调这个问题的卫生与膳食层面，但并不意味着其社会与象征层面就无关紧要。毋庸置疑，对卫生的关注隐含着不喜水的"平庸"色彩的文化偏见。为此，世人使用五花八门的添加剂，并在温度上做文章，就是为了在本质上改变水制品的"自然"状态。概而言之，正由于关注膳食，才使得卫生考量与社会文化焦点合而为一。

---

① "Regimen sanitatis," cit., V, 6 (*Potus aquae*), p. 82. 见 De Renzi, *Collectio salernitana*, Napoli, 1852, I, p. 452, pp. 246–247: "Potus aquae sumptus fit edenti valde nocivus, / Hinc friget stomachus, crudus et inde cibus."

② "Regimen sanitatis," cit., V, 1 (*De potu*), p. 76: "ut digestio fit tibi pocula sint bona vina."

③ 引自 Lorcin 1985, p. 263: "vinum etiam post eas [aquas] potatum est illi aliquod remedium."

④ 这种用法在罗马时期相当普遍，跟拜占庭地区的尤为一致（Kislinger 2003, pp. 141–142），但西方也有人用，比如 *Regula ad virgines* di Cesario di Arles, *Recapitulatio*, XVI, PL 67, c. 1120 中，把酒杯放到水中加热（caldellos）；见 Archetti 2003, p. 220。

⑤ "Si jungas aquam moderanter corpora nutrit," *Flos medicinae* 关于葡萄酒。"Regimen Sanitatis," cit., V, 1, p. 76.

水的“无味”与“有味”

通过考察水的营养、在膳食系统中的位置乃至烹调用途，我们已逐渐走近味道与口味的问题。如前所见，该问题其实矛盾重重。中世纪承袭古代科学思想，认为水本无味，却能包罗万味；同样，水虽无形，却为万形之母。①

恩培多克勒（Empedocles）、德谟克利特（Democritus）、阿那克萨哥拉（Anaxagoras）均笃定，万味藏于水。他们的观点大同小异，后由亚里士多德汇合。亚氏认为，大地的干燥，在潮湿环境下因热的作用产生了改变，这一改变的结果便是口味。② 阿奎那给亚里士多德注疏时，亦赞同道，水虽本身天然无味，但实乃万味之源、之本。他还补充道，若水本身有味，那是因为其中掺入了大地的某些元素。③ 因此，孔什的纪尧姆（Guillaume de Conches）指出，水能运化万味，至于何味，全看溶解其中的物质。“水若从沙土中流出，就会带上甜味（dulcis）；若流经盐滩，就会带上咸味（salsus）；若土壤多泥，则其味馊腐（vapidus）；若淌过含硫磺或石灰的岩石，则其味苦涩（amaro）。”④

区分水味的另一种方法主要是理论上的，讲起来比较抽象，即考察泉水的流向。卡西奥多鲁斯在某书简中解释道，东流和南流的水域往往甘甜澄澈（dulces et perspicuas），轻而健康；北流和西

① Gregory 2008, p. 1.

② Prosperi 2007, pp. 300–310.

③ Ibid., pp. 302–303（亚里士多德《感觉与感觉客体》[*De sensu et sensato*] 的注疏）。

④ Guillelmus de Conchis, *Dragmaticon* [*Dialogus de substantiis physicis*], V, 10, 3, ed. G. Gratarolus, Strasbourg, 1576, rist. Frankfurt a. M., 1967.

流的水域则冰冷刺骨（nimis frigidas），重而稠密（crassitudine suae gravitatis incommodas）。[①]类似考察亦见于古代晚期的奥里巴西乌斯（Oribasius）的科学研究，以及中世纪晚期[②]乃至近代的科学文献。[③]诸作者煞费苦心地分离水的特殊口味（sapores aquarum）——可口程度各异，健康效用不一。跟葡萄酒和其他饮品或食物一样，水也讲究品、鉴、选。水并非说不清道不明的东西。在它的一方天地，一切判然有别，细致入微。

描述水的味道的褒义词中，最常见的无疑是甜。好水甜，劣水或咸或苦。"没人喜欢海水。"奥古斯丁写道。[④]上帝每天都展现神迹，让海里的咸水蒸发，经太阳的热量"烹煮"，然后转化为甘甜的雨水。[⑤]

此外，温度也是重要因素。如果说温水反胃，[⑥]那么凉水养胃解渴，为确证这一点，我们不妨想一想《圣经》中的隐喻："……如拿凉水给口渴的人喝。"[⑦]口腹之欲得到满足，自然有益于身体健康。有一个观念在科学文献中根深蒂固，即膳饮之乐正合生理之需。[⑧]是故，中世纪以降，许多托名希波克拉底的著作都指出，凉水除了

---

① *Variae*, cit., III, p. 53.

② 见皮耶罗·德克雷申齐的例子，出自 Squatriti 2008, pp. 584–585。

③ 更多例子见 Flandrin 1990, pp. 161–162。

④ Augustinus Hipponensis, *Sermones*, 4, ed. RB 79.

⑤ Hyeronimus, "Commentarii in prophetas minores," 76, *In Amos*, II, 5, SL 76, ed. M. Adriaen, 1969. 见 Isidorus Hispalensis, *De natura rerum*, XXXIII, 1, ed. J. Fontaine, Bibliothèque de l'école des chartes, 28, 1960; Beda Venerablis, *De natura rerum liber*, 32, SL 123, ed. C. W. Jones, 1975。

⑥ Rupertus Tuitiensis, *Commentarium in Apocalypsim Iohannis apostoli*, II, 3, PL 169, cc. 825–1214.

⑦ 例如，Gregorius Magnus, *Registrum epistularum*, XII, 43, SL 140, ed. D. Norberg, 1982。

⑧ 中世纪医生认为，"可口的，就是好的"，见本书第十八章。

让人饮以为乐（**因为**这本就是乐事），“还有益健康”；当然，水不能“太凉”，否则“伤身”。至于热水，则“弱损之功毕显”。①

我们也可从饮食角度来考察。卡西奥多鲁斯写道，水能“给食物提味”。狄奥多里克下令修复拉韦纳的输水道。谈到这个话题时，卡西奥多鲁斯评论道：“如果少了水的甘甜，那么任何食物都黯然失色。”（nullus cibus gratus efficitur, ubi aquarum dulcium perspicuitas non habetur.）②

水的口味显然不仅可作质的解释，还可作量的解释，正所谓多多益善。据说，从岩石间流出、满足隐修者之需的奇迹之水，源源不断，清澈甘美，妙不可言。旁人不禁好奇，水从何来，为何有“此美味，竟令人回味无穷”（talis et tanti saporis）。③

尽管有上述例外，大体而言，无色无味、不含任何可疑物质的水仍最受青睐。12 世纪，索拉诺（Sorano）的《消化论》（*Liber de digestionibus*）问道：“什么水最好？”答曰：“干净清澈，无臭无味，重量轻，即便放置一段时日，也不会产生任何杂质。”④老普林尼早已指出：“清洁健康之水当无臭无味。”⑤

如此看来，水的特征应该以否定的方式来界说，其性质实为

① “Liber IIII Ippocratis... de cibis vel de potum quod homo usitare debet,” in V. Rose, *Anecdota graeca et graecolatina, Mitteilungen aus Handschriften zur Geschichte der griechischen Wissenschaft*, II, Amsterdam, Hakkert, 1963, p. 154.

② *Variae*, cit., V, 38.

③ *Itinerarium Egeriae seu Peregrinatio ad loca sancta*, 11, SL 175, ed. P. Geyer e O. Cuntz, 1965.

④ Rose, *Anecdota graeca et graecolatina*, cit., p. 199: “munda, perspicua sine aliquo odore vel sapore, pondere levi et quae cum requieverit, nullum ex se humi sedimen dimittat.”

⑤ *Naturalis Historia*, XXXI, 37: “aquarum salubrium sapor odorve nullus esse debet.”

无臭、**无**味、**无**色。这一基本观点以及对水的口味的诸多评价，催生了一种概念反意，兼顾了两个矛盾的思想——完满与缺亏。一方面，水在自然状态下是完满的，即无臭、无味、无色，符合对纯而又纯（liquor simplicissimus）的基本要求。[①]同样，表达纯、轻、不染等观念的价值，或明或暗地用于描述适宜饮用之水。卡西奥多鲁斯写道，最珍贵的礼物莫过于“保持本真之纯的”水。[②]另一方面，毫无味道的水无法解渴。山里的水矿物盐含量低，喝过的人都知道这种感觉。都灵的马克西穆斯（Massimo di Torino）说过一个隐喻：尚未成为真正基督徒的慕道者，“就像无臭无味的水，没有价值，没有用处，饮之不悦，藏之不能”。[③]换言之，唯有臭有味的水才有价值可言，因为它喝起来畅快，更适宜储藏。

在数百年后布鲁日的加尔贝（Galbert de Bruges）的一篇文章中，我们读到佛兰德斯伯爵的刺客受到上帝这样一种奇特的责罚：对他们而言，葡萄酒变得酸馊寡淡，面包腐臭，水也无味。一切令人作呕，他们不得不忍受饥渴之苦。[④]“寡水无益”（aqua insipida eis nihil prodesset）的说法假定，只有有味道的水才能解渴。

---

① Gaudentius Brixiensis, *Tractatus* XXI, 11, 4, CSEL 68, ed. A. Glück, 1936.

② *Variae*, cit., VIII, 30.

③ Maximus Taurinensis, *Collectio sermonum antiqua*, 65, SL 23, ed. A. Mutzenbecher, 1962: “sicut aqua nullius saporis nullius odoris, nullius est praetii, nec sufficiens ad usum nec delectabile ad reficiendum, nec tolerabilis ad servandum.”

④ Galbertus Brugensis, *De multro, traditione et occisione gloriosi Karoli comitis Flandriarum*, 73, CM 131, ed. J. Rider, 1994.

变水为酒的隐喻

如果说水的完满最终可以实现，那就意味着水并不完满。水的质朴也是其局限。这一含义尤其体现于中世纪文献中水与葡萄酒并置的隐喻，仿佛葡萄酒象征着对水的“未尽”本性的补充与完善。安波罗修（Ambroius）评注《约翰福音》描写迦拿（Cana）婚宴的段落时写道：“仆人往缸里倒水。那水的气味令人沉醉，颜色变了，样子也变了。于是，信仰随着新口味而更加坚定。”①气味、颜色、口味都改变后，水不可思议地获得更为复杂的新特性，原来的“劣质感”荡然无存。马克西穆斯写道：“他希望宾客从那劣质的水中，品出上等葡萄酒的美味。”②

有了味，水制品便有了档次，以水化酒也有了扩大内涵的隐喻价值。“我们本是水，现已变成葡萄酒。”奥古斯丁写道。也就是说，我们原本寡淡，但上帝赐予我们口味，让我们有了智慧。③福特的鲍德温（Baldwin of Ford）说过：“没有爱意的恐惧少了酒味，像寡淡的水。”④蒙茅斯的杰弗里认为，水化作葡萄酒，象征着“寡淡如水”之心因默观上帝，甜蜜感油生，遂“获得酒味”。⑤

---

① Ambrosius Mediolanensis, *Expositio Evangelii secundum Lucam*, 6, SL 14, ed. M. Adriaen, 1957: “dum aquam minister infundit, odor transfusus inebriat, color mutatus informat, fidem quoque sapor haustus adcumulat.”

② Maximus Taurinensis, *Collectio sermonum antiqua*, 101, ed. cit.: “ex illa vili aqua vini optimi saporem voluit gustare convivas.” 这个形容词还见于马克西穆斯著作的其他地方：当基督受洗，他便制定了洗礼的圣事，“宾客从那劣质的水中，能品出上等葡萄酒的美味”（humanum genus velut aquam in aeternam substantiam divinitatis sapore convertit）。Ibid., 65.

③ *Tractatus in evangelium Iohannis*, 8, 9–12. 见 Tombeur 1989, pp. 265–266。

④ *Tractatus de sacramento altaris*, II, 1.

⑤ Godefridus Admontensis, *Homiliae festivales*, 17.

图 27 乔托·迪·邦多内（Giotto di Bondone）
绘《迦拿的婚礼》（约 15 世纪）

变水为酒的范例仍是迦拿婚宴。可敬者比德写道，通过化水为酒，耶稣“用教会知识之味，滋养众人寡淡的心灵”①。阿尔昆（Alcuinus）也有类似观点；② 马克西穆斯则解释道，赞美化水为酒的使徒，自己也受到转化，心性改变，“就像化作葡萄酒的水有了口味、颜色、温度，因此他们寡淡的知识有了口味，他们暗淡的恩典有了颜色，他们的冷漠受到不朽之热的温暖”。③ 除了无味、无臭、无色等特点，其中还增加了冷的思想，这其实呼应了前文讨论的医学养生科学。相比于葡萄酒，只有奇迹可使水的口味更浓厚。贞女利德维希（Lidewig）受了上帝的非凡恩典，喝起摩泽尔

① Beda Venerabilis, *Homeliarum Evangelii Libri II*, I, 14, SL 122, ed. D. Hurst, 1955.

② Alcuinus, *Commentaria in sancti Iohannis Evangelium, ep. Ad Gislam et Rodtrudam.*

③ Maximus Taurinensis, *Collectio sermonum antiqua*, 103, ed. cit.: “et ut aqua in vinum versa sapore rubore calore conditur, ita scientiae quod erat in his insulum accepit saporem, quod pallens gratiae sumpsit colorem, quod frigidum incaluit immortalitatis ardore.”

河（Moselle）的水，竟发现其甘美可口，“远胜葡萄酒”[①]。

口味问题值得进一步思考。在中世纪文化中，口味不仅仅是简单的属性（亚里士多德会以“偶性”视之），还是事物的“实体”，是事物通过感官展现自身性质的方式。[②]因此，口味具有强大的认知能力，这就从本体论角度，证实了 sapore（口味）与 sapere（知识）的词源关系：凭借口味或味道，人能认识事物的真谛。于是，福音派注疏里一再出现口味主题，便不足为奇了。在迦拿的故事里，水有了酒味，就意味着性质发生改变（aquam in vini saporem naturamque convertit）。[③]当然，仍有许多不以为然者，但即便有人坚称，耶稣改变了水的口味，而未改其性质，[④]那也只会证明甚至强调，这段故事非凡的、**人为的**色彩。

水变酒是神性的明证，这对中世纪文化尤为重要，因为它不仅重现了迦拿婚宴上的神迹，而且回击了对于水的广泛质疑。不过，至少有一个例子反其道而行，展示了酒变水的神迹。该例子见于《圣米凯莱修院纪事》（*Cronaca del monastero di San Michele della Chiusa*）。主人公乔瓦尼是个隐士，独居于皮尔基里亚诺山（monte Pirchiriano）。乌戈·达尔韦尼亚伯爵（conte Ugo d'Alvernia）慕其大名，率手下前去拜望。一番跋涉后，大家筋疲力尽，口干舌燥，却无水可饮。隐士手头只有一小瓶葡萄酒，勉强够主持弥撒所用。

---

① “Vita Lidewigis Virginis,” I, 6, in Thomae Hemerken a Kempis *Opera omnia*, VI, ed. M. J. Pohl, 1905.

② 见本书第十八章。

③ Gaudentius Brixiensis, *Tractatus XXI*, 9, 37, CSEL, 68, ed. A. Glück, 1936.

④ Eusebius Gallicanus, *Collectio homiliarum*, SL 101, ed. F. Glorie, 1970, hom. 6: “Aquis intra hydrias permanentibus idem liquor sed non idem sapor.” 见 *Homiliarium Veronense*, hom. 2: “Aqua enim intra hidrias permanens, cum in vini saporem vertitur, idem licor sed non idem sapor.”

这位圣徒向大天使米迦勒祈助，接着神迹出现了："酒瓶开始像深泉一样喷涌，每个人都开怀畅饮。"① 这里并未明言酒变成水，因而并不确定。② 这并非毫无意义，在后来的某版本中，拜望者从乌戈伯爵一行，换成了普通朝圣者。"解渴的良药"则是纯酒，酒瓶里的葡萄酒原液暴涨，足以令所有人"重焕生机"。③ 不过，"正常化"这一神迹，让其回归至更宽泛的类型中，却并未使第一种假设④ 黯然失色，《圣米凯莱修院纪事》中有关水世界相关的文字便是明证。隐居的圣徒祈祷之后，酒瓶里的圣礼"像深泉一样涌出"（quasi ab imo scaturiente vena fontis）。⑤ 圣徒传常用这样的字眼（ab imo terrae venam fontis scaturire），⑥ 描述凭神迹找到水源。

福特的鲍德温似乎认为，酒也能解渴，而且效果比水还好。⑦ 不过，读到液体从泉眼涌出的意象，读者只会想到水。有时，水比酒更受期待。埃及隐修士传略记载道："我们饱受缺水之苦，就像没人会浪费最珍贵的葡萄酒，我们也倍加吝惜每一滴水。"⑧

---

① *Chronica monasterii sancti Michaelis Clusini*, xv–xvi, in MGH, SS XXX/2, p. 967. 见 Montanari 1988a, pp. 89, 102–103 (n. 193)。

② Archetti 2003, p. 286 (n. 242).

③ "Vita sancti Iohannis cumfesoris," ed. G. Sergi, *Bullettino dell'Istituto Storico Italiano per il Medio Evo*, 81, 1969, p. 168: "ex modico ampule illius mero... mira largitate superhabundanti omnes recreatos."

④ Sergi 1970, p. 208 也持此主张。

⑤ *Chronica monasterii*, cit., loc. cit.

⑥ 举个例子：阿尔德贡达（Aldegonda）看到了圣彼得与圣保罗的幻想，"葡萄酒像深泉一样从地上涌出"（ab imo terrae venam fontis scaturire）。*Vita Aldegundae*, AS, Ian. II, p. 1049.

⑦ Balduinus da Forda, *Tractatus de sacramento altaris*, III, 2, SC 94, p. 564: "sitim aquae tam aquae quam vini potio refrigerare potest, altera juxta votum, altera supra votum."

⑧ *Vitae Patrum* IV, Exc. ex Sulp. et Cass., XXXVI, PL 73, c. 838: "ipsius aquae tanta penuria constringuntur, ut tali diligentia dispenserint, quali nemo facit pretiosissimum vinum."

回到一开始那个“无法回答的问题”。“水到底有没有味”？或者我们不得不承认，亚里士多德和阿奎那说得对，水可承载万味，但自身无味？对于这个问题，中世纪自然主义者的答案令人拍案——让寡淡与他味相合。

实际上，中世纪的“口味体系”源于亚里士多德。亚氏研究味觉后，分辨了八种基本口味，即甜味、油腻、刺舌（苛酷）、严厉（粗涩）、辛辣、尖酸、卤盐、苦味；[①]后来，为了契合以七为用的象征习惯，他去掉了腻，将其归于甜之下。[②]这种分类几经中世纪人修改。例如，他们把辛辣，细分为程度不同的两种口味——涩（stipticus）和冲（ponticus）；也有人强调辣（acutus），[③]随着辛香料频繁用于烹饪，这种口味逐渐成为烹调的新宠。[④]久而久之，连淡（insipidus）也跻身口味之列，口味便从八种增至九种，有时甚至多达十种。

第一位谈论该话题的是孔什的纪尧姆。1125年，他写了一部有关自然物质的《对话录》。书中写道：“味分九种，其一为淡，水之味也（unus est insipidus, qui est aquae proprius）。”[⑤]其后百年，“推广”更进一步：不论是萨莱诺医学院的《养生宝典》，还是巴托洛梅乌斯·安格利库斯（Bartolomaeus Anglicus）的《物性论》（*De proprietatibus rerum*），抑或类似《口味大全》（*Summa de saporibus*）

---

① 译法见（古希腊）亚里士多德《灵魂论及其他》，吴寿彭译，商务印书馆，1999年，第121—122页。——中译者注

② 八味之说见 *On the soul*, II (B) 10–11, 422b。*Sense and Sensibili*, 4, 442a 减至七味。

③ 首次见于11世纪伊本·布特兰（Ibn Butlan）的养生著作；见 Grappe 2006, p. 77。

④ Laurioux 1997a, pp. 360–361.

⑤ Guillelmus de Conchis, *Dragmaticon*, cit., V, 10. 1.

的著作，都把淡视为主味之一。[①]萨莱诺的《养生宝典》解释道，淡“之所以名为淡，盖因其对舌刺激甚微，然淡并非无味”（sic nominatur,/ quod lingua per eum parum immutatur;/ nec tamen insipidus sapore privatur）。这种口味不会引起身体的任何“反应”，故于药品和食品而言，均无效用。[②]尽管如此，淡跟其他口味一样，仍具有特定的体液性质。显然，水，性寒而湿。[③]概而言之，淡与甜、腻都属于所谓的温和口味，由于性平，无须额外调节其特质。

如此复杂的思想，我们只有叹为观止的份。不过，这些中世纪著作偶尔也如实相告。帕尔马的萨林贝内的《编年史》最后写道：“水若非水，又能是什么？”（et quid est aqua nisi aqua?）[④]

---

① Grappe 2006, p. 77（表格）。

② “Regimen sanitatis,” cit., p. 104.

③ De Renzi, *Collectio salernitana*, cit., IV, p. 323.

④ Salimbene de Adam, *Cronica*, I, ed. G. Scalia, Bari, Laterza, 1966, I, p. 346.

第十二章

葡萄酒的文明

葡萄酒：文明的象征

“葡萄藤上垂着葡萄，就像橄榄树上坠着橄榄……但不经压榨，葡萄成不了葡萄酒，橄榄成不了橄榄油。”[1]奥古斯丁把压榨的意象化作隐喻，意指人历经磨难，终得思想的完满；同时还提出了**劳作**这一观念，即改造自然，并赋予自然意义。不经压榨，葡萄依然是葡萄，橄榄依然是橄榄。单此一点并非无关紧要，毕竟栽葡萄藤的，种橄榄树的，是人类自己。栽葡萄藤是为了酿葡萄酒，种橄榄树是为了榨橄榄油。在此过程中，辛苦与才智、劳作与文化合而为一。

因此，罗马世界乃至更早的希腊世界，将葡萄酒同橄榄油和面包一起，作为自身的表征物。这些制品不仅是生产、贸易流通、饮食传统的焦点，而且成为思想意识的载体，让我们能通过文明，来创造自己的生活，塑造自然（葡萄酒、橄榄油、面包在自然界中并

① Agostino, *Enarrationes in Psalmos*, 83, 1, 22, 16–20, CC, SL, 39: “Uva pendet in vitibus, et oliva in arboribus... et nec uva vinum est, nec oliva oleum, ante pressuram.” 见 Tombeur 1989, pp. 236, ibid., 237–248（压榨的象征意义）。

不存在)。[1]从精神与物质的二元观讲，葡萄酒可谓罗马品质的指标与标记（社会学用语）。

起初，这种特征似乎遵循所谓的“民族性”逻辑。罗马对自己的文化引以为傲，因为那是经济保障。西塞罗（Cicero）宣称：“我们可不会让阿尔卑斯山彼麓民族种的橄榄树和葡萄藤比我们的还多。”[2]有个说法在拉丁作家中早已盛传，到了中世纪为执事保罗（Paolo Diacono）所重提——如果高卢人真对葡萄酒欲罢不能（aviditas vini），从而前往意大利，[3]那么恺撒就见证了高卢北部和施瓦本“蛮族”对自己文化的类似骄傲，他们在很长一段时间都禁止葡萄酒踏上自己的土地。他们害怕，罗马人的阴柔饮品会导致道德沦丧。[4]葡萄园随着罗马帝国的扩张而扩张，但葡萄酒乃“民族”饮品的观念，仍见于公元92年罗马皇帝图密善（Domitian）颁布的敕令。皇帝下令，意大利境内严禁栽种新葡萄藤，必须拔除该行省

---

① 关于古代葡萄酒酿造的经济与技术层面，见 Brun (2003)。

② Cicero, *De Republica* 3, 9, 16: “transalpinas gentes oleam et vineam serere non sinimus, quo pluris sint nostra oliveta nostraeque vineae.” 见 Cogrossi 2003, p. 501。

③ Paolo Diacono, *Historia Langobardorum*, II, 23: “Dum enim vinum degustassent ab Italia delatum, aviditate vini inlecti ad Italiam transierunt.” C. Plinius Secundus, *Naturalis Historia*, XII, 5 中把橄榄油和无花果干视为高卢人的挚爱。这一说法已见于 Livio *Ab urbe condita libri*, V, 33。

④ Cesare, *Bellum gallicum*, II, 15 写道，对于高卢北部临近比利时的纳尔维人（Nervi），“酒和其他近于奢靡的东西，他们绝不允许带进去，认为这些东西能够消磨他们的意志，减弱他们的勇气”（nihil pati vini reliquarumque rerum ad luxuriam pertinentium inferri, quod his rebus relanguescere animos eorum virtutemque relitti existimarent）；对于苏威皮人（Svevi），“他们无论如何绝对不让酒类输入，相信人们会因它变得不耐劳苦，萎靡不振”（vinum ad se omnino importari non patiuntur, quod ea re ad laborem ferendum remollescere homines atque effeminari arbitrantur）。[中译文分别见（古罗马）凯撒《高卢战记》，任炳湘译，商务印书馆，1991年，第52、80页。——中译者注] 见 Cogrossi 2003, pp. 501–502。作者将这些做法视为保护啤酒生产而采取的地方保护主义行为，尽管文本似乎并无此意。

内至少一半的老藤。[1]这一从未施行的禁令旨在保护谷物生产，平衡供给。不过，意大利与“各行省”的待遇差异，倒值得注意。

公元3世纪，皇帝普罗布斯（Probus）授意，高卢、潘诺尼亚（Pannonia）、不列颠可开辟葡萄园。[2]当然，这背后也有现实考量，与其说出于经济因素，不如说出于政治因素，因为皇帝意图确保民众能披肝沥胆，同心勠力抵御“蛮族”的威胁。[3]显然，大家的想法变了，生产与销售葡萄酒不再是一个民族，而是整个帝国的事。此后，葡萄酒贸易一改由南向北的单向输出，变得四面开花。[4]

由于“蛮族”国家首领们对罗马遗产兴趣十足，加之这些制品融入了基督教文化（即本人所谓的“形象宣传”[5]），因此从古代到中世纪，葡萄酒的文化声誉长盛不衰。到了3世纪，葡萄酒已经与罗马世界休戚相关，其价值被赋予了新内涵，并“输诸”中世纪。

“葡萄酒、橄榄油、面包是人生中最可靠的食物。”马克西穆斯写道。[6]不过，这些制品的隐喻价值，不仅限于罗马思想意识演化的结果（人改变自然的能力），还包含精神圆满的观念。要改变的

---

① Suetonius, *De vita Caesarum, Domititianus* 7, 2. 见 Dion 1959, p. 129。

② *Historia Augusta, Probus* 18, 8: “Gallis omnibus et Hispanis ac Britannis hinc permisit, ut vites haberent vinumque conficerent.”

③ 提及该法令的著作（如沃皮斯库斯［Vopiscus］和优特罗皮乌斯［Eutropius］等人的作品）中，优西比乌（Eusebius）的《编年史》（*Chronicon*）将其视为对蛮族的决定性胜利（Dion 1959, p. 148）。Cogrossi (2003, p. 502) 写道，尽管有奥勒留敕令，百年之后，瓦伦斯（Valens）和格拉提安（Gratian）仍禁止向蛮族出口葡萄酒。不过，Codex Iustiniani 4, 41, 1 里只提到 liquamen，该词在罗马时代特指“鱼肉沙司”。事实上，萨利切托的巴尔托洛梅奥（Bartolomeo da Saliceto）的中世纪注释，将 liquamen 解释为“液体”（在我看来是错误的），因此包含了葡萄酒和橄榄油。

④ Dion 1959, p. 128.

⑤ Montanari 1993, p. 24.

⑥ *Sermones*, 28, 3, 70: “Vinum, oleum, panis sunt vitae alimenta firmissima.”

“自然”乃人性本身；听到上帝的声音后，它会自我成长，自我超越。奥古斯丁回忆自己与安波罗修在米兰相遇的情形时写道：“向您的子民分发您的小麦之花，您的橄榄油之乐，您的葡萄酒之迷醉。”[①]后来，基督教扩充了葡萄酒（及面包、橄榄油）的意象，视之为“文明”的标志。当时，此说流传于帝国境内，而后又传至境外，称上述制品为四海之所需。只有通过普世的象征物，方可传递所谓的普世消息。

象征物首先是**器具**，真实而具体的物品，必须可被制造，或以某种方式被求取。葡萄酒、橄榄油、面包均为礼拜仪式的器具，该仪式似乎基于地中海膳食三元组，并袭自犹太教与希腊罗马仪式的典制传统。圣餐需要面包与葡萄酒（13 世纪前，所有信徒领圣餐时会同时领取两者），[②]圣膏与还愿灯则要加橄榄油。[③]

这里，我们再次看到，时人尽可能开辟更多的葡萄园。在许多圣徒故事与传奇中，主人公大主教与修院院长都干起了葡萄栽培。“主教与修士栽种葡萄”，有力地推动了中世纪早期葡萄酒文化的保护与传播。把这个话题讲得最透的，莫过于迪翁（Dion）的《葡萄园与葡萄酒史》（*L'Histoire de la vigne et du vin*）。尽管已问世半个世纪，该书仍是必不可少的史学参考书，[④]但作者可能高估了这个现象，因为如众多学者所指出的，我们可用的史料多出自教会和修院，故难免片面。昂温（Unwin）认为，“拯救”葡萄酒文化的不是基督徒，而“蛮族”根本没有忘记葡萄酒文化，更谈不上毁灭；教

① *Confessiones*, 5, 13–23.

② Archetti 2003, pp. 301–302 (n. 286).

③ 在 5 世纪，仅拉特兰大教堂就用了 8730 盏灯；见 Arnaldi 1986, p. 43。

④ Dion 1959, pp. 171ff.

堂与修院一直有自己的田产，据说借此帮助传播并传承葡萄栽培与酿造技术。不过，按照宗教习俗，这些产业连同其中的葡萄园，经常为世俗贵族所捐献。因而，昂温认为："这证实了一个观点，即西罗马帝国灭亡后，拯救葡萄酒酿造的乃是世俗贵族。"[①]

迈克尔·马瑟斯（Michael Matheus）亦试图重新审视西罗马帝国灭亡后的葡萄酒酿造危机，以为那是量的而非质的现象。他指出，在莱茵河以西，"操高卢－罗曼语的民众……向后来迁居当地的移民，传授葡萄酒酿造技术"。他坚信，除了教会地主，世俗业主也参与其中；由于文献的流传，对教会地主的记载更常见。至于莱茵河以东，"虽然葡萄酒酿造没有因那里皈依基督教而有所起色，但……边界划定前，久已存在"。[②]公元10至11世纪，随着诺曼人侵略，葡萄园跨过了英吉利海峡，其扩张似乎主要发生在大大小小的世俗产业中。[③]威廉·扬格（William Younger）曾用过这个理由，反对以往被认为无可辩驳的旧有认知。他直言不讳道："从古代世界到基督教世界，教会跟葡萄酒酿造的传播毫无关系。"[④]这话说得斩钉截铁，似乎让人难以接受，但必须承认，赞美教会和修院的漂亮话言过其实。

在中世纪早期，葡萄酒酿造能如日中天，教会与修院只是促成因素之一。就像在其他经济领域一样，它们提供了关乎宗教与文化选择的合理要素与科学管理（并非偶然为之）。然而如今，我们难以再想象，在葡萄酒酿造方面，它们是"传播古代技术与栽

① Unwin 1993, pp. 146–147.

② Matheus 2003, pp. 92–98.

③ Unwin 1993, pp. 156–157.

④ Younger 1966, p. 234.

培的生力军”，[1]毕竟那是实验与创新的领域，其真正实体还有待验证。阿尔凯蒂（Archetti）写道：“闲时，（修士）肯定指导过农民如何犁地，如何种植各种庄稼。”[2]翻阅修院图书馆的礼拜仪式与道德著作，不涉及农学话题的文字寥寥可数。我个人认为，佃农的技能是口口相传的，或许正是由为修士工作的佃农所传播。富马加利（Fumagalli）指出：“在种植、技艺、工具使用方面，（中世纪）农业几乎全靠乡下人的创新，或者说辛勤劳动。”[3]值得注意的是，富氏也承认，葡萄栽培领域倒是有部分却至关重要的例外情况。[4]

中世纪早期，葡萄酒文化继续向北挺进，把始于罗马时代的一段演变推到极致。自 7 世纪初开始出现了第二个重要现象，即葡萄酒文化风靡全欧，适逢伊斯兰教在地中海南岸和伊比利亚半岛南部站稳脚跟。穆斯林的禁酒令尽管各有不同，备受争议，[5]但确实在基督教欧洲与伊斯兰教非洲之间创造了史无前例的分野。区别彰显身份，故基督教欧洲有充分理由，标榜自己为畅饮葡萄酒的欧洲。自此，葡萄酒的身份从原来的“地中海”，变成了罗马－蛮族或者说欧洲。

就葡萄酒来看，圣徒文学的冰山一角，清楚展现了重塑古代世界的罗马基督教世界，如何与延续其兴味的“蛮族”世界交融。兰斯的安克马尔（Hincmar of Rheims）的作品《雷米吉乌斯传》讲述了“真正信仰”的捍卫者、法兰克王国的缔造者（在教皇的支持

① Archetti 1998, p. 14.
② Ibid., p. 481.
③ Fumagalli 1976, p. 159.
④ Ibid., pp. 14–16.
⑤ Branca 2003.

下）克洛维（Clovis）国王的故事。正当西哥特国王亚述人阿拉里克（Alaric）发动猛攻，克洛维殊死抵抗之际，使其皈依并为其施洗的主教雷米吉乌斯（Remigius），给他一瓶受祝的葡萄酒。克洛维饮后（只要带在身边），便有了战斗的力量与热血。于是，“国王喝了，王族喝了，民众喝了，每个人都心满意足；但酒瓶一点儿没空，酒浆源源不断，仿佛涌泉”。如此，胜利自然水到渠成。[①] 葡萄酒所承载的力量，显然是道德力量，它把基督教信仰转化为体力。不过，单就膳食层面而论，即便在罗马传统中，葡萄酒亦被视为犒劳士兵、恢复其气力的佳品。公元 194 年，盖乌斯·佩谢尼奥（Gaius Pescennio）的部队败给阿拉伯人，他们为自己和佩谢尼奥开脱，说战区喝不到平时配给的葡萄酒。[②]

尽管葡萄园遍地开花，但中世纪的北欧仍为无酒可饮而叫苦不迭。790 年，修士阿尔昆在约克（York）致信住在图尔的某爱尔兰学者。信中多次引用《圣经》，抱怨自己喝不到葡萄酒，被迫以“苦啤酒”代之。他还写道：“为我们的健康干杯，向我们在酒神巴克斯身边的弟兄（fratres nostros in Baccho）致敬。”[③] 戈蒂埃（Gautier）[④] 指出，严格说来，阿尔昆所言差矣。8 世纪末，约克有一个重要的弗里西亚（Frisia）社群，专门售卖葡萄酒。[⑤] 阿尔昆的抱怨更像是陈词滥调，是对英格兰醉汉和啤酒酒徒久已有之、流传

① Incmaro di Reims, *Vita Remigii episcopi Remensis*, 19, MGH, SRM, III, p. 311: “bibit inde rex ac regalis familia et numerosa turba.”

② 据说佩谢尼奥回应道：“丢人！那些败将只能喝水！”这话见于埃利奥·斯帕齐亚诺（Elio Sparziano）；另见 Branca 2003, p. 167。

③ Alcuino, *Epistolae*, 7, MGH, *Epistolae Karolini Aevi*, II, pp. 33–34: “quia nos non habemus, tu bibe pro nostro nomine... saluta fratres nostros in Baccho.”

④ Gautier 2004, p. 437.

⑤ 弗里西亚人在北方售卖葡萄酒的情况，见 Matheus 2003, pp. 95–96。

图 28 奥拉乌斯·马格纳斯作品中的北欧人饮酒图

甚广的调侃（他们称法兰克人为葡萄酒酒徒；同是这位阿尔昆，曾写诗赞美“葡萄酒恣意流淌”的加洛林王朝[①]）。

难道阿尔昆看不惯自己人？非也。阿尔昆以自己是英格兰人为傲，自诩为贪婪的食粥者（pultes）。[②]不过，他可不想让别人以为自己是啤酒酒徒。但连其友人奥尔良的泰奥杜尔夫（Théodulf d'Orléans）都有意以此称之。在一首诗中，他写道，阿尔昆是个酒徒，葡萄酒也好，啤酒也好，来者不拒。[③]然而，据戈蒂埃的精细考证，阿尔昆意在表明，尽管自己为英格兰人，但跟众群体一样，都是酒神的信徒。他宣称，自己加入了查理大帝身边的士人圈子“宫廷学校”（scuola palatina）。葡萄酒胜过啤酒的论调，为阿尔昆提供了文化、宗教、政治及社会的身份，他也想借此摆脱盎格鲁-撒克逊的环境。在他看来，那个环境腐朽混乱，既不够罗马式，也

① Gautier 2004, p. 437.

② Alcuino, *Carmina*, XXVI, v. 49, MGH, *Poetae latini medii aevi*, I, p. 246.

③ Teodolfo, *Carmina*, XXV (*Carmen ad Carolum regem*), vv. 193–194, MGH, *Poetae latini medii aevi*, 1, p. 488: “Aut si, Bacche tui, aut Cerealis pocla liquoris/ Porgere praecipiat, fors et utrumque vlet...”

不够基督教式。古代文献往往将啤酒视作异教饮品。[①]它既标志着非罗马、非基督教、非跨民族、非开化的社会，也代表着“本土、异教、大众”的教会社群；该群体的饮食衣着方式，体态相貌，诗学与文学趣味，与异教徒的基本上并无二致。[②]这里的异教徒当然指盎格鲁-撒克逊人，而非古罗马人，后者已经威胁不再，彻底融入全新的罗马基督徒身份。兴高采烈地提及“酒神巴克斯身边的弟兄”便是明证。“巴克斯”时常见于修院文学，且始终处于核心地位。事实上，弗勒里（Fleury）修院的章程就写明，负责照料葡萄藤的修士，“被转喻为巴克斯的弟兄”（vocatur metonimice frater Bachus）。[③]

葡萄酒与社会“区隔”

葡萄酒是罗马基督徒身份的标志，但阿尔昆认为，它也能彰显社会威望。这可谓旧词新意，因为在罗马社会，葡萄酒虽为食物

---

① 施瓦本血统的异教徒围着圣徒毁坏的啤酒锅，庆祝“亵渎的献祭”（sacrificium profanum），见 Giona di Bobbio, *Vitae Columbani abbatis discipulorumque eius*, I, 27, ed. B. Krusch, Hannover–Leipzig, 1905, pp. 213–214。韦达斯特（Vedasto）主教以十字符号，给餐桌上的啤酒容器祝圣，但有些（gentili ritu sacrificata）是漏的，啤酒倒进去滴得满地都是。Giona di Bobbio, *Vita Vedastis episcopi Atrebatensis*, 7, ibid., pp. 314–316. 因此，啤酒显然不是“异教”的东西，只不过作为圣饮，在宗教仪式上代替葡萄酒。因此，教会立法，严禁在圣坛上献祭（pro vino siceram）（见 Bellini 2003, p. 378 引用的 Reginone 的教规）。

② Gautier (2004, p. 441) 指出，这种通过葡萄酒定义的宗教与文化特征，一点也不反民族，迥异于 12 世纪英格兰的情况（当时，诺曼人入侵后，当地作者为保护自己的民族特征，捍卫啤酒，反对葡萄酒）。

③ Archetti 2003, p. 309 (*Consuetudines Floriacenses antiquiores*).

中的奢侈品，但从思想观念层面讲，却是惠及全社会的共有物。到了中世纪，情况发生了变化。迪翁指出，葡萄酒成了“保证上流社会存在的必备附属物”，是“社会尊严的鲜明表现”。[①]因此，“中世纪早期的贵族社会……不慷慨地拿葡萄酒款待宾客，是有失礼节的”[②]。社会学家皮埃尔·布尔迪厄（Pierre Bourdieu）曾提出“区隔”（distinction）的概念。这个概念同样适用于膳食风格。德夫罗伊（Devroey）从其入手，将葡萄酒看作“中世纪**区隔**的核心要素”[③]。不过，该现象无法推而广之，更准确地讲，它属于文化与地理范畴。德氏重构了迪翁的观点，[④]指出两种不同的情况，即葡萄酒的地位与个别区域的生产传统有关，与其在膳食系统里的不同作用有关。一方面，在北欧地区，葡萄酒酿造殊为不易，成本甚高，自然成了尊贵饮品，而啤酒就亲民多了（可见，阿尔昆言之有理）。另一方面，在传统的葡萄酒产区，葡萄酒一如罗马时代，仍为“大众”饮品。德氏写道，就这些例子而言，贵族的葡萄酒是区隔世俗与教会精英的标志，其背后隐约可见生产者与饮用者的整个世界，“由葡萄酒酿造者、酒馆老板、嗜酒如命的酒徒组成的小群体”[⑤]；仪式与排场背后，实则是“觥筹交错的新鲜快感”[⑥]。

社会区隔并非天方夜谭，葡萄酒也分三六九等。虔诚的卡里莱夫（Carileff）进贡“乡巴佬的劣酒”（rusticitatis musto），遭到国王

---

① Dion 1959, p. 171.

② Ibid., p. 190. 见 Lachiver 1988, p. 54。

③ Devroey 1989, p. 16.

④ Ibid., p. 18：“迪翁似乎太执着于贵族在中世纪葡萄园的起源与传承中的作用”（正如他过于强调教会贵族和修院贵族的作用；见上）。

⑤ Ibid.

⑥ Ibid., p. 19.

希尔德贝（Childebert）拒绝。[1]国王明言，自己渴求的酒截然不同。不过，在葡萄酒产区，这些差异非但没有抹杀，反倒以之为据发展出一种共同文化。806年，查理大帝斥责投机者囤积谷物或葡萄酒，然后高价倒卖，“赚起钱来，恬不知耻”[2]。在他眼里，葡萄酒**人人有份**，跟谷物一样，为日常生存所必须。给穷人配给的食物通常包括葡萄酒，[3]它是日常饮食不可或缺的部分，奥古斯丁称其为“日尝酒”（victus quotidianus）[4]。

在法兰西、日耳曼，在西班牙、意大利，贵族饮用的葡萄酒多产自佃农的土地，按地租供给。地租要求缴运的不是葡萄，而是葡萄酒（即出产物的成品）。这是地主的分成，当然地区不同，比例亦有别；佃农自己当然也保有一份。由此可见，佃农自己才拥有葡萄酒酿造工具及技术。[5]当一切结束，当葡萄初榨乃至二榨三榨完成，当葡萄残渣该掺水，领主或其随从便出场了。[6]根据采邑制，

---

① *Vita Carileffi abbatis Anisolensis*, 7, 9, MGH, SRM, III, pp. 391–392. 卡里莱夫偷偷在王家园林栽种葡萄树，那葡萄酒便是用树上的果子酿的。当国王要离开时，他的马像着了魔一样，站在原地，一动不动。希尔德贝找到卡里莱夫，向他下跪并乞求他，“为起初允诺的葡萄酒祝圣”（pro benedictione de vino quod prius promiserat）。希尔德贝一喝完那卑微的葡萄酒，魔咒解除了，御马又能动了。

② *Capitolare missorum Niumagae datum*, 17, MGH, Leges, CRF, I, p. 132: “Quicumque... tempore messis vel tempore vindemiae non necessitate sed propter cupiditatem comparat annonam et vinum... hoc turpe lucrum dicimus.”

③ Montanari 1979, p. 456.

④ *De moribus ecclesiae catholicae et de moribus Manichaeorum*, 2, 29. 在 *Enarrationes in Psalmos*, 62, 10, 5 中，奥古斯丁表示，没有葡萄酒，“怎么受得了”（durare non possumus）。两段文字均在 Tombeur (1989, p. 268) 中被引用。见 8 世纪的 *Benedictio vini*，其中感谢上帝，“创造了这种美味，节日期间，您的仆人可以恣意享用”（hanc creaturam vini, quam ad substantiam servorum tuorum tribuisti）。Dell’Oro 2003, p. 438.

⑤ 至少 10、11 世纪以前，没有贵族的压榨记录。葡萄酒酿造“分散”到个体佃农的农场。Devroey 1989, p. 44.

⑥ Pasquali 1974, pp. 228–231; Montanari 1979, p. 380.

图 29　品尝葡萄酒，出自中世纪一幅微型画作

法定劳作日期间，这些佃农到领地的葡萄园劳作，然后跟家仆一起，在领主地产上参与葡萄酒酿造的各个阶段。

葡萄酒的社会“地位”[①]因地理与文化区域而有所不同，这从圣徒文学的神迹类型便可见一斑。许多圣徒都重现了《福音书》里的著名先例，比如把酒倍增，变水为酒，或者更简单，保证酒有求必应。[②]神迹背后的诉求显而易见——葡萄酒经常供不应求，但对谁如此？

① Flandrin 1992, pp. 141ff. (*Le statut des aliments*). 弗朗德兰创造了这一说法。亦见本书第七章。

② 葡萄酒奇迹见 Tomea 2003。

在北欧，又是迪翁评论道："神迹总青睐达官显贵。"[①] 不是主教、国王，就是侯爵、修院院长；总之，他们心虔志诚，做东也好，做客也好，都能克服万难，拿出葡萄酒。比如到某领主府上做客，但不巧赶上葡萄酒用尽的圣洁的修院院长；[②]或者受到某主教款待的国王。[③] 无论何种，故事的结局一定皆大欢喜，人人都能开怀畅饮。

皮尼（Pini）顺着迪翁的判断，推而广之地认为，在中世纪早期，"跟葡萄藤、葡萄酒有关的神迹，只让贵族与教士受益"[④]。不过，此言差矣。事实上，迪翁的观点必须再被修正，因为这些故事的主人公虽身着教服，但并不一定是"达官显贵"。许多情况下，所有群体都有所涉及，对其中的每个人而言，不仅在特殊日子需要葡萄酒，日常生活也离不开它。[⑤] 类似的例子不少，女性社群尤值得关注，它表明在中世纪，葡萄酒饮用不分性别。阿尔萨斯（Alsace）地区的《霍恩堡女院长奥迪勒传》写道，某日，管酒的修女发现，酒窖里的酒仅够"当天配给"，再无"我姐妹的份儿"，故愁

① Dion 1959, p. 190.

② 例子见 ibid., p. 188。Donato, *Vita Ermelandi abbatis Antrensis*, MGH, SRM, V, p. 697 写道，在 7 世纪，埃尔梅兰多（Ermelando）院长一行到库唐斯（Coutances）地区旅行。当地贵族劳诺（Launo）想邀请院长做客，但家里的酒桶里几乎空空如也。后来神迹出现了。桶里所剩无几的葡萄酒多了起来，劳诺可以体面地招待客人。亦见 Tomea 2003, p, 343。

③ Dion 1959, p. 189. 凡尔登（Verdun）主教宴请奥斯特拉西亚（Austrasia）国王希尔德贝二世（Childeberto II），为此他变出了大量葡萄酒。

④ Pini 2000, p. 370. 皮尼继续写道，特别在意大利，社群运动时期（comunale period），葡萄酒神迹的发生地搬到了城市，佃农还是一如既往地被排除在外，他们仍然（不喝葡萄酒）（ibid., p. 372）。可见，"如果说直至 11 世纪，饮用葡萄酒仍然是贵族或教士身份的象征，那么到了 12 世纪，它就表征'市民'或'城市居民'"（ibid., p. 373）。我认为，后文的文献足以反驳这一说法。

⑤ Tomea 2003, p. 347. 葡萄酒神迹"不再限于煊赫之人，而是用来庆祝节日或周年庆典。其中有整个社群都参加的特殊活动，或者是简单的慈善活动"。

眉不展。奥迪勒让她放心："让我们享用五个面包及两条鱼干的人，会记着我们。"到了"往常给众姐妹斟酒"的时候，酒桶（vas vinarium）果然满满当当。[①]

偶尔，神迹回应的祈求非常"普通"。19 世纪末的《克洛蒂尔德传》写了这样一桩故事。女王雇了一批工人，到诺曼底（Normandie）的莱桑德利（Les Andelys）建造新修院。莱桑德利不产葡萄酒，"但工人仍然讨要"。女王无法满足他们的要求，为此自责不已。忽然，修院外冒出一汪美丽的清泉。女王做了个梦。梦中，一个声音告诉她，再有工人来讨要葡萄酒，就从那泉眼取水。翌日，骄阳似火，"工人叫苦连天，又开始讨酒喝"。女王遂按梦境指示取水。随后神迹出现了，"泉水变成葡萄酒，工人都说自己从未喝过如此佳酿"。由此推知，他们已经喝惯了葡萄酒。他们对克洛蒂尔德千恩万谢，一再称"从未喝过此等美酒"。[②]

在地中海地区，"普通"神迹甚至见于更早的文献。6 世纪，格列高利一世在《对话录》里，讲过费伦蒂诺（Ferentino）主教博尼法乔（Bonifacio）的神迹。葡萄藤遭了冰雹，藤上的葡萄所剩无几，他勉强酿了一点葡萄酒，为其降福后，倒入通常都会装满的酒桶之中；接着他召集穷人，打算施舍。这时，"葡萄酒开始多起来，装满了穷人带来的大小容器"。施舍完穷人，主教也没忘记教会。他锁上酒窖，三天后再次打开，发现酒桶里已酒满欲溢了。[③]

如此看来，中世纪想象里的葡萄酒，堪称至关重要的身份参照点。由于声驰千里，葡萄酒有了典范价值，**其他**情况的描述便反其

① *Vita Odiliae abbatissae Hohenburgensis*, 21, MGH, SRM, VI, p. 48.

② *Vita Chrotildis*, MGH, SRM, II, pp. 346–347. 见 Tomea 2003, p. 352。

③ *Dialogi* I, 9, SC 251.

道（或者说以否定方式）而行。这取决于地势与地域。我们定义某地区**不产**葡萄酒，这话时常用来力陈那里亟需神助，就像我们在上文看到的那些。[①] 神迹无疑是化解贫困的最快方式，但找到能够担纲的圣徒绝非易事。通常的解决办法主要有两个，一靠商品买卖，二靠地产迁移。

中世纪早期，地中海沿岸贸易萎缩，葡萄酒交易虽未及远途，[②] 但似乎延伸到了北欧等葡萄栽培落后地区。令人惊讶的是，在图尔的格列高利的描述中，神迹降临与商品买卖竟叠加出现。据他讲，牧师埃达齐奥（Edazio）为庆祝圣维塔利娜（santa Vitalina）诞辰，给寡妇和穷人准备了晚餐，但正缺葡萄酒佳酿（vinum bonum）。他梦见圣徒降临，指明一棵树。在那树下，他发现足够买庆典用酒的钱。"他买了酒，便能施舍穷人。"[③] 故事发生在奥弗涅的阿托纳（Arthona），当地人极讲究葡萄酒的品质（bonum, dignum），故此

---

① 因此，Donato, *Vita Ermelandi* 讲述的贵族劳诺的故事，发生在法国西北部库唐斯地区（见本书第 225 页注释②）。南部也可能会缺少葡萄酒，但那里清净，本笃告诉修士，若重中之重（necessitas loci）是减少每日份额，那么不要为此抱怨（《本笃会规》40, 8 写道："由于地方环境的限制，连上面所规定的分量标准，也无法达到，或更少些，甚至完全没有，那些住在那里的弟兄们应该赞美天主，而不要抱怨。"[Ubi autem necessitas loci exposcit ut nec suprascripta mensura in veniri possit, sed multo minus aut ex toto nihil]）。除了道义承诺，这种清净似乎也源于葡萄酒定期配给带来的心理保障。卡西诺山（Montecassino）修院院长特奥德玛鲁斯（Theodemarus）致信查理大帝，解释给修士的葡萄酒份额时表示，"我们这里的葡萄酒很多"（Theodomari abbatis Casinensis epistula ad Karolum regem），载 *Initia consuetudinis benedictinae, Consuetudines saeculi octavi et noni* (*Corpus consuetudinum monasticarum*, 1), Siegburg 1963, p. 166。见 Archetti 2003, p. 238。

② Devroey (1989) 考察的兰斯地区情况非常重要。在兰斯，交易似乎"限于当地或整个地区"，因为经常有供大于求或供不应求的时候；葡萄酒充足时价格下跌，似乎表明，"少有或没有外部替代市场可消化多余的产量"（p. 124）。

③ Gregorio di Tours, *In gloria confessorum*, 5, MGH, SRM, I, 2, p. 752.

事似乎表明，需要通过买卖来得到优质的产品。有感于此，我发现，产品 / 交换同自足 / 市场的更替，或许可作为新角度来分析圣徒传记中膳食奇迹的类型。

非葡萄酒产区获得葡萄酒的另一种策略，是大庄园的跨区联并。在这种情况下，内部交换取代了对市场的依赖——或与之并行。德夫罗伊[①]举了个好例子。971年，莫兹河畔建造了穆宗（Mouzon）修院。由于当地不产葡萄，兰斯大主教认为，应该在教区内给那里的修士另选他处，“这样你们就不会因少了好酒而郁郁寡欢了”[②]。同样，马瑟斯也提到，巴伐利亚的修院有意在上阿迪杰及奥地利的葡萄栽培区内置办地产。[③]这种跨区联并不仅涉及教堂和修院。842年，加洛林王朝皇帝“虔诚者”路易（Louis le Pieux）的几个儿子瓜分了加洛林帝国。其中，日耳曼人路易（Louis le Germanique）获得帝国东部的领土，即“远至莱茵河畔的整个日耳曼”，在此基础上又得到莱茵河左岸的不少城市和土地，“因为那里盛产葡萄酒”。[④]

最后，葡萄酒短缺，还可用其他产品替代。在人们看来，虽然味道上有所不及，但这些产品在形象方面被赋予了更高的价值。啤酒就是一个例子。在不少国家，尤其是北欧，饮啤酒乃是骄傲的传统，它成为日常饮品，彰显出强大的民族归属感。它根据特定的民族与地域，划分了“民族”消费区。《科隆巴努斯传》的作者焦纳

① Devroey 1989, p. 31.

② Diploma di Adalberone in *Historia monasterii Mosomensis*, MGH, SS, XIV, p. 163: “ne indigentia vini satis optimi vos coangustet.”

③ Matheus 2003, p. 95.

④ Reginone di Prüm, *Chronicon cum continuatione Treverensi*, MGH, SS, in us. sch., 50, p. 75. 见 Matheus 2003, p. 98。

（Giona），通过种族与地理坐标，勾画出啤酒饮客的世界。“饮用啤酒的人多居于环海地区，即威尔士、布列塔尼、爱尔兰、日耳曼”，一些巴尔干民族也饮啤酒。[①] 在任何情况下，这种界线都很明确，啤酒因而成为一种“地方性”的产品。对于葡萄酒来说，这种情况不会发生，除非是在消极的意义上：某个地区不生产葡萄酒。前面说过，在中世纪，葡萄酒逐渐失去其“民族”或“地域”内涵，转而成为普遍饮品。相反，啤酒仍然保留甚至愈加凸显出自己的“地方”特色。从这一角度看，阿尔昆上述所言堪称典范。

显然，两种饮品的价值并不对等。以某 10 世纪文献为例。主人公雷恩（Rennes）伯爵朱埃尔·贝朗热（Juhel Berenger）要宴请布列塔尼贵族。他的食品储藏室储藏着丰富的啤酒和蜂蜜酒，似乎无人对此不满。忽然，安茹伯爵一行驾到。他们想饮葡萄酒，这可让主人犯了难。好在，后来有佃农从附近的海岛码头找来了一桶来历不明的葡萄酒。[②]

贝朗热的故事证明，啤酒与葡萄酒可以共存，但两者之间等级分明，连啤酒饮客都承认这个无可辩驳的事实。8 世纪中叶，梅斯的克罗德冈撰写的教令中明确提到：“若葡萄酒供不应求……可用少量啤酒聊以慰藉。”[③]816 年，艾克斯大公会议提及教规时，亦仔细根据各地情况，制定葡萄酒与啤酒日常饮量的精确关系。这基于一个简单的基本原则，即葡萄酒不够，啤酒加量来凑。视社群规

① *Vitae Columbani*, cit., I, 16, p. 179.

② 为感谢神出手相助，伯爵将海岛所有权赐予勒东的圣索沃尔（Saint-Sauveur di Redon）。详见 Tomea 2003, p. 347。

③ Crodegango di Metz, *Regula canonicorum*, ed. W. Schmitz, Hannover, 1889, c. XXIII (De mensura potus), p. 15: “si contigerit, quod vinum minus fuerit...impleat de cervisa, et eis consolacionem faciat.”

模大、中、小，分三种情况，葡萄酒的日饮定量分别为人均五磅（libbre）、四磅和两磅。不过，这仅适用于“盛产葡萄酒的地区”。否则，五磅减为三磅（再加三磅啤酒）；四磅减为两磅（再加三磅“调和”饮品），甚至一磅（再加四磅其他饮品）；“当葡萄收成不好时”，破落教堂的教士本有的两磅葡萄酒，则被换为三磅啤酒，“若有办法弄到葡萄酒”，就再加一磅葡萄酒。这些“对应表”对葡萄酒最为重视，近乎执着，这一点从其通盘考量中便可见一斑。“许多行省的葡萄酒供不应求”，于是，向“出产葡萄酒的邻近省份”寻求帮助不失为权宜之计；要做到这一点，既要整合区际资源，也有赖于主教的协调能力。[1] 从各地的生产数据中，不难想象各教会省份频密的贸易往来。

同样，在本笃会教区，富尔达（Fulda）与科尔比两地似乎早有用啤酒双倍补偿的习俗。据记载，“没有葡萄酒时，啤酒（cervisia）的量加倍”[2]。

成为象征物前的葡萄酒

现在该说说葡萄酒了。我们考察了膳食制品的“表现”功能，知道它们可作为经济模型或文化宗教隶属关系的**指标**，但忽视了**它们的**特征，或者说它们成为象征物前的物质本质。葡萄酒能够定义某种特征，或以不同方式啮合的多种特征，这一点如今再清楚不

① MGH, *Concilia*, II, p. 401.

② “Collectio capitularis Bernedicti Levitae,” in *Initia consuetudinis benedictinae*, pp. 547–548: “ubi vinum non est.” 见 Archetti 2003, p. 308。

过。问题来了，为何要界定葡萄酒的特征？

有人认为，位于象征物等级顶端的事物，必然有其积极价值。我们就从这个假设入手。弗朗德兰曾从面包角度，提过我深以为然的类似观点。面包在基督教传统中的作用极为特殊。面包被转喻后，涵盖了复杂的人类膳食之需（“我们日用的饮食，今日赐给我们”[①]），其价值影响深远，备受推崇。弗氏相信，之所以如此，是因为面包具有同样崇高的内在价值。我们有据可查。世人对面包的气味、味道及品质评价极高，由此面包获得的膳食、烹调、养生“地位”，证实其象征价值的崇高内质名副其实。[②]同样，葡萄酒若非出类拔萃的饮品，就不可能代表“人性的奥秘、圣灵的激情、律法的知识、福音之言、属灵的领悟、基督之血、良心、默观和爱”[③]。拉瓦诺·毛罗说得明明白白：葡萄酒与面包一起，成为圣餐奇迹的实物之选，因为论尊贵，论珍贵，它们超过大地（及人的劳作）孕育出的一切成果。[④]

葡萄酒**好**，而且必须**好**。予人快感为其原初特质。安波罗修评注《圣经》的挪亚故事时写道，人类受赐葡萄酒，正是“为令其酣快”（causa delectationis）。[⑤]奥古斯丁说：“我们本是水，现已变成葡萄酒。”换言之，我们原本寡淡，上帝赐予我们口味，让我们有

① 见《马太福音》6:11。——中译者注

② Flandrin 1992, pp. 153–167 (Le bon pain).

③ *Allegoriae in universam Sacram Scripturam*, PL 112. cc. 1078–1079. 见 Tombeur 1989, pp. 252–253。

④ *De clericorum institutione*, 1, 31, PL 107, c. 316: “quasi ipsa fructus terrae dignitate praecellant, et pretiosiores omnibus fiant.” 见 Tombeur 1989, p. 260。

⑤ Tombeur 1989, pp. 201–202. 为什么义人挪亚满足己需后，还要追求酒色？安波罗修的回答一鸣惊人：正因为挪亚是义人，才会关心次要的东西，等待上帝赐予必要之物。

图 30 安波罗修

了智慧。[①]这些词语的似是而非绝不止文字游戏[②]那么简单。它们体现了中世纪文化对口味的深入思考。口味不仅是知识的隐喻，而且是知识的工具，因为揭示事物本质与特性的，正是口味。[③]

通伯尔（Tombeur）指出："质疑讽喻，就是自问如何感知现实。"[④]刻画葡萄酒性质的尝试，始终伴随着一个精神意象，其中充满各种隐喻。这些隐喻来源于多重体验，有肉体的，有道德的，有音乐的，有科学的。[⑤]在中世纪，上等葡萄酒的第一大特点就是**甜**。

---

① *Tractatus in evangelium Iohannis*, 8, 3, 9–12: "sapientes nos fecit; sapimus enim fidem ipsius, qui prius insipientes eramus." Tombeur 1989, pp. 265–266.

② 此处指意大利语的 sapore/sapere（口味 / 知识）、sapidità/sapienza（可口 / 智慧）。

③ 见本书第十八章。

④ Tombeur 1989, p. 203.

⑤ Gregory 1989, p. 154.

这是人人孜孜以求的味道，但可遇而不可求。中世纪葡萄酒似乎大多酒精含量低，很容易变酸，甜味着实难得。

在欧坦的奥诺雷（Honoré of Autun）的描述中，世界的六个阶段由六个石质容器表示，在迦拿的婚礼中，正是这种容器中的水变成了葡萄酒。这六个阶段对应六种不同的葡萄酒，随着上帝救赎人类的计划日渐完善，甜度也逐渐增加。①

对甜葡萄酒的偏好久已有之。②盖因于此，地中海葡萄酒闻名遐迩。这种葡萄酒酒精含量更浓更高，据大量文献证实，早在中世纪它便走入市场，摆上欧洲的餐桌。除了加沙（Gaza）、克里特（Crete）、萨摩斯（Samos）、塞浦路斯（Kypros）、科洛封（Colophon）等地的葡萄酒，拉丁语诗人韦南齐奥·福尔图纳托（Venanzio Fortunato）对法莱尔诺葡萄酒（Falerno，或许是古代最负盛名的葡萄酒）也念念不忘。③除了法莱尔诺，西多尼乌斯·阿波利纳里斯还提到过加沙、希俄斯岛（Chios）、塞拉普特（Serapte）的葡萄酒。④图尔的格列高利称赞老底嘉（Laodicea）、加沙的葡萄酒乃“酒中至尊”。⑤保罗·托梅亚（Paolo Tomea）指出，如果把这些例子仅仅当作修辞或文学模型，那就大错特错了。这类模型或许适用于古代文献里大名鼎鼎的葡萄酒，如坎帕尼亚的法莱尔诺葡萄酒，或与希腊希俄斯岛同名的葡萄酒，但肯定不适用于巴

① Tombeur 1989, p. 203.

② 以甜稠的葡萄酒开餐的习俗，始于中世纪后期，一直持续到近现代（Flandrin 1989, p. 299）。

③ Venanzio Fortunato, *Vita sancti Martini*, MGH, AA, IV, 2, pp. 316–317.

④ Sidonio Apollinare, *Carmina*, XVII, vv. 13–18, ed. A. Loyen, Paris, 1960, I, pp. 125–127；也载 *Tituli Gallicani*, XII, MGH, AA, VI /2, XXIII, vols. 5–10, pp. 195–196。见 Tomea 2003, p. 356。

⑤ Gregorio di Tours, *Historia Francorum*, VII, 29, MGH, SRM, I, 1, p. 190.

勒斯坦的葡萄酒，后者“到5、6世纪左右”才有记载。[①]中世纪早期文献经常提到法莱尔诺葡萄酒。[②]对于此酒，埃米尔·布鲁埃特（Émile Brouette）认为，自图尔的格列高利时代起，其酒名已经不再起到自古以来标示原产地的作用，语义扩大后，它单纯指代上等葡萄酒。[③]不过，托梅亚认为，格列高利的酿酒标示似乎过于精确，甚至构成了其社会文化，即所属的元老阶层的标志，[④]故很难说是通用或失准。或许，“法莱尔诺的砧木事实上被移植到了罗曼高卢的某些地方”。

从史料中看来，对于葡萄酒的地域多样性，产地也好，环境、土壤也好（即如今我们所谓的“风土”[terroir]），当时人似乎都一清二楚。可若把中世纪葡萄酒文化，置于近代早期才在生产、营销或消费者选择方面变得重要的“地域”范畴，来进行讨论，那就犯了年代错误。在中世纪，产品**类型**多与其感觉特征有关。鉴别葡萄酒时，它比原产地更为重要。《奥秘之堂奥》（*Secretum secretorum*）为7、8世纪文献，其14世纪的法译本（*Segré de segrez*）流传至今。该书就根据年代、颜色、口味、香味、酒中物质、效力（但也根据葡萄生长的土壤和地区），给葡萄酒分门别类。[⑤]同样情况还见于词汇表。11世纪，词典编纂家帕皮亚斯（Papias）为葡萄酒分类，乃根据颜色、清澈度、口味、黏稠度、酒精含量、酿造工艺、用途。[⑥]

① Tomea 2003, p. 356 (n. 35)（参考瓜兰德里［Gualandri］的著作）。

② Ibid., p. 359 统计了中世纪早期与法莱尔诺葡萄酒有关的十八处生活散记（Vitae）。

③ Archetti 1998, p. 161（参考布鲁埃特和G. 瓜达尼奥［G. Guadagno］的研究）。Dion 1959, p. 172 亦以为然。

④ Tomea 2003, p. 361（及其后文字）。

⑤ Grappe 2006, pp. 102–104.

⑥ Andreolli 1994, pp. 29–30.

这些标准沿用了数百年。13 世纪中叶，锡耶纳的阿尔多布兰迪诺指出："葡萄酒的颜色、酒中物质、口味、香味、年代各有不同，因而对人体的影响也各有不同。"[①]

包治百病的"万灵药"

界定葡萄酒用途时，健康问题亦至关重要。许多药品在制造时，都会加葡萄酒。再者，葡萄酒本身据信也是药，或许还是益处多多的药王。它能防病治病，保健，助消化，净化机体，排出不良体液，甚至能提神，为养生不可或缺之佳品。有些处方颇为诡谲，把陈年葡萄酒作为解毒剂。[②]这不过是葡萄酒广泛治疗用途的一部分，但足可见其成了包治百病的"万灵药"。此观念可在古代医药文化中找到根源，但基督教传统也找到了许多重要文献作为典范例证。中世纪经常引用甚至滥用[③]保罗致提摩太的第一封信。保罗在信中建议，纾解身体之苦时，"因你胃口不清，屡次患病，再不要照常喝水，可以稍微用点酒"[④]。

由于担心水不卫生，且普遍认为其性"寒"，阻滞消化，中世

---

① Grappe 2006, p. 101.

② Anthimus, *De observantia ciborum*, 25, ed. M. Grant, Blackawton, Prospect Books, 1996. 见 Deroux 1998, pp. 369–370。

③ Ferreolo, *Regula ad monachos*, 39, PL 66, c. 75，但见批判性版本 V. Desprez, "Regula Ferrioli," in *Revue Mabillon*, 40, 1981–84, pp. 117–148：修士不应饮酒，因为酒使他们破了忏悔的戒律；不过，由于不可能无视保罗的建议，"他们会欣然接受修院提供的任何葡萄酒"。这段话暗含本笃会规，即修士可适度饮酒，"毕竟劝诫之事，难上加难"，但不同于本笃会规，在该文本中，破例饮酒乃以卫生之名。

④ 1 Timothy 5:23.

纪文学都对水顾虑重重。[①] 所以，大家一般在水中掺入唯一信赖的葡萄酒。因此，因忏悔或惧怕烂醉而戒酒者，往往无法持之以恒，善始善终。有的修士幻想摒弃一切俗乐，决心滴酒不沾，可后来受不了乏味无趣而被迫食言。例如，据皮耶尔·达米亚尼（Pier Damiani）回忆，在阿韦利亚纳泉（Fonte Avellana）修院，平时只可饮水，葡萄酒则被留到举行弥撒时喝。结果，众修士日渐虚弱，疾患纷至。过于严苛的规定，甚至让人不愿进入修院。有鉴于此，“为了让各位兄弟，更准确地讲，让所有人得偿所愿，我们决定，只要有所节制，饮而不醉，大家就可以纵享美酒”。故事不出意料的结局，显然受保罗致提摩太书影响。[②]

这种集体经历亦发生在几个世纪后奥利韦托山（Monte Oliveto）的修士们身上。除此之外，亦不乏个体经历，[③] 据那不勒斯主教阿塔纳西奥（Atanasio）的立传者讲，“起初，主教欲戒饮葡萄酒，可因身体不适，不得不放弃”[④]。

大家相信，葡萄酒本就能治病愈疾，但有时，人们也误以为此乃神迹之功。圣徒奥尔索（Orso）栽种的葡萄园出产一种酒，受神恩眷顾，乃具奇效，“身体不适者饮之，可立即痊愈”[⑤]。据说，

① 见本书第十一章。

② Pier Damiani, *Epistolae*, 18, 5, in Archetti 2003, p. 288.

③ 按照亚历山大六世的史书，15 世纪时，奥利韦托山的修士决定不再饮酒，为此剪短葡萄藤，砸烂酒桶。喝了几年水后，许多人开始生病，胃部感到不适。最终，他们明白了保罗给提摩太的建议，恢复了旧习。Archetti 2003, p. 289.

④ *Vita Athanasii episcopi*, AS, Iul. IV, p. 80: “de vini potatione primo abstinere se voluit, sed propter aegritudinem carnis non potuit.”

⑤ *Vita Ursi*, AS, Feb. I, p. 946. 葡萄酒的理疗功效与它的祝圣之用的关系，还见于 Egidio, Vita Hugonis, I, 31, ed. E. H. J. Cowdrey, in *Studi gregoriani*, XI, 1978, pp. 76–77：“贝尔泽（Berzé）修院的一个初学生患病，久烧不退，奄奄一息，用弥撒的高脚杯，喝了一杯强效葡萄酒后，烧便退了。”

葡萄酒受祝后，[①] 或者混入从圣徒墓上刮下的神粉，也可发挥同样作用。[②]

葡萄酒的保健或养病之道，成了不可辩驳的公理，尽人皆知，无需赘言。853 年，拉昂（Laon）主教帕杜尔福（Pardulfo）听闻兰斯大主教安克马尔染疾，遂致信问候。信中，他给了很多饮食上的建议。比如，“葡萄酒宜恰到好处，不烈不淡。酿酒的葡萄不宜产自高山或低谷地区，最好为丘陵地区”[③]。总之，时人笃定，葡萄酒有益健康。[④]

中世纪早期及后期的养生经也经常建议，选用“恰到好处”的葡萄酒。阿诺·德维尔纳夫（Arnaud de Villeneuve）指出，“葡萄酒宜选年份不短也不长的中年酒，颜色疏浅，但正转红；气味与口味俱佳，换言之，不酸不冲，不甜不呛，不浓不淡；原料中庸（media virtù），既非产自晦暗的山区，也非产自适合栽培的平地，而是朝南的丘陵地带，不受遮蔽，气候不热不冷”，此乃“上选之酒，养生最佳品”。[⑤]

中世纪的葡萄酒分类法采用二元体系，一边是“甜而厚”，另一边是“酸 / 苦而薄”，还有不计其数的中间口味。大家相信，酒

---

① 例子见 *Vitae Audomari, Bertini, Winnoci*, 19, MGH, SRG, V, pp. 765–767：为圣徒祝福的葡萄酒，治愈了弥留之际的病人。

② *Vita Anstrudis abbatissae* [di Laon], 29, MGH, SRM, VI, p. 76：修女从圣母的墓茔中，取一勺灰尘，溶于热葡萄酒（vino calido），是为药。

③ “山区”葡萄酒中，帕杜尔福应该是根据自己的经验，推荐“埃佩尔奈（Epernay）的 Monte di Ebbone，科尔米西（Cormicy）的 ad Rubridum，以及兰斯、梅尔菲（Merfy）、绍米齐（Chaumuzy）的酒”。见 Devroey 1989, pp. 27–28。

④ 这一真知灼见出自 Grappe (2006, p. 31)。

⑤ Arnaud de Villeneuve, *Le regime tresutile et proufitable*, I, 1, ed. A. Henry, p. 125, in Grappe 2006, p. 154.

图 31 一位主妇正在演示如何正确处理和保存葡萄酒，作者不详

的颜色越深，味道越甜，年份越长，性就越“热”。相反，颜色发白、口味酸涩的新酿酒便没那么“热”。[①]在该体系中，挑选“正确”的酒从无绝对标准，但需从补偿角度，考虑个人的体液情况（视年龄、性别、健康程度而定）、时空变量（四时与地理位置）和葡萄酒所搭配的食物。综合这些文化因素来看，葡萄酒更适合老人而非年轻人。克莱门特·亚历山德里诺（Clemente Alessandrino）发现，年轻人体热似火，若再饮酒，则好比“火上浇油”。随着年事渐高，体质渐凉，酒非但不伤身，还可成为供给自然热量的妙方。[②]同理，年轻人宜饮新酿白葡萄酒，老年人宜饮陈年红葡萄酒。[③]

这个讲究不禁让我们重新审视“中世纪葡萄酒不经年”的说法。[④]一般认为，“罗马帝国灭亡后，对陈年葡萄酒的偏好消失了千年”[⑤]。但这失之偏颇，因为葡萄酒普遍都存放三四年。[⑥]上文提及的《奥秘之堂奥》，就把一年酒称为“新”酒，三年以内的酒称为“中”酒，超过四年及至七年的酒称为“陈”酒。[⑦]

---

① Grieco (1994) 指出，葡萄酒的“气质”多样性，在盖伦养生思想中并不常见。盖伦通常认为，素菜才具有单一的良好的性质。

② *Pedagogo*, II, 19；全部引文见 Archetti 2003, p. 211。

③ Verdon 2005, p. 173.

④ Renouard (1964) 持此见解。

⑤ Robinson 1995, p. 38, Matheus 2003, p. 119 引用了这段话。对于该现象的“技术性”解释如下：在中世纪，运输葡萄酒常用酒桶而非罗马双耳罐，因为酒桶可以密封，可长期保存葡萄酒。另一种因素是，中世纪相当重要的北欧葡萄酒，一般比地中海葡萄酒要淡。

⑥ Devroey 1989, p. 117.

⑦ Van Uyten 2003, pp. 119–120. 14 世纪的农学家皮耶罗·德克雷申齐重复此说。Matheus 2003, p. 119.

另一方面，除少数情况，大家认为葡萄酒不应作为“成品”来饮用。它们是主料，需混入香草、根茎、花朵、果实、辛香料、蜂蜜等各种香物。图尔的格列高利的记载表明，新酿的淡酒尤其需要这样处理。他提到，国王贡特朗（Gontran）的特使克劳迪奥（Claudio）心怀不轨，劝说埃伯鲁尔夫（Eberulf）让自己进门。他说，自己想知道“您的酒有没有拌香物（odoramentis inmixta）；您大权在握，是不是要喝烈酒（potentiores）”。[①] 由此推知，以香物调味的酒应该是淡酒，而非烈酒。几个世纪后，在中欧的修院文献中，加了香物的酒（pigmentatum）仍然指新酿的淡酒（claretum）。[②] 由于这些添加物，酒刚入口的味道不仅取决于饮酒者，也同样取决于酿酒者。

庆典仪式同样有酒水相混的讲究。这个习俗从希腊罗马世界流传至中世纪，即便纯酒愈加普遍，此习俗却依然得到保留。[③] 在古代地中海社会，酒水相混可杜绝饮酒危害，故被视为文明的标志，且讲究多多；而不掺水的酒容易招醉，故为种族与文化野蛮的标志。[④] 到了中世纪，酒不掺水的观念重获文化地位，尽管不乏种种

---

① *Historia Francorum*, cit., VII, 29.

② *Consuetudines Floriacenses antiquiores*: “pigmentatum quod clarum dicitur”; *Constitutiones Hirsaugienses*: “potionis pigmentatae, quae claretum, id est liitranch dicitur a pluribus.” 引文见 Archetti 2003, p. 312 (n. 311)。甚至在 Innocenzo III, *De contemptu mundi*, II, 19, PL 217, c. 724 中，claretum 似乎是指加香料或经处理的葡萄酒：“non sufficit vinum, non sicera, non cervisia, sed studiose conficitur mulsum, syropos, claretum”。

③ Andreolli 2000.

④ 例如狄奥多鲁斯 · 西库卢斯（Diodorus Siculus）写道：“高卢人学会饮用葡萄酒，商人销往当地的酒，他们喝的时候，从不掺水。”因为难以自持，他们常常酩酊大醉。见 Unwin 1993, p. 124。

例外。[1]在修院，修士依规交替饮用纯酒与杂酒（mixtum）。[2]有趣的是，他们用 miscere 一词兼指两个不同动作，即倾倒与搅拌（当然两者其实是一回事）。伊尔代马罗（Ildemaro）评价本笃会规时强调："动词 miscere 可有两种理解方式。其一，指 ministrare，也就是'倒酒'；其二，指 mittere，也就是'往酒里掺水'。"[3]其中蕴含着完美的平衡。酒和以水，可不致醉；水和以酒，寒凉尽减。[4]

这种搭配亦见于礼拜仪式。圣餐需要葡萄酒，也需要水；其选择全看不同的寓意阐释。《旧约》讲水，《新约》讲酒（水通过转化，变成酒，遂有了味）。[5]酒是基督，水是其信徒。因此，"杯中的水加酒后，信徒便与基督聚在一起"[6]。或者，"酒是基督的神性，水是他的人性。"[7]拉瓦诺·毛罗指出："献祭时，酒不能少水，水不能少

---

① Andreolli (2000) 指出，从水与酒的关系史，可看出四个连续阶段，与古代、中世纪、近现代、当代的划分基本吻合。经过前述两个阶段，到了近代，古代的过量饮酒和一醉方休的情况，难觅踪迹，喝酒掺水及"适度饮用"，似乎成为时尚（不过，不再是像古代那样在文化方面，还是在社会方面）。如今，饮用原浆（bere puro）（葡萄酒是艺术品，不可修改；它更可能决定随饮的食材），在酒侍那里找到了新祭司。

② *Regula Magistri* (27, 3) 写道，待弟兄们在餐桌就座，"用餐之前，每个人会得到一杯纯酒"（antequam comedant, singulos meros accipiant）；席间，还会四次送上杂酒（冬季三次），以温水稀释，按三比一的比例混合（tertius impleat mixtus）（ibid., 27, 39）。见 Archetti 2003, pp. 223–226。关于纯酒在中世纪早期的圣徒生活中的情况，见 Tomea 2003, pp. 342–343。

③ *Vita et Regula Benedicti una cum expositione Regulae ab Hildemaro tradita, Ratisbonae*, Neo-Eboraci et Cincinnati, 1880, p. 107. 见 Archetti 2003, p. 243 的引用。

④ 见本书第十一章。

⑤ Tombeur 1989, pp. 254–257.

⑥ Cypriani, *Epistulae*, 63, 13. Tombeur 1989, p. 261 引用了这段话。

⑦ Onorio di Autun, *Gemma animae*, 1, 158: "Per vinum divinitas, per aquam intelligitur humanitas." Tombeur 1989, p. 262 引用了这段话。

酒，两者缺一不可。”[①]不过，这种搭配也有主次之分。若说基督的两种品性密不可分，显然神性（divinitas）高于人性（humanitas）。因此，诚如帕斯卡西乌斯·拉德伯图斯（Pascasius Radbertus）所言，象征神性的，是“一直以来都优于水的”葡萄酒。[②]

葡萄酒在中世纪承担文化、社会、经济、宗教、卫生、治疗等多重功能。正因为如此，这一时期葡萄酒的消费量极其惊人。我们掌握的信息少之又少，仅涉及宗教社团，但它们呈现的全景清清楚楚：在加洛林时代，葡萄酒日配给最低标准，为每人每天一公升半，若按不同计算方法，这个数字可能几乎要翻一倍。[③]本笃会规则定为每天一埃米纳（emina）[④]，但根据地点、工作要求、夏季炎热程度、特殊场合，配给可能会增加。

除了上述寥寥数据，我们无法再做任何计算，但中世纪文学热衷描写的酗酒，可不仅仅是说说而已。酗酒习惯不会始终乖乖听命于教会与世俗高层制定的克己律令。当局一再禁止教士和修士频繁跟佃农一起光顾酒肆，[⑤]意味着这个现象已司空见惯。加洛林的君主还呼吁，法官及公职人员不要醉醺醺地出席听证会，[⑥]可见，情况不

① *De clericorum institutione*, 1, 31, PL 107, c. 320: “neuter horum sine altero in sacrificio debet offerri, nec vinum sine aqua, nec aqua sine vino.”

② *De corpore et sanguine Domini*, 11, 42–45. Tombeur 1989, p. 263 引用了这段话。

③ Rouche 1973; Hocquet 1985; Devroey 1987.

④ 关于埃米纳的单位大小的讨论（从 0.25 升到 0.5 升，或者因计算方法而更大），见 Archetti 2003, pp. 234ff.。

⑤ 见 789 *Admonitio generalis*, MGH, Leges, CRF, I (n. 22), p. 55: “ut monachi et clerici tabernas non ingrediantur edendi vel bibendi causa.” 见 Teodulfo di Orléans, *Capitula ad presbyteros*, PL 105, c. 13: “ab ebrietate abstinieatis... neque per tabernas eatis bibendo aut comendendo.” 引文很容易加以发挥。

⑥ 见 Montanari 1979, p. 459，再次参考了 *Admonitio generalis*, p. 58: “honestum nobis videtur ut iudices; ieiuni causas audiant et discernant.”

图 32　酒肆饮酒图，作者不详

尽如人意。我们亦有《欧里亚克伯爵热拉尔德传》为证。立传者克吕尼修士奥东称赞伯爵具有特殊的美德，因为他从未出现过这种行为。[①]

不过，酗葡萄酒也好，酗其他酒精饮料也好，[②]对酗酒的谴责从来都是雷声大、雨点小。谴责者往往宽宏大量。奥古斯丁坚称，规劝酗酒者应讲礼数，“不可严厉，不可粗暴”[③]。后来的教律专家伊

① Oddone di Cluny, *Vita Geraldi Auriliacensis comitis*, PL 133, c. 650.

② *Vita Genovefae virginis Parisiensis*, 15, MGH, SRM, III, pp. 220–221：圣徒终其一生，从不饮酒（vinum vel quicquid inebriare hominem potest）。

③ *Epistulae*, 22, 1, 1, 3, 5.

沃（Ivo）与格拉提安深以为然。该从严处罚的是罪大恶极的少数，而非“普遍的社会行为”。[①] 酗酒应谴责，但不该成为公愤。此外，他还建议，应区分偶尔酗酒与长期酗酒，即偶醉（ebrietas）与惯醉（ebriositas）。奥利金（Origen）认为，默观上帝最激动人心的时刻，莫过于微醉（sobria ebrietas）。这一隐喻经安波罗修传至教父时期[②]与中世纪。[③] 基督教从柏拉图传统、灵知（gnostica）传统、隐修传统中，将其继承过来，同时借鉴了酒神起源说。如果缺乏这一精神背景，就难以理解此隐喻。它字里行间都在“赞美酒的奥秘”[④]：酒者，初可使精神振奋，思维活跃，久之意识模糊，不辨东西；自然者，日复一日，生生不息，即便我等有意坐而无视。奥古斯丁指出，人类惊叹于迦拿神迹，或者说众圣徒重现的种种神迹，却从未意识到上帝每天都降临的真正神迹。他用葡萄藤，把水变成酒。“雨水落地，为葡萄的根所吸收，不正是这不可思议的一幕么？”[⑤]

在该神迹中，人也有自己的角色。本章以奥古斯丁的话开篇，再以此作结吧：“葡萄藤上垂着葡萄，就像橄榄树上坠着橄榄……但不经压榨，葡萄成不了葡萄酒，橄榄成不了橄榄油。”

---

① Bellini 2003, p. 416. 阿奎那认为，醉酒固然该受惩罚，可比起“因对醉酒淡然处之”而引发的罪恶，它实在情有可原。Verdon 2005, p. 181.

② 学界对“教父时期”的界定尚无共识，较多学者认为是约公元100—590年。——中译者注

③ Motta 2003, p. 200.

④ Gregory 1989, p. 153.

⑤ *Sermones*, 126, 3, 4. 亦见 Gregorius Magnus, *Moralia in Job*, 6, 15, 22–24: “Aqua semel in vinum permutatam videntes cuncti mirati sunt: cotidie humor terrae in radicem vitis attractus per botrum in vinum vertitur et nemo miratur.” 见 Tombeur 1989, p. 252。

第十三章

贵食与贱食

食物中的底层文化

食物史具有深厚的社会意涵，各类史料较清晰地呈现了这一点。通常，我们可轻而易举地在生产结构、分配供应的形式与对比、日常消费的类型、食物与饮食习惯的象征价值中辨别出阶级差异与动态，因为这些都有据可查。然而，若要从更严格的技术层面，即从烹饪方法来界定这个话题，则更不容易。在备料模式与味道层面，贱食与贵食的关系，大众文化与精英文化的分野，似乎是关心中世纪（或任何历史时期）的人难以企及的话题。因为那个时代的书写文化专为上层社会服务，且不研究当代问题的历史学家，是不认可口传资料的。只有富人家的饭菜，留有文字记录（尽管断断续续），并经档案与文学作品代代相传。至于穷人家的饭菜，我们一无所知，充其量提出间接猜想，间辅以文本，然后天马行空地论证。

情况果真如此？理论上讲，的确。不过，细读各类资源后，我的看法恰恰相反。书面文本从不直言底层文化，但对其多有展示，且忠实程度超乎想象。我分析 14 世纪意大利开始出现的食谱后，得出了这一结论。如前所见，[①]食谱主要有两大家族。一个源于南部，以《烹饪指南》为发端，始自那不勒斯的安茹王朝，其后的传抄过程中，经过增补改良，终流行于意大利中部和北部。另一个源于托斯卡纳抑或锡耶纳，也通行多个地区，在语言等方面都有所改变。我跟阿尔贝托·卡帕蒂（Alberto Capatti）合作撰写研究这些烹调法 - 语文学问题的著作时，[②]我们涉猎的文本可回溯至近代伊始，其间重点考察了 15 世纪马蒂诺师傅的食谱大全，旁及文艺复兴时期克里斯托福罗·梅西斯布戈与巴尔托洛梅奥·斯卡皮的食谱。值得一提的是，斯卡皮的食谱堪称意大利烹饪艺术的里程碑，是作者积数十年之功，从米兰到威尼斯，从博洛尼亚到罗马，遍集各地菜式与文化后的积累与总结。暮年，他在罗马为教皇庇护五世掌勺；其大作《作品》（*Opera*）便是 1570 年献给教皇的。只不过书名实在普通，未免与其声誉不称。

OPERA DI
BARTOLOMEO
SCAPPI
MASTRO DELL'ARTE DEL CVCINARE,
con laquale si può ammaestrare qual si voglia Cuoco,
Scalco, Trinciante, o Mastro di Casa.
DIVISA IN SEI LIBRI.

Con le Figure che fanno dibisogno nella Cucina.
Aggiontovi nuovamente il Trinciante, & il Mastro di Casa.
DEDICATE AL MAG. M. MATTEO BARBINI
Cuoco, e Scalco celeberrimo della Città di Venetia.

IN VENETIA, Per Alessandro de' Vecchi. MDCXXII.

图 33　斯卡皮《作品》

① 见本书第二章。
② Capatti–Montanari 1999.

14世纪食谱惜墨如金，有时言简得让人火冒三丈（想来是因为读者多为内行，不必面面俱到，也能理解书中大意），而斯卡皮的《作品》技艺精湛，表述专业，与前者判然有别。可在我看来，两者还是有关联的，因为文艺复兴只是中世纪的总结与升华；两者的对立，乃很久以后生造出来的（发生在15、16世纪，换言之，始作俑者为文艺复兴本身[①]）。大部分人对两者有关联一事也笃信不疑，当中不乏行家里手。这种联系体现在未曾中断的烹饪实践上，体现在口味与味道的持久性上，也体现在宫廷烹饪（包括中世纪时城市上层社会的烹饪）与“大众”文化持续不断的交流中。当然，这里的“大众”文化，内涵极其宽泛，难免模糊不清。

食有贵贱，味无尊卑

中世纪晚期与近代早期，虽然在统治阶级与被统治阶级之间，从饮食开始便有着不可逾越的社会行为隔阂，可在贵族头脑里，并未排斥两个阶级间味道与习俗的日常融合。按照严苛的象征性构想，佃农生活应迥异于贵族生活（或用典型的意大利说法，城市居民生活），但“佃农”的产品与口味，却能在精英厨房畅行无阻。这些构想甚至提出，代表统治阶级理想的对立与排他模式，固然统一而连贯，其实遭到双方抵制。社会、经济、司法的限制，可以决定餐桌上的食物种类，因而可能促使佃农饮食与上层社会饮食大不相同。例如，乡村社群可能被禁止去森林狩猎，故其餐桌上见不到

① Montanari 2002b, lezione 30（中世纪的创造）。

猎物。[1]不过，将这些限制转化为某种思维观念势必不可行。佃农并没有因为知识分子觉得某些食材是廷臣与城里人的理想之选（如果没记错，14、15世纪的农学与养生著作，就曾遵从先贤的自然主义思想，视树上的果子与带毛的猎物，为上层社会的独享食材），就放弃它们。[2]萨巴迪诺·德利·阿里恩蒂（Sabadino degli Arienti）写过一部小说，讲博洛尼亚乡村某佃农，违抗主人命令，偷吃了一个专为地主准备的上等桃子，后被抓并遭受重罚。[3]类似文学作品试图消除的这种阶级抗争，无疑日复一日地上演，且经常大获成功。生产过程的各种细枝末节、无法控制的部分，在佃农的聪明才智下显露无遗。

不过，反之亦然。如果佃农没有受阻于他们认为无法忍受的意识形态隔阂，或简言之，它们没有理会这些隔阂，那么地主也不会觉得文学作品或集体想象（至少是上层社会想象）中“典型的佃农食物”不好吃。关于这种意识形态与现实之间的对比，以及相应的弥补之举，中世纪后期的食谱为我们提供了强大却被误解的证据。

亚平宁半岛最古老的食谱《烹饪指南》，特意以蔬菜开篇：“要考察菜品与各种食材，我们应该先谈谈简单的，也就是蔬菜。”[4]接着就附上甘蓝的十种做法，然后是菠菜、大茴香、“时令菜叶”，以及鹰嘴豆、豌豆、小扁豆、干豆等豆类制品；总之是中世纪文学作品和烹饪思想中属于佃农世界的那些食物。那么，《烹饪指南》是

① Montanari 1993, pp. 57–62.

② Grieco 1987, pp. 159ff.

③ Sabadino degli Arienti, *Le Porretane*, XXXVIII, ed. G. Gambarin, Bari, Laterza, 1914, pp. 227–229. 见 Montanari 1993, pp. 114–115; Montanari 2008, pp. 110–113。

④ 关于蔬菜出现在上层阶级的烹饪，见 Capatti–Montanari 1999, pp. 41–44。

“大众”食谱吗？非也非也。其中的菜品显然针对有头有脸的人物。“给贵绅准备可口的甘蓝，为领主献上小香叶。”

“想象中的”膳食准则与“实际”操作之间的差别显而易见。两者反差鲜明，因此需要同样鲜明的**标志**来摆脱歧义，重新确定“观念正确的”意象。第一个标志是副菜和使用模式，它阐明了食品的社会去向。卑贱的菜品若用到不同的烹调或象征体系之中，比如仅仅作为某名菜的非主要原料，便可身价倍增。阿里恩蒂提到，大蒜“往往难登大雅之堂”，但“如果放到烤鸭里面，便被点石成金”。大蒜填入烤鸭后，其佃农气被“人为地”去除了。因此，上层社会的食谱也收录了蒜泥蛋黄酱——一种蒜泥制成的沙司，这是典型的佃农菜。14 世纪威尼斯某食谱建议，“所有肉菜”都放大蒜。同样，《烹饪指南》中，“给贵绅准备的可口甘蓝”食谱指出，大蒜为所有肉菜的副菜（cum omnibus carnibus）。

除了作为副菜贴金，身价倍增的第二个标志是贱菜贵做，即在卑贱的菜品中加入昂贵的原料。以 14 世纪托斯卡纳某食谱为例：“取小芜菁，入水焯，再与橄榄油、洋葱、食盐翻炒。炒毕，拌辛香料，以碗盛。”

注意背后的理由：只要放了辛香料，任何食物都可跻身领主的餐桌。这里隐含着烹调文化的共同基础：社会各阶层存在象征的对立，但就膳食方法与习俗而言，彼此间并无差异，都是“珍品”与“普通货”混用。至于如何决选，上文所提的托斯卡纳食谱以为，这取决于领主的喜好。“任何沙司、浓味小点心或肉汤里，都可加**珍品**，比如黄金、宝石、精选辛香料，或小豆蔻、芳香或**普通**的药草、洋葱、韭葱，随君所好。”当然，这一观点并非人人接受。14 世纪末，《烹饪指南》的一份北部版本就悉数删去了有关蔬菜的这

图 34 彼得罗·德·克雷申齐（Pietro de' Crescenzi）
作品中的农夫拔韭葱图

一章节。不过，从 14、15 世纪主要的食谱看，前者仍为大势所趋。这些食谱重现并扩大了烹饪蔬菜的佃农传统。在 15 世纪马蒂诺师傅的食谱中，大量菜品（汤、馅饼、油炸饼）以蔬菜为原料，如甘蓝、芜菁、大茴香、蘑菇、南瓜、莴苣、香芹，各种香草，豌豆、干豆等豆类。

如果说大众烹饪的一大显著特征是以蔬菜为核心（因此确证宫廷食谱亦不乏蔬菜至关重要），那么大众烹饪中最典型的食物莫过于主要以豆类、栗子等次等谷物熬制的栗子粥和汤。食用它们纯粹是为了填饱肚子，确保性命无虞。可就连这种穷人食品，竟然也在上层社会的食谱里留下浓重的一笔。[1]“碎蚕豆”，其实就是蚕豆粥，有时也被称作 macco（“蚕豆泥”），这是典型的佃农食物，有大量文献为证。这个食谱的第一个版本相当简单，语焉不详（第二份较为详细，增加了辛香料和蔗糖）：“将蚕豆碾碎，除去杂质，再汆烫，沥水，洗净；放回原锅，加少许温水、食盐，至水没过蚕豆，用勺搅拌。煮熟后，用勺将其碾成泥状；静置片刻，装碗，加蜂蜜或橄榄油，以及嫩煎的洋葱，即可享用。”同样值得注意的，还有《烹饪指南》中的奶粥（paniccia col latte）。其做法如下：把一种普通的“豆子”（原文如此，作者可能将小米误作豆子）洗净，碾碎，煮熟，加奶和猪油搅拌。奶粥是佃农之食，但并非主食，不像豆子和小米制成的冷盆。8 世纪，作为施舍，卢卡地区贫民会得到这种冷盆。相反，奶粥是某些硬菜的副菜：“可以配着烤羊吃。”

中世纪食谱中，还可见燕麦、大麦、小米混制的粥。有时，此粥完全“供病人”食用，不放任何辛香料，几近佃农的吃法。马蒂诺师傅的食谱里有法罗小麦、小米和豆子。斯卡皮的书收录了许多次等谷物（大麦、小米）粥，虽然里面经常加辛香料、蔗糖、名品肉类，但难掩佃农的气息。作者似乎也心知肚明，因为在蚕豆粥食谱中，他写道：“伦巴第人称这道菜为 macco。”

可以看到，maccheroni（通心面，单词本义为“团子”[2]）跟 macco 同源，均派生自 maccare、ammaccare，意即磨成粉后揉捏。这也是佃农菜里大受欢迎的菜品。其制作方法最早见于 14、15 世纪食谱，记录简而又简：取面粉或面包屑，混以干酪或蛋

① Ibid., pp. 52–58（所有文件与参考文献引用来源亦同）。

② Messedaglia 1974, I, pp. 175ff.

黄，揉成面团，在沸水中煮熟。连梅西斯布戈、斯卡皮这样的御用大厨，都没漏掉这种独特的“团子”（其他通心面，也就是流传至今的，也在此期间出现）。“取精制面粉、面包屑、热水、干酪碎（gratacascio），混合搅拌，揉成团，入水煮；事毕，淋蒜泥蛋黄酱。”作者可是作为珍馐佳肴来介绍的。斯卡皮的书还介绍了一种连佃农都难以接受的玉米粥（formentone grosso）。[①]

单层馅饼（torta 或 pastello）堪称中世纪的天才发明。将面团压成饼状，放入烤箱，或夹于石板 / 陶板之间，既方便填馅，又方便携带；似乎适合社会各阶层。[②] 它优点良多，便于制作和储藏，人人都可上手，故可以开辟自己专属的烹调文化。凡此种种大大丰富了其用途。填馅可繁可简，可贵可贱，但无碍其成为城市与乡村、领主与民众的共同文化的组成部分。

斯卡皮的书里，连鱼菜也散发着魔力，无论是专业的四海菜式，还是普通的家常菜或地域文化，均能兼顾。作者多次向读者提到朴实无华的渔家菜。鮈鱼（一种小型淡水鱼）“需趁新鲜烹之，否则极易变质”。基奥扎（Chiozza）与威尼斯的渔民或以余烬烹之，或将其与马尔瓦西亚葡萄酒（malvagia，一种加度白葡萄甜酒，英格兰人称其为芒齐葡萄酒［malmsey］）、水、少许食醋、威尼斯辛香料一同熬制成独创的鱼汤，或像其他鱼类，以橄榄油煎炸，趁热淋橘酱装盘。[③] 同样，“波河渔民会用鲃鱼（barbo，一种欧洲淡水鱼）做汤，煎炸或放炉栅上烤制”。介绍完大菱鲆鱼汤的做法后，作者写道：“笔者游览威尼斯和拉韦纳期间，拜访了基奥扎和威尼

① Montanari 1993, pp. 166–170.

② Capatti–Montanari 1999, p. 69.

③ Ibid., p. 86（下几段引文亦同）。

斯的渔民。他们就在海边烹制出这举世无双的鱼汤（pottaggi）。他们说，这种做法最好。”不过他补充道：“我觉得他们做得比厨师强，是因为鱼都是现抓现做的。”显然，这并非受民间智慧启发，而纯粹是时间问题。渔民的鱼比“厨师”的鱼新鲜，自然就更好。

在古代与中世纪文化中，跟佃农和羊倌世界有关的典型穷人食物是干酪。干酪在中世纪也经历了“身价倍增”的过程，这与口味因素有关，也与奶酪作为斋戒食品的形象有关。每逢工作日和假日前夕的斋戒期，以及 14、15 世纪的四旬斋，干酪就成了肉类的替代品。如果说，一方面，这证明作为“穷人”食物，干酪成为另一种更有名望、更受欢迎的食物——肉类的替代品；另一方面，它必然对膳食系统至关重要，[①]这与鱼出于同样原因所扮演的角色类似。[②]

肉类是社会声望的显著标志，大众文化对它的影响或许没那么重要。不过，有一点值得注意。食用动物内脏通常被视作大众口味之典型，因为内脏常为屠户所弃（这也许是罗马人称其为“第五个四分之一”[③]的原因）。对内脏的品味，在中世纪和文艺复兴时期跨越了所有社会阶层，这一点从为上层社会编写的食谱中可以看出。

“富人”菜与“穷人”菜的和谐共处（但仍保留着重要差异），可见于以食盐、食醋、橄榄油等原料做成的腌制品。佃农烹饪离不开腌制品。若指望日间集市或天公作美，乡村经济则难以为继。这时，经年不坏的腌制品就成了生存的重要保障。这是富人与穷人、

① 见本书第八章。关于干酪在中世纪“身价倍增”，见 Montanari 2008。

② 见本书第二章。

③ 罗马人把动物内脏唤作 quinto quarto（意为“第五个四分之一”），除了是因为内脏占总重量的四分之一，还因为古罗马人在宰割动物时，第一个“四分之一”是售予贵族，第二是给神职人员，第三是资产阶级，第四是兵士，而一般老百姓只负担得起购买内脏。——中译者注

图 35　售卖动物头部、内脏图，出自《健康全书》

领主与农奴、城里人与佃农之间的一大区别（这既是臆想，也是事实）。前者吃鲜货，后者基本不吃。[①]肉类、鱼类、干酪、蔬菜，均带着咸味，被端上佃农的餐桌。不过，腌制食物对烹调的重要意义在于，它们是大众文化与精英文化之集大成。如果腌制食物尚且是抵御饥饿的第一道防线，那么由大量劳作与培育创造出的丰富自然产品，很快就使人不止于口腹之欲，而寻求口腹之悦。

由此产生的结果非同小可，主要有两个方面。先说方法论层面。有人说，底层阶级文化与承载它的口头传统已烟消云散，但其实非也。两者均以书面形式，随主流文化而传播至他处；有关烹制工序及其可能操作的记述，便是无可辩驳的实证。正如先前的例子所示，厨师采用的独特烹饪模式，让穷人菜（大众菜）大摇大摆地走进中世纪与文艺复兴的精英食谱。通行做法是媒合，即向简单主料中**加入**珍贵食材，或用珍贵食材，**搭配**简单主料。这表明，出发点是普及食材为先，各色配料**随后**。媒合之所以备受重视，还因为它是构成近代烹饪实践多样性的重要元素。数百年来，精品菜式（大家族和当今大餐馆的招牌菜），不仅在工序的高级与决定性阶段与众不同，在初始阶段亦如此。法餐烹饪是当代厨艺的一大源头，它大胆革新中世纪与文艺复兴传统，前所未有地引入预煮原料，如棕色原汤（fond brun）、白汁沙司面酱（roux）等，从一开始就给菜品添加了与众不同的特色。就此而言，在今天看来，任何名厨的食谱，都比不上穷人的菜肴。即便前者用某种方式体现或唤醒了后者，也是间接为之，难以解码。反过来，如果我们认识到，烹饪的出发点可以密切反映出烹饪的“通用”密码（我认为，中世纪与文

① 见本书第三章。

艺复兴烹饪便是如此），那么上层社会的食谱就变得可靠得多。

第二个结果乃第一个的连锁反应。若自中世纪起的意大利上层社会食谱，不单能全面复原精英阶级的文化与趣味，亦可全面复原底层阶级的文化与趣味，那么就意味着在举国各种社会成分的协力下，烹调遗产代代相传。要理解此现象，关键在于认识到城市之重要性，其乃膳食文化创生与发展的特定场所。[①]城市是经济、文化、社会交流的枢纽；整个城市及其涵盖和代表的区域，堪称混杂、交融、熏染的理想之地。大众文化与精英文化日复一日地碰撞，互相模仿，互相融合。为宫廷或豪门掌勺的厨师，个别出身高贵，但大多是平民。在此环境中，他们无疑是尚待研究的核心人物。事实上，贵族食谱表现了一种社会性的扩散文化，一种**城市**文化。此文化是**地区性**的，因为城市主宰并代表一个地区；此文化也是**民族性**的，因为城市通过市场以及产品、人员、思想的流动，打造了自己的文化网络。

无论从地域角度看，还是从**社会**角度看，意大利都可谓多元文化的交汇地。它的菜式更丰富、更讲究，其意蕴深远、活力持久的奥秘正在于此。因此，我们可放心大胆地讨论"民族性"烹调遗产，[②]因为作为精英菜品之表述的书面传统，历百年之久，传播并代表了一种文化，从中每个人都能辨识出自己身份的一角。文艺复兴时期宫廷的光辉，至今依然让无数城市居民引以为傲。例如，曼托瓦把贡扎加家族的菜品，视为城市的集体遗产，一如美第奇家族菜在佛罗伦萨，教皇菜在罗马，此举不光是为了刺激旅游业，拿历

① Capatti–Montanari 1999, p. 94.

② 关于本话题，见 Montanari 2010。

史做卖点，而且也反映了一种传统。它是集体记忆的重要部分，包含了整个社会的各种文化。因而，烹饪堪称不同文化角力的理想之处，也是彼此相遇交汇的完美舞台。

第十四章

修院菜

隐修与戒口

如何对待食物，乃中世纪隐修思想之核心。它为日常营养问题赋予了重要的文化价值，使之带有浓重的仪式化色彩。由于时空有别，不同团体和修会的观念形态与生存抉择也会多样。不过，仍有一些重要的共同特征，或者说思想与文化观点，可视为典型的隐修体验。[1]

其中一个整齐划一的方面，就是**戒口**（privazione alimentare），即为了苦修而放弃某些食物。戒口分为斋戒与禁戒。斋戒以量论，指放弃一日两餐中的第一餐；禁戒以质论，指将某些食物暂时或永远剔除出修院饮食。根据苦行程度、生活的物质条件以及教历，两者各有不同特点。不过，这些都是因循先例的普遍之选中的细节。

当然，必须要认清一点，戒绝并不意味着匮乏。相反，我们只能戒绝自己所有或习以为常的东西。正如拉伯雷（Rabelais）讥讽

① Montanari 1988a, pp. 63ff.（修院饮食）。

的“缺乏假定占有”[1]（privatio praesupponit habitum）。[2]此处暗合隐修文化：由于环境而迫不得已的戒绝（rinunciare），毫无价值或益处；放弃可得之乐，才有价值和意义可言。帕科姆（Pacôme）院长是东方隐修派教父之一。当他结束漫长的沙漠独居生活回到修院后，吃惊地发现，过去两个月来，厨师在礼拜六、礼拜日，都没有给修士准备传统的豆类菜食。问起原因，有人告诉他，众修士为肉体苦修，戒绝一切烹制菜肴，故也就没有必要下厨了。出乎意料的是，院长怒斥，此乃“魔鬼的决定”，因为“戒绝若违心背意，漫无目的，便是徒劳无功”。如果餐桌上没有食物，“那节制就没有价值”。所以每天“都应准备各色菜肴，摆到弟兄面前，让他们自己戒绝所予之物，来成全自己”。[3]

于是，即便在隐修世界，人们依然对食物兴致勃勃，不断寻觅膳食资源，虽内心有种种不愿，仍悉心组织并管理供应体系，也就并不矛盾了。究其原因，一来要戒口得有可戒之食，且所戒之食能另做他用（尤其是施舍）；二来修士的膳食规定对修行食物的选择相当挑剔，需要一直合理配置并控制资源。

那么，隐修文化为戒口赋予了何种意义？首先，戒口当先戒肉，那么戒肉有什么意义？拒食主要是为了苦其肉身，在思想上摒弃阻碍灵魂向神的物质枷锁。因此，就像中世纪著作常提到的，身体之食有别于灵魂之食，一如凡间面包有别于天国面包。“轻贱肉身”当从道德而非神学角度解读。在基于道成肉身思想的基督教背

① 中译文见（法）弗朗索瓦·拉伯雷《巨人传》，陈筱卿译，译林出版社，2015年，第19页。这句话可以理解为“能戒绝某物是因为拥有某物”。——中译者注

② François Rabelais, *Gargantua e Pantagruel.*

③ Montanari 1988a, p. 92. 文本载 *Vie du bienheureux Pacôme*。

景下，这让人有些难以置信。不过，在某些隐修文化的观念里，不难发现二元论思想，它屡遭否定，又屡现于基督教灵性的禁欲矛盾。

换言之，对食物的否定就是对人生体验中身体优先权的否定。由此可知，为何这种“反向养生法”的首选，是比较彻底、比较严格地戒肉。根据定义，肉还指“肉的营养”。该词的模糊之处（caro nutrita carne）本就是该词背后思想的一部分，并得到大量中世纪科学文献的支持。这些文献认为，肉类为食物中最有价值者，是理想的“营养”来源。[①] 无论从基本的文化选择优势看，抑或从个体的心理状态看，戒肉无疑是拒绝“普通”人类食品的精英主义的选择。这是特殊群体自我认同的重要动机，也因此，他们自认为更接近上帝。总的说来，拒食和禁食心态均源于此。

拒世绝食还有更微妙的考量。如果说对于多数人，食肉是补充营养的最佳方式，那么对于权倾朝野的军事贵族等特殊群体，其含义就更加丰富。食肉是实力与权力的象征，彰显了力量（potentes）至上的文化习俗深处的尚武精神。在加洛林时代，帝国法律规定，犯政治重罪者，在解除武装后，还会被处以戒肉的惩罚。[②] 入修会的人多为贵族后裔。对他们而言，戒肉的意义不光在于简单地脱离“世界”，还在于脱离众多修士出身的**那个**世界。

有些膳食习惯根深蒂固，难以戒除。对此，中世纪隐修思想（尤其是与贵族关系密切的克吕尼修会的隐修思想，不过下述结论仍具有普遍性）较为包容，但其戒绝原则毫不通融，甚至严格得难以日行。据克吕尼的奥东、于格（Hugues de Cluny）等伟大改革

① 见本书第六章。

② 见本书第六章。

图 36　奥东为一次宴会祈福，他的面前摆放的是鱼，
出自约 1077 年制作的贝叶挂毯（Bayeux Tapestry）

者的传记记载，他们顽强地跟吃肉的修士斗智斗勇，那些人无肉不欢，听不进任何“说教”。每言及至此，作者便坚称，要与贪饕之罪或软弱之行斗争到底，但问题的关键似乎更在于社会层面而非道德层面——修士们分享贵族世界常见的习惯与生活方式。

戒食，尤其是戒肉，还有修行方面的考量。隐修的重要目标是追求**童贞**，因为处于童贞状态时，可更快速更密切地接近上帝。隐修者认为，忍饥挨饿是达到童贞的主要方式。故修士的进食选择以节欲为要。节欲与贞洁并行不悖，隐喻上如此（贪饕与贪色乃肉体的两大快感，二者如影随形），功能上亦如此（隐修者认为这种饮食方式有益于贞洁，这背后或隐或显地受当时医学的影响，相信性

“热”之食养欲，性“冷”或性“干”之食节欲）。[①]

部分修士抵制肉食，或许另有原因。《创世记》记述了伊甸园奉行素食，后来先知以赛亚对此进行了重复，那些修士希望自己的饮食向伊甸园看齐。这种非暴力的膳食模式避免了杀生。类似心愿从未被公开（但从隐修文学可看出不乏修士追求此道），因为它们与基督教教义至少在原则上背道而驰。[②] 对于基督教而言，食品不分植物动物，一切皆为神佑之礼。反对暴力是某些所谓的“异端”团体的特点，比如摩尼教就有素食令，后为纯洁派哲学所采纳。这些激进例子同样见于“正统的”隐修思想。

早期隐修思想的严苛禁令之后，食肉成了讨论、提议、选择的对象，随着时间推移不断变化。少数修院坚持严苛如初。在北欧，食肉传统根深蒂固，反对者也就更加激进，比如科隆巴努斯会规彻底与肉类一刀两断。相比之下，大部分修院对食肉就比较包容了，特别是在南欧，比如意大利的《师门律令》。最终，双方达成妥协，本笃会规大概由此而来，并成为数百年来西方隐修生活的主要模式。其实，本笃会规仅禁食四足动物，至于家禽，虽未明言提倡，但不禁止食用。[③]

包容之下，修院院长乃至个人和单个社团，有着巨大的自由选择权和裁量权（discretio）。看起来，确定包容的界限，要么基于宇宙论，即中世纪早期文化根据创世时间的差别，明确区分陆地动物、飞行动物和水中动物。要么基于跟飞禽更轻之印象有关的医学和养生观念，即飞者轻的隐喻思想承载了更多的营养价值。反过

---

① Rousselle 1974.

② Montanari 1999.

③ Montanari 1988a, p. 69.

来，生理层面具有伦理意义，即减轻机体，以飞升更高，更接近上帝。16 世纪某意大利医生写道："若企望从锤炼精神中得到比锤炼肉体更大的收获，就应该吃飞禽。"[①]一般认为，飞禽肉之血少于四足动物肉。影响修院相关规定的，或许是古代希伯来的血的禁忌，虽然基督教与此针锋相对，但它长期隐含于中世纪早期的文化与思想中，从各种忏悔录和圣徒传便可见一斑。[②]

无论如何，修士禁止食用的，"仅为四足动物，飞禽不在此列"（sola quadrupedia, non volatilia）[③]（语出毛罗），当然彻底戒肉仍是许多修士的最大心愿。在致查理大帝的著名信札中，卡西诺山修院院长特奥德马罗（Teodemaro），不免自夸地写道，自己的修士践行本笃会规，忠贞不渝，只有圣诞节和复活节当周，他们才吃飞禽；许多修士，甚至在这些特殊日子也不开戒。[④]

斋戒引领饮食文化

由于饮食无肉，故需要代之以其他食品，即富含营养的"强壮"食物。这些替代品包括鱼类、干酪、禽蛋、豆类。从经济和文化角度看，它们在隐修传统中均大获成功。

接受鱼作为肉类的替代品并不是那么简单。隐修体验盛行初期（但不仅限于彼时），事事从严，鱼肉像其他动物食品一样，自然不

① Ibid., p. 70.
② Montanari 1999.
③ Montanari 1988a, p. 71.
④ Ibid.

在修士菜单之列。一些修院虽有所纵容，但也小心翼翼，如奥雷利安与弗鲁托索会规（Regole di Aureliano e di Fruttuoso）规定，唯在特定假期或特殊场合，经修院院长明确授权，可以食用鱼肉。还有些会规，比如本笃会规，则对鱼肉只口不提。不过，久而久之，鱼肉力压肉类，成为隐修生活的重要膳食象征。皮耶尔·达米亚尼讲过一个有趣故事。某修士受邀到法罗尔福伯爵（conte Farolfo）府上共进晚餐。饭桌上，此君难挡猪腰诱惑，大快朵颐。接着，桌上端来一大条狗鱼，修士顿时两眼放光。伯爵打趣道："你吃起肉来像个俗人，见了鱼怎么又像个修士？"

隐修生活跟食鱼的关系很快就密不可分。修院必定建在有鱼的水流旁边。据《诺瓦莱斯编年史》（*Cronaca della Novalesa*）记载，不来梅（Bremen）修院四周"鱼群如云"[①]。《克吕尼修院院长圣奥东传》（*Vita sancti Odonis abbatis Cluniacensis*）写道，弗勒里修院附近的沼泽，"早年听得蛙声一片"，不知何时起，鱼竟然多了起来。这种关系不仅见于文学作品。繁殖地与人工渔场亦紧挨修院，档案表明，修士非常关心自己的捕鱼权。为此，9 世纪博比奥修院在加尔达湖开辟了自己的产业；诺南托拉（Nonantola）修院养了一批渔民，专门到波河捕鱼。[②]

以鱼代肉的需求往往是圣徒文学中神迹片段的主题。据教皇格列高利一世的《对话录》所述，5 世纪上半叶，丰迪（Fondi）地方修士奥诺拉托（Onorato）应邀，携亲属到桑尼奥山（Sannio）赴宴。修士不肯吃肉，还为此受到嘲笑。"吃！"他们说，"这崇山峻

① Ibid., p. 81.
② Montanari 1979, p. 286.

岭的，我们到哪儿给你弄鱼？”此时，水没了，主人便派仆人到泉边汲水。“汲着汲着，一条鱼跳进了水桶。当仆人给宾客倒水时，那条鱼也出来了，奥诺拉托整整吃了一天。”[①]在欧里亚克伯爵热拉尔德的传记中，这个桥段几乎原封不动地重现。伯爵尴尬地发现，拿不出鱼来款待作陪的修士阿里贝托（Ariberto）。忽然，前去汲水的仆人“在岸上看见一条小鱼，活蹦乱跳地跃出水面”，仿佛自甘为食。修士和伯爵尝过之后，都觉得“美味绝伦”。[②]

吃鱼时还会出现其他神迹。西梅奥内是圣贝内代托波（San Benedetto Po）修院修士。据《圣西梅奥内传》（*Vita sancti Simeonis*）记载，修士安德烈亚（Andrea）正在吃饭，“突然鱼骨卡喉，吞不下，也吐不出”。大家都担心他有生命危险，而西梅奥内向上帝祷告，随即神迹降临，使安德烈亚吐出了鱼骨。[③]

说实话，修士有时也扛不住绝食的滋味。8、9 世纪的加洛林时代，修士大多出身贵族阶层，其生活方式也严格遵照该阶层作风，每日必有肉。因此，至少主要出于这个原因，改革者试图恢复原初的严苛会规，要求修士以鱼代肉。《克吕尼修院院长圣奥东传》讲述了奥东如何煞费苦心地改革隐修生活。奥东的弟子兼立传者乔瓦尼提到，在托斯卡纳的圣埃利亚（S. Elia）修院，“我们发现，修士们离不开肉，劝都劝不动”。弗勒里修院的情况亦然。不过，多亏了奥东的谈吐和耐心，两处的问题均得以解决。[④]

修士、佃农、领主等人所食鱼类多为淡水鱼，且来自当地公认

① Ibid.

② Ibid.

③ Ibid., p. 287.

④ 相关情节，见 Ibid., p. 288。

的捕捞点。[1]11、12世纪克吕尼修会起草的部分章程，收录了最知名、最常吃的鱼类清单，如墨鱼、鳗鱼、鲑鱼、鲟鱼、鳟鱼等。发过沉默誓愿后，修士必须按章程行事。

甚至干酪在修士的餐桌上也拥有特别的一席之地。有人发现，我们如今所食的干酪，大多跟中世纪隐修团体有着或直接或间接，或真实或虚构（但仍然有意义）的联系。[2]禽蛋似乎是高热量食品，因为无论是以蛋为主还是以蛋为辅的菜肴，都时常且大量见于修士的日常饮食。克莱尔沃的圣伯纳德（Bernard de Clairvaux）指责克吕尼修士耽于烹调之乐，为了把禽蛋做得美味，搞出那么多名堂："谁能像他们那样，连转蛋或打蛋的方法都多如牛毛？搅拌、翻动、液化、煮硬、增稠、油煎、水煮、填馅、调配、分离，无不讲究。"[3]修院饮食中另一个基本原料是豆类。干豆、豌豆、鹰嘴豆、小扁豆以及各种扁豆都能入菜，做法五花八门。某仪式书事无巨细地记载，[4]扁豆的膳食用途相当重要，可以将其研磨成粉，跟谷物混合，做稀粥、汤、玉米粥等。[5]

按本笃会传统，修士的日常饮食里还有冷盆，而豆类与蔬菜（拉丁文作 olera，指修院大果菜园量产的菜蔬），就是冷盆的基本原料。[6]至于调味与烹饪用脂肪，首选橄榄油、核桃油、菜籽油等植物油，但猪油亦可。这里，猪油似乎不受戒肉令的限制。脂肪构成

---

① 见本书第七章。
② Moulin 1988. 见本书第八章。
③ Montanari 1988a, p. 82.
④ Ibid., p. 83.
⑤ Montanari 1979, p. 157.
⑥ 关于冷盆，见本书第三章。

了独立的膳食门类。[①]

再来说说面包。本笃会规规定，每个修士每天分一磅面包，无论斋日与否，无论一日一食还是两食。[②]可以说，面包是修士餐桌的常客，万分重要，其意义不仅超越了食物层面，而且同礼拜仪式和神秘主义合而为一。葡萄酒与面包成双入对，两者都具有显而易见的象征意义。尽管对葡萄酒的疑虑未消，但其仍是当时修士最常饮的饮品。葡萄酒固然可使人上瘾甚至作恶，但饮酒之习已经在中世纪社会根深蒂固，连本笃自己都无力禁戒。“当下，要修士放下酒瓶，难如登天”，本笃会规写道，禁酒措施应宽严相济，每日可小酌一埃米纳。[③]此外，葡萄酒还有重要的卫生与医用价值。当时社会一度公认，适量饮酒可杀灭细菌，保护身体。而感染来自食用了保存不当的食物，或许首先来自水（往往很脏或被污染）。[④]于是，饮用纯水者寥寥可数，一如饮用纯葡萄酒者寥寥可数。一般两者混用，加香草、香料和蜂蜜调味。只有大部分北欧地区，才常饮啤酒或苹果酒，但总不及葡萄酒。

每逢一周中和一年中的礼拜仪式（按斋戒历），或者其他修院活动，修士的饮食都大为不同。对于礼拜仪式，供应的食物因节日而异。圣诞节、复活节等重大节日，以及院长或施主生日等重要日子，都会供应不胜枚举、品种繁多的食物，象征性地庆祝。食物的“喜庆”气氛会根据个体情况，显现得或多或少。一些规定对此相当敏感，比如所谓的“大师戒律”（Maestro），但也有其他会规

---

① 关于脂肪在中世纪的使用，见本书第九章。

② Montanari 1988a, p. 86.

③ Ibid., p. 88.

④ 见本书第十一章。

认为，工作与食物常常息息相关，比如本笃会规规定，参加活动或从事繁重体力劳动的修士，应提高其饮食的数量和质量。[①]即便隐修社会从本笃要求的体力劳动，逐渐转向祷告，工作与食物之间的联系仍然没有破裂。克吕尼会的修士食量大，花样多，引来西多会（Cistercien）的批评。对此，他们辩解说，因为自己需要应付日常礼拜仪式。[②]

要理解修士的膳食态度和选择，还需考察另一层关系，即食物与健康，准确说来，便是养生学。一方面，养生学认为，食物为原始药材。这是承袭自希腊与拉丁古代的医学思想与实践的基础，修院在传承过程中做出了的不可磨灭的贡献。因此，食物之用乃此复合知识之结晶，养生学这门“体液”之学除却用于贞洁等特殊之选，还可用于疾病的预防与治疗。在隐修实践中，个人健康决定了其所行膳食类型。唯有健康而强壮的修士，才遵循立规者的严苛规范；对于病人和“弱者”（有时兼具道德与生理含义），则适度放宽要求，允许其食用大量禁绝的食物，[③]尤其是肉类和肉汤，两者被视为最好的“强身”食物，乃恢复元气之佳品。腌制食物据信也可补充能量（往往靠腌蛋，亦可能靠腌肉），也是修院根据当时医学理论而常用的“净化”手段。

想要确定中世纪修院的食物配给量，无异于敲冰求火。究其原因，一来时空情况变化多样；二来现有文献的数据不但匮乏，而且并不准确；三来各地计量单位往往迥异，现行参数难以适用。于是乎，众学者得出的计算结果各不相同，甚至截然相反。鲁谢等人认

① De Vogüé (1964) 强调了这一点。

② Montanari 1988a, p. 72.

③ Ibid., pp. 76–77.

为，这些数据反映出当时的食物丰富而多样；[①]奥凯（Hocquet）等人的态度则相当谨慎。[②]事实上，德夫罗伊指出，[③]关于这些计算的假设理论都无法证实。无论从生物还是文化角度看，食物的需求与消费因时因世而异。就算不考虑这一点，以今人标准衡量古人所需热量，似乎也行不通，因为这无异于给古人的食物，硬套上当今食物的营养价值。

为避免任何“错误的精确”，我们仅限于指出，在中世纪，修院的成员显然最无饥馑之忧。毕竟他们资源丰裕，打理能力又强；再者，当时贵族社会以吃喝排场论威望，这种大吃大喝的习气也传染到修院，尤其是中欧和北欧的修院。6 至 9 世纪，食物的日常配给普遍增加。816 年，艾克斯大公会议确定的份额为每人四磅面包、六磅葡萄酒，1059 年拉特兰大公会议认为这个量“殊为惊人”。[④]至于克吕尼修会筵席之丰盛，肯定不是出自“居心叵测的”伯纳德的纯粹杜撰。此外，若非人人康乐，也就无法理解斋戒禁食与一心求饥的主要意义。

最后，食物可加强社群的凝聚力。在食堂同膳是修院上下团结一致最重要的时刻，标志着大家的归属感。只有特殊情况下，才会出现隔离。比如，病人就独自用膳，这既可能出于卫生考虑，也可能是为了让偶尔翻花样的病号餐不至于破坏群体的和谐，或者惹人眼红，闹出流言蜚语。罪孽深重的修士也独自用膳，此乃“绝罚”

① Rouche 1973.
② Hocquet 1985.
③ Devroey 1987.
④ Montanari 1993, p. 33.

（scomunica）[1]的第一个显著标志。[2]还有暂时退隐的修士。这些都是文化上的特例，不合常情。杯盏交错方为修士之首选。

修院特有的饮食手势语言

用膳似乎"天然"离不开交谈（轻声细语最好）。普鲁塔克著名的"筵席之问"之一，便围绕就餐时适合或不适合谈论哪些内容，也就是哪些是合乎席间谈论的话题。[3]中世纪修院章程规定用膳时不得交谈，这无疑有违常理，不近人情。这些规范凸显了修院餐桌与"其他"餐桌、修院生活与"尘世"生活的区别。

用膳不言并非新鲜事。在异教世界，像毕达哥拉斯这样的哲学家，就要求弟子讷口少言。就连《旧约》也处处规劝，要谨言少语。不过，沉默成为日常生活的核心，主要见于基督教隐修传统；沉默既是自我禁欲的形式，也是超脱世俗习惯的外在标志。隐修者认为，沉默是冥想与默观生活的基本条件，故白天基本嘿然不语。言谈与交谈仅限少数时段，以及少数明确允许开口的特殊场合。本笃会规要求始终保持沉默，夜晚如此，就连到了食堂这一交谈的"天然"之所亦不例外。唯其如此，才能充分体现戒绝的价值。

食物乃上帝的恩赐。沉默用膳看似是品尝、享用这份厚礼的好方法，但实则不然。食物的品尝与享用固然属于修士的体验，但并

---

① 原意为"断绝往来"，是罗马教廷对神职人员和教徒的一种处罚，即革除教籍。——中译者注

② Montanari 1993, p. 33.

③ 见本书第十六章。

非会规的旨意所在。相反，会规建议用膳时尽量心不在焉。于是，每逢修士就餐之际，便有人大声朗读训导文。《圣经》、教父的布道词、殉道者与圣徒发人深省的传记，无不时时刻刻提醒用膳者，吃到嘴里的物质食粮，怎比得上神言的属灵食粮。因此，用膳者必须洗耳恭听，将食物抛诸脑后；必须尽力克制自己，品尝食物不可被视为乐事，仅可当作生命之需。

无论如何，并非每个修士都愿意忍受沉默之苦，有志于此的可能寥寥可数。他们还真找到一边沉默、一边交流的对策。不开口也可以讲话？当然可以，讲话没必要开口。他们发明了各种示意方法，包括手势、表情、动作，既能传达己意，又不会触犯本笃会规。久而久之，就形成了一种由交流代码构成的名副其实的“沉默语言”，其词汇简单却准确，语法易懂却高效。起初，这种语言只能偷偷摸摸地使用，颇似打牌时同伙间的暗语，但后来被认可为一种正当语言，甚至被记录下来。[①]

众所周知，早在10世纪初，法国的博姆（Baume）修院就有了固定的手势套路，其院长贝尔诺（Berno）还把它带到更著名的克吕尼修院。[②]到了11世纪，这些“手势”似乎已约定俗成，甚至被修院院长写入规章制度，作为本笃会规之补充。当然，本笃会规仍然是隐修生活的主要依据。修士伯纳德编制的清单收录了三百条之多的“手势”；它们见于英格兰的恩舍姆（Eynsham）、列日

① 关于修院的“沉默语言”等相关内容，见D’Haenens 1985; Tugnoli 1988–89。

② 9世纪时，由于世俗政治势力的渗入，许多本笃会修院修规废弛。法国人贝尔诺整顿博姆修院纪律，倡守遵守本笃所定的严规，并于910年开创克吕尼修院，严格执行禁欲院规。后有许多同类运动兴起，一些已存在的修院亦转型效仿，是为“克吕尼改革”。贝尔诺为克吕尼修院第一任院长，前文提到的奥东为第二任。——中译者注

（Liège）的圣雅各（Saint Jacques）、巴黎的圣维克多（Saint Victor，成员为教士，而非修士）等地。连西多会修院也演化出自己的特殊身势语，有别于克吕尼修院所用的传统身势语。

不过，反对者也大有人在。像加尔都西会（Cartusien）就拒绝使用符号语言，认为它不成体统，有失礼节。更有人对其大为震惊，十分反感。比如，1180 年，康布雷的热拉尔（Gerard de Cambrai）拜访了居于坎特伯雷（Canterbury）的本笃会修士。他发现，用膳时，食堂鸦雀无声，可众修士却在快活地“交谈”。热拉尔写道，自己仿佛看戏，动嘴巴当然比用滑稽的手势更庄重。

那么，这些手势有何含义？它们大多指物体，如食物、植物、动物、衣物、器物；少数表动作，如下跪、忏悔；还有一些表抽象概念，如善、恶、怒、智。手势“词汇”多跟食物有关，一来食物多种多样，需要指明，二来食堂里不可作声，但大家又最需要作声，最渴望作声。选菜，加菜，传菜，乃至评菜，哪一样都离不开声音。[①]

这些手势的设计标准都与某些基本模式相对应，首先是从模仿开始，换言之，用手势将物体描述出来。例如，鱼的手势为单手竖直，作起伏状，手指随之摆动，“以手模仿鱼尾在水中的动作”。为说明鱼的种类，还需额外的手势。指七鳃鳗时，“一根手指放到下颌，模仿其眼睛下方的斑点”。指乌贼时，“手指分开活动”，模仿其在水中的运动。指鳟鱼时，“一根手指指向眼眉处，按眉形顺次画出”；这个手势特指雌鱼，“因为雌性鳟鱼的那个位置有类似条纹”。

并非所有“词汇”都处处统一。以狗鱼为例，乌达尔里科

① 之后的内容，见 Montanari 1988a, pp. 81ff.。

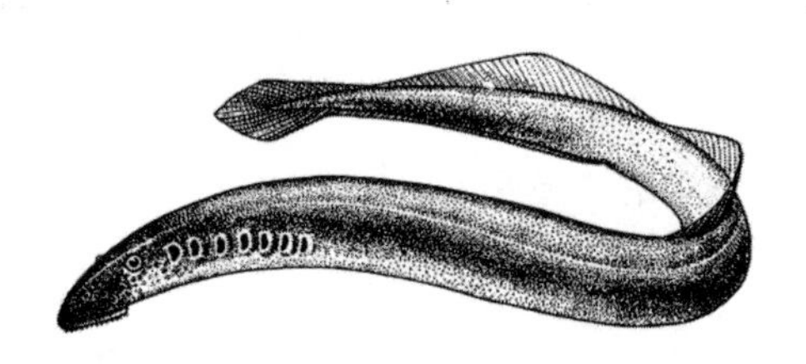

图 37　七鳃鳗

（Udalrico）的克吕尼会是强调其在水中非比寻常的速度，而希尔绍的克吕尼会则模仿其特有的“木勺状”脸。这些词无不揭示出一种膳食文化。尽管隐修必然苦行，但我们仍可发掘该文化中的丰富内涵。它隐藏着有关动植物世界的奥秘，不但准确，而且细致。相关文献里的分类之多，令人瞠目。这些词中，鱼类与禽类之分，菜与谷物之分，饮品与食品之分，乃至锅、碗、罐，都别有讲究。

有时，表示某物还会模仿其特殊功用。例如，食盐的手势为单手作撒盐状：“四指并拢，合于拇指尖，彼此磋磨，反复两三次，与拇指分开，作腌制时撒盐状。”核桃的手势为夹咬，即：“将一根手指放入嘴中，仿佛用牙咬开核桃。”猪的手势为屠宰：“以拳击前额，仿宰猪之势。”

就上述例子而言，“手势词汇”的纪实特征已显而易见。它们在反映食物的食用场合或外观时，也讲述了鲜为人知的技术奥秘。食物的准备环节也彰显烹调的细节，比如面包的烘烤方式（烘箱烤、炉灰烤、入水烤、煎锅烤）、葡萄酒的各种颜色、禽蛋的烹饪方法。复杂菜品则以主料体现。有一种典型的中世纪菜肴叫

fladones，是以干酪等食材作馅的美味馅饼。[1]“先做常用的面包和干酪手势，然后弯曲单手五指，作洞状，置于另一只手掌。”这是表现馅饼的形状。

还有一些手势，不仅反映食物的外观，还透露其社会价值，或者说食用时的象征意义。比如，要表示中世纪备受青睐的“尊贵”鱼类——鲑鱼或鲟鱼，就必须先做鱼类的“一般”手势，再加上体现出众的手势：“将拳置于下颌，同时伸出拇指。”诚然，“此举表示高傲，因为食之者，无不高傲而富贵”。

说来滑稽，许许多多类似手势，为我们提供了中世纪膳食与烹调文化的宝贵素材，而这无疑是拜禁言令所赐。

① Carnevale Schianca 2011, pp. 231–232.

第十五章

朝圣者之食

朝圣者的干粮

公元10世纪的一部圣徒传记，讲述了克吕尼修院院长奥东，由年轻的修士亦即后来其传记作者乔瓦尼相陪，前往罗马朝圣。据这部《克吕尼修院院长圣奥东传》记载，两人自罗马打道回府，途中跨越阿尔卑斯山时，有一个老佃农（拉丁文作 pauper [穷人]）与之相随。他背上的袋子装着干粮，包括面包、大蒜、洋葱与韭葱。“虔诚的奥东，”乔瓦尼写道，“一看见那人，便请他骑马，而他自己则背着那个臭烘烘的袋子。我受不了熏天的臭气，故意放慢脚步，远远地跟在后面。”可院长叫乔瓦尼赶快跟上，还说：“哎哟，这个穷人吃的东西，熏得你避之不及？”乔瓦尼听了，羞愧难当。他表示，“院长的话一扫我对臭气的反感”[1]。

除了发人深思的结尾，这段故事还生动地展示了亟待澄清的事实：通常所谓的“朝圣者”，是一个抽象概念，而我们应将其带回具象层面。朝圣者也是人，但**并非**人人平等，至少中世纪如此。那时没有一般概念的“人”，只有领主与佃农，修士与市民，富人与

① Giovanni Italico, *Vita Sancti Odonis*, PL, 133, c. 64.

穷人，强者与弱者。他们吃的食物并不相同。修士乔瓦尼习惯了美味佳肴，习惯了香飘四溢，便无法忍受旅伴行囊里大蒜与洋葱的臭味。因此，现实中不存在“朝圣者”。我们有的是朝圣的佃农、朝圣的修士、朝圣的领主。他们各自所食的，均为其社会等级所相应或指定之物。彼时，食物是彰显阶级差异、威望、财富、权力的主要方式。在中世纪文化中，根据定义，有些食物居于贫穷的“社会地位”。青菜、草本植物、根茎类蔬菜，就被视为佃农食物；相反，猎物和水果等，则是令领主餐桌生辉的奢侈食物。

现在我们明白了需要明确“朝圣者”的社会身份以及膳食特征。当旅客前往罗马或其他基督教圣地，或者从圣地打道回府，无论是像上文的穷人那样步行，抑或如那位院长一样骑马，他的行囊里必然装着足够数天乃至数周食用的干粮。这是使其凝聚的基本要求；也正因如此，面包成了行囊中首要必备品。面包很干，而且往往非常干，吃的时候要用水或葡萄酒浸湿。可同样为面包，我们说的也是名同而实异的食材。佃农面包通常黑乎乎的，以黑麦、小米或施佩尔特小麦等次等谷物制成，这是中世纪及其后数百年间乡村饮食里的基本食材。只有富有的朝圣者的行囊里，才装着小麦制成的白面包。[1]其他跟面包同吃的长保质期食品，则包括冷切肉、干酪和肉干。至于饮品，朝圣者可能备水，但肯定带葡萄酒。葡萄酒是中世纪的常见饮品。出于卫生原因，时人多舍水而用酒（掺水亦无妨），毕竟水喝起来不一定安全，安全的水又放不久。[2]

① 关于面包的品质，见本书第五章。

② 见本书第十一章。

酒肆快餐

不过我们不应认为，朝圣者仅吃行囊里的食物。他们时常，甚至每天都会在某处歇脚，用些小食。酒肆与客栈并非现代的发明。早在中世纪，朝圣者在路上就经常碰见这些地方。①12 世纪甚至出现了大名鼎鼎的圣地亚哥－德孔波斯特拉（Santiago de Compostela）导游指南，供朝圣者使用。书中不仅详列沿途的礼拜和祷告场所，还注明了休憩与就餐的地方。② 数百年后，客栈与酒肆成倍增加，遍布乡村和城市。在一些市中心，这些设施的所有者有时会将其整合，制定规章，明确活动准则、住宿方式及价格、提供的饮食种类。14 世纪，佛罗伦萨起草了客栈经营条例。③ 起草者面临的棘手问题中，就有应如何处理客栈老板、酒肆老板与食品销售商的关系。客栈老板与酒肆老板向顾客出售食品是否合规？他们在多大程度上会跟商店老板构成竞争关系？这份条例花了大量篇幅讨论该问题，以期为双方的需求之争，找到体面的妥协办法。

客栈老板提供的食物，跟朝圣者携带的类似，要么能长期保存，比如面包、冷切肉、肉干和干酪，要么能速热或冷食，保证快捷而高效的服务。这种简单而广受欢迎的烹调菜式，主要包括以蔬菜和豆子烹制的意大利菜丝汤（minestroni）以及各式炖菜。14 世纪托斯卡纳某无名氏所著食谱（19 世纪，博洛尼亚学者弗朗切斯

① 关于本话题，见 Peyer 1990。

② J. Vielliard, *Le guide du pèlerin de Saint-Jacques de Compostelle*, Macon, Protat Frères, 1969.

③ *Statuti dell'arte degli albergatori della città e Firenze*, 1324–42, ed. F. Sartini, Firenze, Olschki, 1953.

科·赞布里尼［Francesco Zambrini］将其重刊），收录了一种这类食物，叫“无油鱼冻”（De la gelatina di pesci senza oglio）。其做法如下：“葡萄酒与食醋混合，加洗净的鱼烹煮。煮毕，捞出，盛入另一容器。将洋葱切十字花，取三分之一，倒入剩余食醋与葡萄酒，再加藏红花、莳萝、胡椒，搅拌后浇到装盘的鱼上，待其冷却。”这便是schibezia da tavernaio，即“以酒肆做法烹制的鱼冻”。[①]它颇似意大利如今料理鲤鱼（carpione）的做法：鱼油炸后，放入葡萄酒和食醋中腌制。schibezia源自阿拉伯语，此菜及其名字仍见于西班牙的库存目录，写作escabeche。赞布里尼不解schibezia，在笔记中附会为schifezza（“令人生厌的东西”），仿佛食谱作者故意将其称为“令人作呕的酒肆菜”。[②]赞布里尼之说着实可笑。假若此乃作者本意，作者就不会收录该食谱。

有趣的是，这本作于高雅社会、以贵族为目标读者的食谱，竟然收录了这样一份“酒肆老板的”菜谱，此菜品适合酒店作为现成菜备好，方便那些急着吃饭的旅客即点即食。这也许算不上快餐，但是快餐又如何呢？若非旅途漫漫，行色匆匆，无暇细嚼慢咽，或饥肠辘辘，急着饱腹，又怎会要吃这个？这里的重要之处在于，贵食与贱食、旅餐与家餐（或宫宴）并行不悖。根据其他文献，我们得知，连腓特烈二世这样的皇帝，也对此菜情有独钟。[③]

特地注明“朝圣”菜的菜谱，还记载于另一本中世纪意大利食谱。该书出自15世纪教皇马丁五世的德裔主厨博肯海姆。大家不必惊讶，因为在中世纪，德国菜就像当今的法国菜或意大利菜一

---

① *Il libro della cucina del sec. XIV*, ed. F. Zambrini, Bologna, Romagnoli, 1863, p. 75.

② Ibid., p. 96 (n. 37).

③ Capatti–Montanari 1999, p. 94.

样，广受欢迎。博肯海姆的这本食谱名为《食谱汇纂》，作于 1431 至 1435 年。书中收录了豆子汤的做法：“取豆子，放入热水中洗净，浸泡一夜。然后换冷水煮。煮毕，切碎，加白葡萄酒。再加洋葱、橄榄油或黄油，以及一小撮藏红花调味。”食谱最后写道，本菜“适合旅行的教士和朝圣者”。[①]该书里，每份食谱都加了类似的奇怪断语。作者用意难以揣测，但这些素菜无疑是旅客到酒肆或客栈一解饥苦的重要食物。

救济所的布施

除了随身携带的干粮，或者酒肆售卖的快餐，朝圣者还有第三种选择，即许多热情好客的宗教聚集点里免费招待的食物。中世纪文献里所谓的救济所（xenodochia），就是提供帮助与服务的地方，经营者多为修院，偶尔也有教堂或主教座堂。它们遍布意大利及全欧，朝圣者到那里可以得到现成的食物，如肉干、腌鱼、干酪、冷切肉和面包。修院的饮食模式几近佃农的模式，简单而朴素。可即便在那里，仍不乏体现社会差异的一般标志。比如，院长的餐桌常常招徕最重要、最尊贵的宾客，它单独摆放，与修院厨房供应的公共进餐区区别开来。就算是隐修中心，贫穷的朝圣者与富裕的朝圣者同样待遇有别。这不足为奇，因为在中世纪这样的社会，食物堪称多样性与特权的根本标志。

卡马尔多利（Camaldoli）的隐士社区，同样接纳宾客和朝圣

---

① 该食谱见 Laurioux 2005, pp. 57–109。

者，并为他们提供食物。其内部管理遵照 12 世纪诸院长撰写的规范。《隐士守则》规定，隐士不得饮酒；但现实中，习惯难改，欲望难消，完全禁酒着实不易。[1] 因此，规定又做了改动，允许隐士偶尔饮酒，但须节制。因为喝酒的机会少之又少，他们只饮香浓的上等葡萄酒。不过，好酒可遇不可求。酒难免变质、酸馊、发霉（corruptum, acidum, macidum）。这种情况该怎么办？简单！把酒转给外人，自己再找更合适的酒。[2] 这让我感慨万千。"外人"大多是可怜的朝圣者，或者更准确地讲，是一贫如洗的朝圣者。

① *Liber eremiticae Regulae*, xxiii, in *Le Constitutiones e le Regulae de vita eremitica del B. Rodolfo*, ed. F. Crosara, Roma, 1970, p. 57. 关于这一点，《隐士守则》显然呼应本笃会规。

② Ibid.: "Denique si corruptum, acidum macidumve fuerit inventum, aliis poterit ministrari, pro eremitis aliud congruum inveniatur."

第十六章

作为世界之表象的餐桌

餐桌体现群体身份与权力关系

餐桌是交流的最佳之处，或许还是理想之处。到了餐桌上，大家可以轻松自在、无拘无束地跟友人谈天说地。这一点我们在日常生活中司空见惯，毋须史实佐证。故我们关注的，不是作为**地点**的餐桌，而是作为**交流途径**的餐桌。为此，我们将分析用餐这种欢宴仪式，这种饮食活动采用何种形式与模式，保证并庆祝每日的生存，并使自己成为各种符号与意义的载体。

这是由用餐的集体属性带来的，仅此一点，饮食活动就被赋予语言与交流的内涵。正如巴特（Barthes）指出，每种活动的进行，都在他人面前，都离不开他人配合；这会影响其本质（这里当然指用膳），并以**环境**的象征与价值来丰富它。[①]鉴于用膳不可避免，鉴于它们因维系生命而产生的重要作用，其展现的象征与价值就同样重要，同样丰富。作为生命自我滋养之处，餐桌成为肯定或否定生命意义的绝佳途径——尤其当此举意味着将生命与他者联系起来（或确证这种联系，偶尔废除这种联系）。无论如何，这种人际关系

① Barthes 1961.

维度源于欢宴仪式，因为用餐具有似乎根植于人性的集体特征。普鲁塔克借《席间闲谈》中某人物说道："我们宴请别人，不单为吃喝，而是要同吃同饮。"①

因此，convivio（"筵席"），隐喻着群体或同居，即 cum vivere（"共同生活"）。②同居不一定意味着志同道合或意气相投，世人对"欢宴"存在太多误解。餐桌同生命一样，是中性之地，好事会上演，坏事会发生，甚至还是矛盾与冲突的理想舞台。以技术而论，餐厅极适合行刺与下毒；以隐喻而论，餐厅是最重要、最洪亮的"传声筒"，无论何事，无论何种人际关系，友情与结盟也好，分离与背叛也好，都能听得清清楚楚。例如，来自阿马尔菲（Amalfi）的贵族之子毛罗，遭贝内文托（Benevento）公爵吉苏尔福（Gisulfo）背叛，就发生在餐桌旁："起先，吉苏尔福待毛罗彬彬有礼……请他与自己共膳。后来，公爵把他带离餐桌，软禁到他的房间。"③

尽管餐桌表示着群体的身份，但也在那个语境下，展现了实力与权力的潜在关系。此外，餐桌还体现了未获邀请者的"差别"。作为社群及其内在和谐与外在关系的隐喻，餐桌既是容纳之所，又是排挤之所。对于作恶的修士，不得同膳，乃绝罚的第一种形式，亦为最重要的形式。按照本笃会规，独自用膳表示有罪，并有心悔过。④对于一般信徒，"绝罚"包括要求其独来独往，以及将其逐出

① Plutarch, *Dispute convivales*, II, 10.

② Montanari 1989, pp. VIIff.

③ Amato di Montecassino, *Storia de' Normanni volgarizzata in antico francese*, ed. V. De Bartholomaeis, Roma, 1935, p. 343.

④ Montanari 1988a, p. 29.

公共就餐区，没人能与受绝罚者同膳，除非其本人受到同样惩罚。据克吕尼修士奥东讲，英格兰国王因过，不得不与两个受主教绝罚的帕拉丁侯爵同膳。[①]

同膳群体成员间的权力关系也同样明显，从公共餐桌上的就餐方式便可见一斑。[②]因为聚到一起，每个参与者都成为集体的一部分，因而餐桌可以视为团结一心的象征地。隐修团体如此，世俗社团和兄弟会的仪式聚会如此，甚至连家庭核心亦如此（据某些中世纪文献描述，所谓家庭核心，指“吃同种面包，喝同种葡萄酒”的集体）。[③]

有时，人们因邀约而同膳。这就涉及把邀请者与应邀者分等的区分机制。这一行为蕴含多重价值，甚至截然相反的价值。如果邀约为自由或者说自愿发出，那么宾客便处于负有客观债务的境地，故低人一等。在人类学领域，这种情况常以互惠原则或回赠礼物加以平衡。[④]邀请他人用膳，标志着慷慨大度，经济宽裕，说到底，象征着权力。邀约是自我肯定的姿态，某人周围聚集的人越多，客人地位越高，此人就越重要。腓特烈二世的宴会厅里，十八人获准与皇帝同席，另有一百六十二人于旁边小型餐厅用膳。[⑤]埃博利的彼得罗（Pietro da Eboli）在歌里，描绘了“无视数字规则”的亨利六世（Henry VI）的餐桌。[⑥]

---

① Ibid.

② Ibid., pp. 29–31（及其后文字）。

③ Montanari 1989, p. ix.

④ Sahlins 1972, pp. 130–133.

⑤ 数字根据整个宫廷的扁桃日供应量推断而来，见 Tramontana 1993, p. 183。

⑥ 这个说法未免夸张（numeri nulla lege coacta fuit）。*De rebus siculis carmen*, RIS, XXI, ed. E. Rota, Città di Castello, 1904–1910, p. 40 (vols. 252–253).

如果邀约并非真心实意，而是出于义务，那这种行为的含义就全然不同了。它表明一种依赖关系，表明主人的社会地位低于宾客。比如，每逢领主或其代理人（后者更为常见）视察农业生产及产品分发，催缴地租，许多佃农不得不设宴款待。有时，我们能碰到意想不到的文献。比如，1266年，阿斯蒂地区的两个农夫，跟如雷贯耳的“潘恰之主”（dominus Pancia）订立租约。租约写到，两人需提供两顿晚宴作为年租，分别在1月和5月，同时还附上了菜单细则。[①]不过，更常见的是食品和各类食材组成的“捐赠”报酬（实为逼捐），似乎没有其他含义。当然，它们也表达了一种感激义务，换言之，一种委身于人、低人一等的状态。也正是因此，佛卡恰烤饼、鸡雏、禽蛋经常成为地契里的指定物品。[②]

这些农产品、这些邀约的象征内蕴，因各个时期的解读规则不一而有所不同。因而，在中世纪文献中，对于正餐与晚餐的报酬，众说纷纭。大家争论的焦点，并不在于给做东的个人或机构提供一头还是两头仔猪，而在于报酬的**意义**。是真心实意，还是迫不得已？是权力的标志，还是从属的标志？12世纪，伊莫拉（Imola）的主教与城市大教堂的总管，因为一顿需要但未准备的盛宴起了争执。[③]米兰的圣安波罗修大教堂的修士和教士，也卷入过类似纷争。[④]从1254年的一次问讯中，我们得知，巴里（Bari）的圣尼古拉斯教堂（Saint Nicholas）的长老和神职人员，同样为某筵席吵得不可开

---

① Q. Sella, *Codex Astensis*, IV, Roma, 1880, n.1022, pp. 43–44.

② Montanari 1988a, p. 133.

③ Ibid., pp. 101ff.

④ Ibid., p. 120（参考 Ambrosioni 1972, pp. 83–84）。

交。以往，长老在教堂内设宴（convivium）款待教士。[①] 在各人或各相关团体的关系中，管待或邀约的含义至关重要；若出现细微的解释偏差，莫衷一是，就会找来裁判，仔细询问证人后加以定夺。

在宴会厅里，用架子支起的餐桌可根据需要增减，这种安排无不生动体现着社会等级与优先权利。按照精确的宴请规矩，餐桌一般分开摆放，但也可为社会地位相同的宾客而摆到一起。隐修习俗看重平等用餐，可即便有最体现“民主”的这一点，院长仍然分桌就餐，唯有间或到访的宾客，方能与之共膳。[②] 餐桌上，位置的安排极讲究，其重要程度全看宾客跟主位（即权力最大者）之远近，跟戏剧演出如出一辙。中世纪餐桌往往为狭长的矩形，根据图像学，主人或特殊宾客一般坐于矩形长边的中点，其最能体现他们的核心地位。在拜占庭王朝，餐桌礼仪繁复，个人在餐桌上的位置就取决于其职位与威望。[③] 克雷莫纳主教兼皇帝奥托一世特使柳特普兰多，看到自己的座位排到第十五个，觉得离君主太远，遂怒火中烧。[④]

但丁（Dante Alighieri）显然也有过类似经历。据乔瓦尼·塞尔坎比（Giovanni Sercambi）的一部中篇小说，但丁赴那不勒斯觐见国王乌贝托（Uberto）。国王早闻诗人大名，渴望“领略其睿智

① *Le pergamene di S. Nicola di Bari, Periodo svevo*, 1195–1266, *Codice diplomatico barese*, VI (n. 93) [a.1254], ed. F. Nitti, Bari, 1906, p. 147: “convivium in sala ipsius ecclesie, in quo accedebant omnes.”

② Montanari 1988a, p. 29.

③ Montanari 1989, p. ix (e il testo, ivi riportato alle pp. 248–249, tratto dal *Libro delle cerimonie* dell’imperatore Costantino VII Porfirogenito, ed. A. Vogt, Paris, 1967, II, pp. 102–104).

④ Liudprandi, “Relatio de legatione constantinopolitana,” XI, in *Opera*, ed. J. Becker, Hannover–Leipzig, 1915, p. 181. 见 Montanari 1988a, p. 28。

图 38 中世纪餐桌往往为狭长的矩形，图片出自《亚历山大国王历史》（*La Vraye Histoire du Bon Roy Alixandre*，约 15 世纪）

与才华”，遂邀其入宫。但丁进宫时，“穿着最普通的衣服，因为只有诗人才敢”。到了正餐时间，“宾客洗完手，依次落座。国王和众男爵坐到他们各自的位子，而但丁最后被安排到餐桌尽头”，也就是离国王最远的地方。面对如此冒犯（当然，国王见他如此寒酸，怎么也想不到是大诗人），但丁默默吃完自己的饭菜，“转身就离开……返回托斯卡纳”。吃了一会儿，国王想找但丁，问他为何不来见面。下人回禀，餐桌尽头那个寒酸的客人就是但丁，但他已经匆匆离去。

国王听了后悔不迭，连忙派人去寻但丁。没过多久，仆人找到但丁，还转交给他一封致歉信。随后，但丁又回到那不勒斯，可这一次，他“身着华丽的长袍”，觐见国王。乌贝托“邀请但丁坐第一张餐桌的上首，自己的旁边”。随后佳肴美酒开始端来。接着，但丁的一个怪异之举，令全场贵宾大吃一惊。“他把肉抹到自己的长袍上，酒也往身上倒。见到此情此景，国王和众男爵惊呼，‘那

图 39　宫廷宴会的场景，出自 15 世纪一幅挂毯

个家伙肯定是疯了’。国王问但丁：‘瞧瞧你干的好事！人人眼中的智者，行为怎么如此粗鄙？’”不出所料，但丁的回答发人深省：“陛下，蒙您高看，亲邀做客，我深感荣幸，可您高看的是我的衣服，所以就让它们亲口品尝宫廷御宴吧。”这话着实令人难堪，但国王叹服于但丁正直睿智，“心生敬意的国王把但丁留了下来，不时向其求教”[①]。

就连上菜也体现了威望与权力。皇亲国戚的餐桌上，摆着普通

① G. Sercambi, *Novelle*, ed. G. Sinicropi, Bari, Laterza, 1972, pp. 314–315 (nov. LI).

人家餐桌上没有的昂贵餐具。贵族不用木制、锡制餐具，或者当时吃饭最常用的陶制器具，[①] 而用金器银器，以及珍贵的玻璃和水晶制品。这样能震撼宾客，征服宾客，使其拜倒于主人的财富。在西西里王国，鲁杰罗二世（Ruggero II）的御宴“激起其他王公的钦佩”[②]（注意这两个不相干却连用的词语——“钦佩”像敬畏或恐惧一样受到“激发”）。食品与饮品之丰富多样，“侍奉之面面俱到”，令卧食者（史家这里用 discumbere，似乎表明，12 世纪至少西西里王国，依然保留着罗马时期盛行但中世纪早期基本绝迹的卧食习惯）惊讶不已。每个人都配有“金制银制的酒杯或餐盘”，甚至仆人也身着纯丝的华服。

浮靡炫富之风甚至席卷厨房。文多弗的罗杰（Roger of Wendover）写道，英格兰国王亨利三世（Henry III）胞妹、瑞典国王腓特烈二世第三任妻子——王后伊莎贝拉（Isabella）的宫里，不仅酒杯、餐盘以纯金纯银打造，最令人瞠目的是，连炊具也用珍贵材料制成：“锅碗瓢盆，无论大小，均为纯银质地。”[③]

即便在最奢华的餐桌上，酒杯和餐具也不会仅限一人使用，一般来讲，少则两人。酒杯手手相递；[④] 盛液体食物的碗和切固体食物的砧板，则置于两个客人中间。富贵人家如此，穷苦人家亦如此，

---

① Fossati–Mannoni 1981; Alexandre–Bidon 2005.

② Alexandri Telesini, “De rebus gestis Rogerii Siciliae regis,” II, VI, a. 1130, in G. Del Re, *Cronisti e scrittori sincroni napoletani*, I, Napoli, 1845, p. 103. 下同。见 Tramontana 1993, p. 182。

③ *Liber qui dicitus Flores historiarum*, MGH, SS, XXVIII, ed. F. Libermann e R. Pauli, Hannover, 1888, p. 71.

④ 这产生了谁具有优先权的重要争议，Montanari 1989, pp. 191–192 讲述了一个相关例子（引述自苏尔皮基乌斯·塞维鲁斯［Sulpicius Severus］的《圣马丁传》［*Vita Martini*］）。

图 40　古罗马人卧食场景，作者不详

因此我们不可以餐具不足而释之。相反，我们再次注意到，社群意识（把分享食物视为共同生活的方式和隐喻）已经在中世纪文化中根深蒂固。这个不容置疑的事实，在 13、14 世纪催生出许许多多的喜剧桥段：有些客人本势同水火，或者用餐速度各异，吃热喝辣的本事不同，可恰巧安排到了一起，结果弱势胆小的一方，有时不得不叫苦不迭。[①]

① Montanari 1989, pp. 401–402 引述了佛朗哥·萨凯蒂的小说中的一个例子，小说主人公诺多·丹德烈亚在本书第三章已经提及。

图 41　耶罗尼米斯·博斯（Hieronymus Bosch）
绘《迦拿的婚礼》（约 16 世纪），图中可以看到是共享杯子

餐桌礼仪："做作"的中世纪

不过，亦有要求宾客统一遵守的餐桌礼仪。欧洲文学，尤其是13世纪初的欧洲文学，创作了大量的"优雅举止"指南，指导绅士贵妇及其子女在餐桌上如何行事。[①] 用餐者不可用衣服擦手，而要用台布（餐巾尚未发明）；饮酒前应擦嘴，以示对同杯共饮的餐伴的尊重；咀嚼时不可发出声音；咬过的面包不可放回篮中；不可用手指蘸沙司；不可擤鼻涕或抠鼻子；不可用刀尖剔牙。凡此种种规定后来成了金科玉律，在特权和权力的保护区周围，筑起了一道围栏，把"外人"区分开来。所谓"外人"，即指佃农，也就是"乡巴佬"，从13世纪起，他们被视为和指定为城市或贵族社会的消极一面，而这个社会在特权和阶层分隔方面变得越来越僵化。[②]

城市与宫廷的"优雅举止"，自然是这个封闭过程的正式手段，而餐桌再次成为纳己与排外的地点。尽管宴会仪式的礼节日益繁复，却并未消除掉与食物有关的身体与物质方面的内容，其在中世纪情感中颇为典型。例如，中世纪人羞于用叉，故叉子在餐桌上很罕见；他们一直更喜欢用手，追求与食物的直接接触。[③] 对于这种情况，礼仪指南会建议，仅用三根手指，不要"像佃农那样"用整只手。[④]

中世纪早期，隐修团体也制定了相关的餐桌礼仪，以明确并展

---

① Elias 1982，亦见 Bertelli–Crifò 1985; Romagnoli 1997。

② 关于"乡巴佬"的讽刺，亦见 Merlini 1894。见 Montanari 2000。

③ Montanari 1991, p. viii (e il testo riportato a pp. 247–249). 见本书第十七章。

④ 关于"乡巴佬像猪一样贪婪"（rustic piggishness），见 novelle XXV di Gentile Sermini, in *Le novelle*, ed. G. Vettori, Roma, Avanzini e Torraca, 1968, 1, pp. 442–443。

图 42　在宴饮中用三根手指进食，出自《健康全书》

示自己的身份，以及与“众”不同的生活方式。其中，尤为重要的是本笃会的沉默誓愿，[①]践行者必须时时刻刻恪守，当然也包括用膳时。餐桌本是畅所欲言的地方，这样的规定似乎有违常理。可正因如此，才能表明践行者决心与外界一刀两断，置身世俗宴会的喧嚣之外，[②]打开另一种沟通方式，聆听上帝，聆听用膳时所学的神的教

① *Regula Benedicti,* VI, in *La Règle de Saint Benoît,* ed. A. De Vogüé e J. Neufville, Paris, Le Cerf, 1972.

② 见 Ugo Falcando, *Historia o Liber de Regno Siciliae*, ed. G. B. Siragusa, Roma, 1897：阿格里真托（Agrigento）大主教真蒂莱（Gentile），在鲁杰罗二世去世后，便自暴自弃，终日沉醉于宴会的喧嚣（crebra convivia splendidissime celebrare... inter epulas loqui plurimum）。

义。不必言语，洗耳恭听，强势者如查理大帝亦遵循此行为模范。据传记作家艾因哈德记载，[①] 查理大帝用膳时，命人朗读奥古斯丁的《上帝之城》（*De Civitate Dei*）；偶尔，他好像喜欢听人讲亚瑟王（King Arthur）[②] 等据说为他所欣赏的传奇英雄。修士更不可思议。尽管上有沉默律令，他们仍发明了一套身势语，靠手、舌、眼乃至全身，不但能描述并默指餐桌上的所有食品和菜品，还能予以品评。11、12 世纪克吕尼修会的规章制度便是明证。[③]

食物的品质与样式也是餐桌上的谈资。如果修院饮食的一大特点是戒荤，那么蔬菜、干酪、禽蛋、鱼类等替代食品就成了其象征。在四旬斋和其他斋戒日食鱼或放弃吃肉，并非什么丢脸事（很多文献记载中，都出现了用中世纪教会高层喜欢的鱼准备的盛宴），毕竟这是追随某宗教团体的标志。按照中世纪规定，斋戒指全天仅日落后用餐一次。遇到某些礼拜庆祝，人人都需斋戒，修士则还要在一年中的其他时段斋戒。“有人确证，国王斋戒时，自己并不斋戒。”这就解释了为什么按照 12 世纪某阿拉伯编年史书，我们能判断巴勒莫王公马赫迪耶的菲利波（Filippo di Mahdia）“是真正的穆斯林”，以及为何诺曼王鲁杰罗二世将他烧死在火刑柱上。[④]

除以上极其笼统的印象，消费与享用某食物者的社会身份，乃是由该食物的特征与品质决定的。经久不坏的食物，如肉干、鱼干、干酪，以及谷物、豆子或栗子等终年储存的农产品，令人想

---

① Einhardus, *Vita Karoli Magni*, 24, ed. G. H. Pertz, Hannover, 1863.

② 见 Montanari 1989, p. xxiv。

③ 见本书第十四章。

④ Ibn al-Athir, “Kamil ’at tawarih [Cronaca compiuta],” in F. Gabrieli, *Viaggi e viaggiatori arabi*, Firenze, Sansoni, 1975, pp. 479–480.

到生存问题，故带有“贫穷”意象。新鲜食物，如肉、鱼、水果，则给人以奢侈感。另一个重要的区分要素是季节性食物和本地食物。它们堪称现代文化的掌上明珠，在中世纪却不受待见，即便没有贴上贫穷的标签，至少也是平庸的代名词。东哥特国王狄奥多里克的大臣卡西奥多鲁斯，为君主遍寻各地最佳物产。在一封信中，他写道：“皇室餐桌之丰盛，其实于举国至关重要，因为大家认为，君主财力之大小，全看其餐桌上的菜肴是否稀有。只有平民才会满足于本地的物产。君主的餐桌必须摆满珍馐佳肴，让人惊叹不已。”[①]

因此，能把五湖四海的食物，聚拢到自己的餐桌，无疑是财力与权力的明证。索尔兹伯里的约翰（John of Salisbury）曾援引马克罗比乌斯（Macrobius）等先贤的事迹，批评当时宴会铺张浪费之风。大约 1155 至 1156 年，他随教皇阿德里安四世（Adrian IV）到访普利亚。有一次，他受到宴请。邀请者只知为“卡诺萨（Canosa）的一个富人”。宴会从下午三点开始，一直持续到翌日清晨六点。席间，宾客遍尝地中海各地佳肴。“有君士坦丁堡的，有巴比伦、亚历山大港、巴勒斯坦、的黎波里塔尼亚（Tripolitania）的，有柏柏尔（Berber）地区、叙利亚、腓尼基（Phoenicia）的。”他评论道，仿佛西西里、卡拉布里亚、普利亚、坎帕尼亚，根本不足以让“挑剔的客人”提起兴趣。[②]

权力与财力的语言不仅通过食物本身来传达，同样重要的，还有食物的呈现形式，亦即宴会架构必不可少的“美食架构”。当然，

---

① Cassiodoro, Variae, XII, 4, CC, *Series latina*, 96, p. 467. 这一文献本书第四章已探讨过。

② Giovanni da Salisbury, *Policraticus sive de nugis curialium et vestigiis philosophorum*, VIII, 7, ed. C. Webb, Oxford, 1909, pp. 270–271.

中世纪尚不是大讲排场的时代，不像 15、16 世纪那样，创造出五花八门的东西，让宫廷贵客叹为观止，[①] 把宴会体验几乎挪到表演领域，使人难辨是眼睛的幻觉，还是嘴巴的错觉。不过，中世纪亦注重食物的样式与戏剧性。比如，有一道菜叫“全副武装的阉伶”（castrato armato）——把一只肥大的公绵羊或公山羊插到烤肉扦上，慢慢炙烤；烤毕，用香肠缠绕羊角，作为“装饰”，然后端上“大餐桌”。这份菜谱出自 15 世纪意大利南部的一本食谱。[②]

这些文本特别指出，烹饪要讲究色。值得注意的是，中世纪烹饪的色彩意识有别于今日，口味艺术有自己的特色。如今，食物的颜色意味着新鲜与“本性”。可在中世纪恰恰相反，烹饪者用其他物质给食物“上色”。食物因此呈现人为的外观，几乎失去了本真的样子。用来上色的原料各式各样，但主要为草本植物和辛香料。许多拌肉沙司以颜色闻名，像白沙司、驼色沙司（典型的骆驼色）、绿沙司、黑椒沙司，以及众食谱收录的各色沙司。[③]

操作指南往往讲得更明确。例如，某肉饼烹饪指南写道，“用蛋黄上色”[④]；“马蒂诺”肉汤要求“用藏红花上色”（colora del safferano）[⑤]；七鳃鳗肉饼需要“用藏红花上色”（colora de saffarana）[⑥]；虾饼也需要“用藏红花上色”（colora de zaffarano）[⑦]；做香草馅饼的话，“加藏红花上色，多多益善”（dalli colore et çaffarano

---

① 关于炫耀式菜品，见 Montanari 1993, pp. 115–118。

② Anonimo Meridionale, *Due libri di cucina*, Libro A, cxxxiv, ed. I. Boström, Stockholm, Almqvist & Wiksell, 1985, pp. 28–29.

③ Ibid., Libro A, xxxvii, xxxviii, xxxxii, cxxxvii; Libro B, xv.

④ Ibid., Libro A, iii.

⑤ Ibid., Libro A, lviii.

⑥ Ibid., Libro A, lxxvi.

⑦ Ibid., Libro A, cxxx.

al meio che poy）[①]。要使菜品呈黄色，通常添加大量的蛋黄和藏红花，或者采用煎炸和烤制的烹饪方法。对黄色的偏好在马蒂诺师傅的食谱里随处可见。这本中世纪烹饪名著，将许多菜品都“调”成黄色，[②]令人不禁想起当时绘画特有的金黄色背景。这种偏好源于璀璨如日的金子意象，而金子象征着坚不可摧的永恒。[③]金子的意象一般以他物代以呈现，因为金子不可食用，更难为多数人所得。其实，真金有时的确会用到食材中；炼金术士的主要工作，就是寻找“适合饮用的金子”。[④]如今，仍有一些厨师以金叶点缀自己的菜品。20世纪最著名的意大利厨师瓜尔蒂耶罗·马尔凯西（Gualtiero Marchesi）创造的史无前例的一道菜，便是以金箔置顶的米兰肉汁烩饭（risotto alla milanese）。

除了黄色，常用的还有象征纯洁的白色，[⑤]四旬斋食品尤其讲究这点。餐桌上，各种颜色参与绚丽多彩的表演。以三色的四旬斋馅饼为例：将杏仁研磨成粉，煮熟，分成三份；第一份加薄荷、香芹、牛至（上绿色），第二份加藏红花，第三份加白糖。[⑥]今日司空见惯但中世纪餐桌上难觅其踪的颜色，非红色莫属。不过，随着番茄沙司日益普及，红色也最终获得认可，但这也是18、19世纪的事了。[⑦]

备料与烹饪方式也凸显出中世纪菜肴的“做作”特点，这也正

① Ibid., Libro A, xxxv.

② Montanari 1990a.

③ 见 Bolens 1988。

④ 部分重要例子见 Camporesi 1993, pp. 75ff.。

⑤ 关于颜色的象征意义，见 Pastoureau 1989。

⑥ Anonimo Meridionale, *Due libri di cucina*, cit., Libro B, xxvii.

⑦ 关于番茄的历史，见 Gentilcore 2010; Montanari 2004, p. 150。

是追求节俭与质朴的德育家所不齿的。索尔兹伯里的约翰就向当时的填馅习俗发难，认为一种动物的肉馅填入另一种动物体内后，其气味将荡然无存。如约翰所言，该做法在罗马时代就已出现。当时有一道菜叫“特洛伊猪”（porcus troianus），猪的体内填入其他肉类，不免作特洛伊木马之想，因此而得名。他指出，可至少在罗马时代，世人仍惊诧于这类创举，仅在例外情况下做此处理；而如今，它们俨然成为常态，大家也不再大惊小怪：“许多东西，因为已经被使用和滥用，我们已见怪不怪，但祖先却颇为新奇和惊叹，比如特洛伊猪，如今做法已是家常。”[①]

最后，界定并代表权力结构的宴饮机制中，最重要的无疑是食物的分发。众所周知，凯尔特－日耳曼传统与希腊－罗马传统，都极其重视分肉。[②]分切的肉的品质（文化不同，讲究与说道也不同），反映了宾客的等级，或佐证之，或动摇之，或颠覆之。为了得到“最佳部分”，宴会厅里展开了激烈的权力较量，结局有着鲜明的象征与隐喻意味。[③]当然，此番较量的量的层面同样不可忽视，对于凯尔特－日耳曼传统尤为如此。权力最大的，当属食物最丰盛者，恣意饕餮之间，彰显自己超出同辈的体力与精力。[④]

---

① *Policraticus*, cit., VIII, 7, pp. 271–272.

② 见 Grottanelli–Parise 1988。

③ 例如，在凯尔特诗歌《麦克达索之猪》（“Scéla Mucce Meic Datho”）中，“麦克达索的猪”就是故事的核心，见 Sayers 1990。亦见 Montanari 1989, pp. 125ff.（爱尔兰的库丘林［Cu Chulainn］传奇及“英雄部分”的归属）。

④ Montanari 1993, p. 31.

强者多食与强者多施

中世纪文化深深地根植于该传统。文学中常见强者多食的形象(强，故多食；多食，故强)。隐修思想则反其道而行，坚信修行者必须节制口腹之欲，才能变得谦卑。强者饮膳多于常人，方显其力量，且与其地位相称；这种原始印象在中世纪早期相当活跃。以斯波莱托(Spoleto)公爵圭多(Guido)的故事为例。据柳特普兰多记载，圭多因所食甚少，遭法兰克国王下逐客令。[①] 在饥饿的恐惧时时萦绕的社会，食物便是权力的标志。时移世易，食物的这层人类学含义，也发生了重要的改变。

后来，“权力营养学”的食量层面有所消失(但仍见于骑士文学)，并日益为质的特征所取代。如何挑选食物，区分精粗之食，融入了宫廷仪礼，似乎成为贵族举止的重要部分。[②] 精制的葡萄酒与纯白的面包，鲜嫩的肉菜与馥郁的东方香料，[③] 创造出一种新的奢华观念，不再以多多益善为目标。相反，腓特烈二世为保持健康，饮膳有节，每日仅进一餐。值得一提的是，皇帝不信教，他节制饮食乃为身体，不为灵魂。正如温特图尔的约翰(Johann von Winterthur)所言，皇帝此举“不求神明褒奖，但为体魄健康”[④]。然而，没人会如此描写查理大帝。查理大帝深陷社会风俗与文化义

① Ibid., p. 32.

② Ibid., pp. 75–76.

③ 面包、葡萄酒、肉、辛香料，为大户人家的四大主食。关于12世纪拉齐奥一些主教的餐桌，见“Chronicon Fossae Novae,” in Del Re, *Cronisti e scrittori sincroni napoletani*, cit., I, pp. 524–525 (*Annales Ceccanenses*)。关于腓特烈二世餐桌上广泛使用辛香料，见 Tramontana 1993, p. 183。

④ Così nella *Chronica* di Giovanni di Winterthur, ed. F. Baethgen, München, 1982, pp. 9–10):“non intuitu divine retribucionis sed corporalis conservande causa sanitatis.” 见 Tramontana 1993, p. 184。

务的牢笼，始终无暇惦念自己的健康。他饱受痛风之苦，可从不忌口，餐桌上依旧烤肉不断。[①]

然而，多食概念并未彻底消失，只不过随着时间推移，其内涵也发生改变，从现实性层面转移至可能性层面。在中世纪后期，贵族阶层展示自己权力的方式不再是大量进食，而是在餐桌上摆满各色食物，恣意供应给源源不断的宾客。按布洛赫的观点，统治阶级从事实贵族（nobiltà di fatto）到法理贵族（nobiltà di diritto）的逐步转变，[②]跟饮食方式息息相关，甚至多食佳食也从事实情形（realtà di fatto），转变为法理情形（realtà di diritto）。因此，多食概念发生了变化，强权者并不意味着多食（可以多食，且必须多食），而是有多食的权利，换言之，食物多多，任君选择。贵族阶层逐渐封闭，又紧握特权，于是多食之权就更稳固而不可违，或许也不再符合现实了。到中世纪晚期，领主不必非得做饕餮，而只需在享口福（其实往往是享眼福）的盛宴上，发号施令，尽显权势。[③]

在中世纪晚期，多食的权利取代了多食的义务，并日益固化，成为仪式的组成部分。1344 年，阿拉贡的佩德罗四世（Pedro IV de Aragón）颁布敕令规定，御宴上需根据每个宾客的地位来上菜："宾客地位有高有低，为其上菜，亦应区别对待。国王的大浅盘，应备八人份食物；亲王、大主教、主教的大浅盘，应备六人份食

---

① Montanari 1993, pp. 35–36.

② Bloch 1949.

③ Montanari 1993, pp. 155ff.

物；跟国王同席的教长和骑士的大浅盘，应备四人份食物。”[①]在19世纪那不勒斯的波旁王朝，类似宴饮规定依然存在，比如斐迪南四世（Ferdinand IV）当政时期，国王上十菜，王后上六菜，亲王上四菜。[②]

看人上菜，象征着贵族特权。14世纪初，其标准日趋严格，有“禁奢”法令为证。它们旨在限定不同社会阶层的膳食模式与用膳方式，并将其纳入预设的框架之中。[③]宾客限数，菜品限数限量，往往出于反对浪费、提倡节约等道德原因。不过，其实质仍在于，规约生活方式，杜绝不合社会地位之“责任”、不讲等级次序的行为。因此，借由衣食恣意展示财力与权力，就受到谴责与禁止。

例如，1308年，墨西拿的费德里科三世（Federico III）颁布了《一般与特殊敕令》（*Ordinationes generales et speciales*），禁止举行大型婚宴（generalia convivia），即禁止把合理合法的庆祝，变成利用家事结缘结盟的托辞。敕令规定，婚礼期间，可以专门为新婚夫妇的第一、二级亲属或远客，举行为期仅一天的宴会。[④]另一项法令则禁止所有官员和君主的地方代表（“伯爵、男爵、士兵、乡绅”），在“自己住所之外的地方”招待宾客，防止他们借机扩大自己的影

---

① 译文引自 O. Schena, *Le leggi palatine di Pietro IV d'Aragona*, Cagliari, Edizioni della Torre, 1983, IV, 5, p. 247. Ibid., p. 29 提到，这段文字出自1337年马略卡（Maiorca）王国贾科莫三世（Giacomo III）颁布的《帕拉蒂尼律》（*Leges Palatinae*）。关于食物分量精确对应于社会阶层，另一个类似例子见 Laurioux 1992。

② 见 Alberini 1969, pp. 21–22。

③ Montanari 1993, pp. 104–105; Redon 1992; Campanini 2006.

④ “Ordinationes generales et speciales editae per Serenissimum D. nostrum Regem Federicum tertium in Colloquio generali Messanae celebrato,” in F. Testa, *Capitula Regni Siciliae, quae ad odiernum diem lata sunt, Palermo*, 1741–42, I, pp. 99ff. 亦见 Del Giudice 1887; Meldolesi 1973, p. 67。

响力。除此之外，宴会开销不得超过日常预算的三分之一。[①]

此类律令反映出，统治阶级欲借餐桌，循照人类学模型，构建并巩固忠诚与同盟的关系。这一模型让人不禁想到首领的原始意象：收获战利品和金银财宝后，首领会再次分赏给手下，让自己的权力变得名正言顺。同样的赏赐原则，经基督教文化点染，带上了道德与宗教色彩，融入劝富贵与强权者扶危济困的训导词中。扶危济困本为社会责任，为穷人发放救济粮无疑是其首要形式，从其象征意味可见一斑。[②]Pauperes 在中世纪文化里，一语双关，兼有"贫""弱"之义，中世纪还将教会与修院中大部分人视为"以穷为业"，因此"穷人"一词含义宽泛模糊。但凡有权有势者，都不会忽视周济穷人。另外，扶危济困还能拯救灵魂，于是乎，穷人成了与天堂建立亲密关系的最佳通道。有人在世时，利用节日或庆祝活动，向穷人施舍粮食，或者将此写入遗嘱；施主财力越厚，权力越大，就越应该慷慨解囊。据某史家记载，1233 年，腓特烈二世在圣杰尔马诺（San Germano）广场，隆重庆祝自己的生日："超过五百个穷人到场，尽情享受美味的面包、葡萄酒和肉。"[③]

说到把穷人视为天堂钥匙，我们必须结合人种学与人类学的研究。在意大利南部，穷人处于社会的弱势及边缘地位，是"死者的牧师"，即死者的影像或原像，因此是与往生世界联通的媒介。[④]通过穷人，我们很容易触及丧宴主题，这种为向死者致敬而举行的宴

① Meldolesi 1973, p. 70.

② Montanari 1979, pp. 453–456.

③ Riccardo di San Germano, *Chronica,* RIS, VII, ed. C. A. Garufi, Bologna, 1937–38, pp. 186–187: "ita quod pauperes ultra quingentos manducaverunt, et saturati sunt nimis pane, vino et carnibus."

④ Lombardi, Satriani, e Meligrana 1982, pp. 99ff.

会，也许甚至会在坟墓边举行，往往被作为与其交流的途径，以及死生不断、相连依旧的象征。[①]

以食物衡量社会和经济身份的基本观念，甚至也见于周济穷人一事。在上文的敕令中，阿拉贡的彼得要求，所有残羹冷炙应该送给穷人。“一旦酒窖里的葡萄酒变了味……管窖人就会拿来救济。”[②]“当烘房的面包变了质……师傅便迫不及待地送去施舍”，一同送去的还有宴会上吃剩的面包。[③]“水果和干酪酸馊以后，立即分发给赈济工。”[④]此外，卡马尔多利修院规定，变质、酸馊或发霉的葡萄酒不得存于食堂，而应施予外人，即穷人及路过的朝圣者。[⑤]

于是，“穷人”在这场富足与炫耀的游戏中，也占有一席之地，而且作用非同小可。一来，他们既是手段，又是目标；二来，他们的贫困（这种社会与经济状态如此普遍，可谓“常态”），成为借丰盛的餐桌展示特权与强权的唯一真正的动机。这个体系融合了两个迥异的因素：只有普遍的饥饿状态或不稳定的生活条件，才有理由产生强烈而浓重的与食物相关的象征意义。即使是“穷人”也分享着这种富足炫耀的文化。也就是说，**真**穷人（而非以穷为业者）为了提升自我价值，也会把禁欲、戒绝和饥饿，视为理想的生活模式。许多以贫为乐的修士、隐士和吟游诗人，刻意重现**真**穷人的膳食方式，可**真**穷人也渴望像那些有权势者一样，吃得饱，吃得丰盛。

---

① 例子见 Montanari 1989, pp. 302–303。

② *Le leggi palatine*, cit., I, 3, p. 89.

③ Ibid., I, 6, p. 95

④ Ibid., II, 13, p. 159.

⑤ 见本书第十五章。

只不过对于有权势者，富足是日常事；对于穷人，富足则是一场梦，一次前所未有的盛事。12 世纪早期，意大利乃至全欧都流传饱食餍足的大众神话——安乐乡。[①] 现实中求而不得，遂造安乐乡而求之，然准入者寥寥可数。受富足文化影响的穷人，对其日思夜想。若逢某些仪式，如圣诞节、复活节、主保圣徒纪念日、家庭婚礼，他们会模仿宫廷御宴的日常架势，也大肆张罗，庆祝一番。在中世纪文化中，节日的一大特征就是食物富足，仿佛大家要趁机让对饥饿的恐惧烟消云散。当然，这个话题有着更宽泛、更普遍的含义。

长久以来，教会文化把食物奇迹（更准确地讲，是食物倍增）视作圣徒地位的主要标志。这种文化认为，从逻辑和象征角度讲，节日宴会比任何庆祝形式都重要。向修院与教堂捐赠食物或饭菜，往往是在主要的宗教节日。修院戒律与教会规范都规定，节日期间严禁斋戒或戒绝，[②]这一点毫无疑问是可以被接受的。切拉诺的托马索（Tommaso da Celano）在圣方济各的第二本传记中写到，某年圣诞节恰逢礼拜五，圣徒众弟子激辩，到底该遵循规定，逢礼拜五戒荤并节制饮食，还是该趁圣诞节之际，准备盛宴，好好庆祝一番。大家莫衷一是，于是让修士莫里科（Morico）找圣徒求教。方济各直截了当地回答道："修士，你犯了罪。你怎能把礼拜五（即戒绝日）称作为我们而生的圣子之日？那日子一到，我巴不得院墙都能吃肉。虽然这绝不可能，但至少我们可以把肉抹到墙上。"切拉诺的托马索继续写道，方济各"希望富人把穷人和乞丐喂得酒足饭饱，

① Montanari 1993, pp. 118–121.

② Montanari 1988a, p. 78.

牛和驴也能得到比平常更多的饲料和干草”。他跟弟兄们还说：“如果我能与皇帝说话，一定恳求他颁布一道普遍的诏令，凡力所能及者，应把小麦和谷物撒到街上；如此一来，每到节庆日，鸟儿，尤其是我们的云雀可以尽情享用。”[1]方济各衷心希望，在圣诞节这个特殊时刻，应该设盛宴，不但招待所有人，无论贫富，而且也欢迎飞禽走兽，乃至屋舍墙垣。

① Tommaso da Celano, *Vita seconda di San Francesco d'Assisi*, CLI, *Fonti francescane, Editio minor*, Assisi–Padova, 1986, pp. 487–488.

第十七章

叉与手

用手进食

餐具并非不可或缺。世界上许多地方的人都喜欢用手进食，享受与食物直接而亲密的触感。在中世纪的欧洲亦然，但与此同时，新的餐桌文化也逐渐形成，带来看待食客与食物、食客与食客间关系的新视角。

13世纪，欧洲不少国家都出现了礼仪手册。书中理所当然地认为，唯一可用的餐具是进流质食物用的匙。出于显而易见的实用原因，匙注定也是唯一不可或缺的。刀和大叉为公共砧板上切肉用，不作个人餐具。中世纪宴会有着根深蒂固的集体色彩，为此大家共用餐具，杯子，餐板或餐盘（一般至少供两人用）。

偶尔或有例外。在11世纪的一幅小画像中，大领主手握餐叉，不过那可能是与对坐餐伴共用的餐叉。[①] 同样是11世纪的皮耶尔·达米亚尼也曾提到，自己在威尼斯遇到一位习惯古怪的拜占庭

① 这幅小画像见于卡西诺山修院所藏一古抄本。与该抄本一样，画像创作时间为11世纪，展示了拉瓦诺·毛罗在《宇宙论》中《论食品》（“De cibis”）一章。见Montanari 1989第200—201页的图表。

公主。她“手不碰食物……而是用双齿小叉送到嘴里”。[①]这在当时确实特立独行。

手是膳食表演中的真正演员。13 世纪礼仪指南专门叙述手部礼仪。例如，抓食物只用三根手指，而不能像“乡巴佬”一样，用五根指头。餐前洗手之重要，便源于此。13 世纪，德国人坦霍伊泽（Tannhäuser）编纂了一本《举止概要》（*Hofzucht*）。书中写道：“听说很多人习惯不洗手就吃饭。如果真的如此，那真是恶心至极。他们的手指瘫掉了该多好！”[②]

说到餐具，唯一有讲究的是匙。16 世纪通行一本书，叫《餐桌五十礼仪》（*De quinquaginta curialitatibus ad mensam*）。其作者米兰人邦韦辛·德拉里瓦（活跃于 13 至 14 世纪）写道：“用匙进食时，嘴巴不要啜含。”（No sorbiliar dra boca quand tu mangi con cugial.）另外，“不要咂嘴”。[③]坦霍伊泽的《举止概要》指出：“贵族不可与他人共用一匙。”[④]该规定值得注意，因为它反映了文化的改变，即更突出个体身份，更强调食客的间离。这一“私人化”还增加了食客与食物的距离，当然这得益于个人餐具的辅助——其一，增加餐匙；其二，引入餐叉。

除了上述文化运动，某些实用原因也推动了个人餐叉的引入。个人餐叉最早出现在意大利，这或许是为了便于用餐，特别是中世纪晚期已经出现的面食。比起阿尔卑斯山其他地区，意大利饮食一

---

① Pertusi 1983, p. 5.

② Elias 1982, pp. 197–201.

③ 邦韦辛的此作品见 *Poeti del Duecento, Poesia didattica del Nord*, ed. G. Contini, Torino, Einaudi, 1978, pp. 191–200。

④ Elias 1982, p. 198.

大特色无疑便是面食。[1]18、19 世纪的绘画及印刷品上，常见那不勒斯的“通心面食客”，他们手里拿着刚从街头商贩处买来的实心细面条（spaghetti）。不过一般来说，实心细面条与通心面都需要餐具，尤其是它们还热气腾腾（本该如此），浇满黄油（中世纪吃法），撒有干酪碎。因此，有关餐叉的最古老文献提及面食食客，绝非偶然。在佛朗哥·萨凯蒂的《三百故事集》中，诺多·丹德烈亚“捧起通心面，一口塞进嘴里，狼吞虎咽地吃起来”。丹德烈亚素以快食闻名，即便食物滚烫，亦不例外。“热得烫嘴的通心面”，餐伴“第一口还没吃完”，可他已经吞进六大口了。[2]

虽多为偶然，但其他文献证实，12、13 世纪的欧洲流行一种新的“餐具文化”。方济各会修士鲁不鲁乞（Guillaume de Rubruk）曾受法王之命，出使蒙古汗国。对于蒙古人的饮食习惯，鲁不鲁乞写道，他们给宾客分羊肉时，“把肉插到刀尖或叉尖上……就像我们吃酒浸香梨或苹果一样”。[3]

到了中世纪末期，餐具终于断断续续地进入餐桌习俗；当然，餐具的用途与选择也因地而异。在《儿童修养论》（*De civiltate morum puerilium*, 1526–1530）中，伊拉斯谟（Erasmus von Rotterdam）虽未提及餐叉，但强调了中世纪传统的用手规范：“乡下人用手吃沙司”；“手在盘底刮来刮去，是很没修养的表现”；“若

① Capatti–Montanari 1999, pp. 59ff.

② F. Sacchetti, *Il Trecentonovelle*, cxxiv, ed. A. Borlenghi, Milano, Rizzoli, 1957, pp. 387–390. 在我们看来，这里的 maccheroni 是指团子（中世纪最常见的含义），还是“现代的”通心面，其实无关紧要。

③ “Itinerario di Guglielmo di Rubruk,” in *I precursori di Marco Polo*, ed. A. T’Serstevens, Milano, Garzanti, 1982, p. 230. 见 Montanari 1989, p. 349。

三根手指抓不起食物，那最好将其留在盘里”。[①]数十年后，法国作家卡尔维亚克（Calviac）在其修养（Civilité）论著中，以一页篇幅介绍了不同国家的习惯差异，同时还提醒，正因为存在差异，“孩子（本书的题献对象）才应该入乡随俗”。他还特意选出两个欧洲国家：德国，守旧，用匙；意大利，求新，用叉。“德国人用匙喝汤，吃带汁水的菜肴”，意大利人更喜欢用叉。法国则介乎两种文化之间：“法国人既用匙，又用叉，根据需要，灵活搭配。”卡尔维亚克继续道：“意大利人通常喜欢人手一刀。德国人也很讲究这点，若自己的刀被拿走，或有人求借，他们会非常恼火。法国人则并不在乎，一整桌配两三把刀，不论谁取用或求借，都不会有任何问题。”[②]

我们这里所谈当然是精英的习惯。1581 年，蒙田周游意大利。在此期间做客，他很少在餐桌上见到餐刀。只有在罗马，在桑斯主教的餐桌上，会“提供擦手毛巾给每个（洗完手的）客人。特殊来宾坐在主人旁边或对面，面前摆着放盐罐的银制大方盘……大方盘上面铺了叠成四折的餐巾；餐巾上有面包、刀、叉和匙”[③]。

16 世纪用膳习惯中，有些仍然十分重要（与延缓个人餐具普及的原因类似或相反），其中就包括“切肉师”用大刀叉来切肉分肉。切肉师一职具有重要的典礼与政治意义，切肉也逐渐成为一门不折不扣的手艺；切肉师配备了五花八门的复杂器具，具体可见斯卡皮的《作品》（1570），或者温琴佐·切尔维奥（Vincenzo Cervio）的《切肉刀》（*Trinciante di*, 1581）。

---

① Elias 1982, pp. 203–204.

② Ibid., pp. 204–206.

③ Montaigne, *Viaggio in Italia*, Roma–Bari, Laterza, 1991, p. 158.

贵族不用餐具?

16至17世纪，在中产阶级文化的推波助澜下，个人意识日渐浓厚，个人餐具的使用日益普遍。这种变化与其说是技术上的，不如说是文化上的。由此而来的痛苦，首先见于库朗热侯爵（Marquis de Coulanges）等怀念“旧秩序”之代表。侯爵曾发自肺腑地写道：“以前，没有庆典的时候，我们用公碗喝汤；经常有人用匙，涂抹煮熟的母鸡；然后，我们用手指夹着面包，蘸到炖锅里。如今，人人都用自己的餐盘喝汤；必须拿匙和叉，彬彬有礼地进食，中间不时有仆人将餐具收走，洗净后放到餐具柜里。”①

想当年，大家可以用手**感觉**食物，手指可以蘸沙司。这不禁使人想到奥索尼奥（Ausonio）的《大事记》。此君让自己的厨师，“摇晃滚烫的汤锅，手指快速插入沸腾的沙司中，然后放到嘴里，用湿漉漉的舌头来回舔舐”②。这种对昔日的追思怀想，有着浓郁的社会与政治色彩。其实，追思怀想的，与其说是旧日的用膳方式，不如说是那段贵族权势如日中天的时光，还有其门第、氏族、家系的传统价值。值得注意的是，这些都在宴会行为中找到表达方式，在与食物的关系中找到活力，完美反映了古代贵族的男性文化与好战文化。文化的消亡是缓慢的，这一点从反对之声中便能看出，即便是在最早使用餐叉的意大利，亦不乏对新餐具的质疑。

最有趣的佐证来自17世纪下半叶的温琴佐·诺尔菲（Vincenzo Nolfi）。此君写过一本女士礼仪指南，其中一章名为《餐桌行事指

---

① Elias 1982, p. 206.

② Ausonio, “Efemeride, ossia le occupazioni di tutta la giornata,” 5–6, in Id., *Opere*, ed. A. Pastorino, Torino, Utet, 1971, p. 271. 亦见 Montanari 1989, pp. 184–185。

南》(“Del ritrovarsi a banchetto”)。他提醒读者，“汤、肉羹等流质菜品……用匙进食”；其他菜品，即固体菜品，可使用餐叉。可不管哪种情况，他提议，最好“用手指夹住（食物），轻轻放到嘴里”。他认为，那时餐叉已经风光不再，因为“人手没有银器那么恶心”。[①]诺尔菲的观点当然与未来发展不符，但反映出时人始终厌恶餐具对食物与口的阻隔，厌恶它们的“金属味”。

18 世纪的礼仪手册事无巨细地讲述餐匙、餐刀、餐叉的用法。“匙、刀、叉弄脏或沾满油脂后，不要舔，更不要用台布擦拭。”拉萨勒（La Salle）在他 1729 年的一部法语著作里写道，“餐盘弄脏后，不要用匙或叉去刮，也不要用手指清洁。”(可见，手指不啻为餐具，许多人认为，两者可互相替代。)另外，

> 用膳时，叉不离手乃失礼之举，需要时取用即可。用餐刀叉食面包，同样失礼。进食苹果、梨等水果，亦不可如此。用叉、匙时，不要像握扫帚一样，整个握到手中……吃流质食物，不要用叉……用餐叉吃肉总不会失礼，毕竟用手指接触油腻食物、沙司或糖浆并不得体。[②]

与此同时，18 至 19 世纪，在富裕的中产阶级家庭里，“俄式”上菜法开始取代传统的“法式”(à la française)上菜法。在“法式”上菜法中，所有菜品同时上桌，食客从公共浅盘中自行取用，类似当今的自助餐。在“俄式”上菜法中，菜品顺次送到每个食客面

① V. Nolfi, “Ginipedia, ovvero avvertimenti per la donna nobile,” in *La gentildonna italiana a convito*, Pisa, Mariotti, 1898；该段话见 Montanari 1991, pp. 247–249。

② Elias 1982, pp. 210–211.

前，为当今通用方式。[①]这种变化是对中世纪宴饮体系的致命一击，标志着个人主义获得决定性胜利，并催生出前所未有的烹饪平等主义。因为新体系提出，所有食客进食同样菜品，再不像中世纪及近代早期，讲究三六九等。这一转变还使扁平餐具数量增加，功能细化。只要财力允许，就给每种食物配备不同形状和尺寸的餐具（根据上菜顺序决定）。到了 19 世纪，扁平餐具更为普及，进入社会各个阶层，昔日与众不同的精英特色遂荡然无存。

文化返古

经过漫长而痛苦的岁月，扁平餐具终于成为寻常物。它的出现或许在美学层面有待商榷，但存在的意义已毋庸置疑。然而即便是现如今，礼仪手册中反复强调的规范和要点，跟 14、15、16 世纪时的并无二致。这表明，对多数人而言，扁平餐具的使用依然是个问题。一来，无从教起，也无从学起；二来，我们不情愿接受这些解放双手又限制双手的器物。其实，扁平餐具会让我们远离（个体与集体的）童年。童年时期，我们与食物保持更自然的“肉欲”关系。另外，童年也是成年后追思怀想、追悔莫及的理想时期。这不正是某些食品大获成功的原因之一么？比如三明治和汉堡，看似“现代”，可食用方式相当复古。

有时，为追求活力，追求与食物之间直接的“生命”纽带，会明确要求用手进食。1930 年，菲利波 · 托马索 · 马里内蒂（Filippo

① Capatti–Montanari 1999, pp. 171–174.

Tommaso Marinetti）发表了《未来主义烹饪宣言》（*Manifesto della cucina futurista*）。该宣言提出“完美膳食”的十一条建议，其中第四条写道：“不用刀叉，在食物送入唇齿之前，体验那亲肤的快感。”[①] 抛开其挑拨而夸张的知识背景，这个建议并非毫无吸引力。因为它可以追溯到古老的感觉、根深蒂固的习惯，甚至难以磨灭的口腹之需（homo edens）。失去“自然”与“文化”、自发与做作、人手与工具之间的相互作用，扁平餐具乃至我们整个文明的历史恐怕都无从谈起。

① F. T. Marinetti e Fillìa, *La cucina futurista*, Milano, Sonzogno, 1932 (riedizione Milano, Longanesi, 1986), p. 32.

第十八章

知识的味道

“五觉”与“八味”

品尝的器官并非舌头，而是大脑。准确地讲，指挥并判断舌头之感知的是大脑。舌头所感受的是口味。19 世纪确定了四种基本口味，甜、苦、咸、酸。每种口味都调动舌头上特定区域的感知器；甜的在前，苦的在后，咸的在右，酸的在左。[①] 可舌头察觉到这些口味后，是大脑开始识别，根据品尝者的品评标准，判断它们“好”或者“坏”。品评标准代代相传，却也因时因地而异。此时推崇的好东西，到了彼时可能声名狼藉；此处公认的佳肴，到了彼处可能人人避之不及。社会阶层、专业团体或者家庭，也可培养特殊的品味，并传给各成员。因此，味道是构成人类文化的要素之一。[②] 舌头代表其生物学基础，而受文化与社会（进而是历史）左右的大脑，则破解有关味道的信息。

在如今的生物学家眼里，这些都理所当然，但其实，古代科

---

① 四味的整理始于 1864 年解剖学家菲克（Fick），他的著作乃根据 Chevreul (1824) 对触觉、嗅觉、味觉的区分。见 Faurion 1966, 1999。

② 见 Montanari 2004, pp. 73ff.。

学家、哲学家，中世纪思想家、作家同样心知肚明。[①] 奥古斯丁承袭亚里士多德之说提出，人有五种“外”感觉，一种“内”感觉；“内”感觉分析评估信息，然后将其反馈给灵魂。[②] 在这些复杂机制中，大脑是“最高决策者”，[③] 负责综合评判味觉体验的感受。奥古斯丁是中世纪科学奠基人，他博采希腊医师及希腊化时代医师之说，将神经系统视为衔接感知器官与大脑的感知之路（via sentiendi）。[④] 他甚至更进一步指出，大脑中负责感觉传输机能的具体部分在前部。[⑤] “大脑通过五觉感知。”中世纪文化的另一位教父格列高利一世 [⑥] 亦附和奥古斯丁道。大脑将感知数据存储到“记忆的肚子里”（对于加工食物者，这不啻为绝妙的隐喻）。因此，口作感触之用，但“乃是灵魂在以口品尝”。[⑦]

人的五觉 [⑧] 中，味觉有着独特的历史。一方面，它被视为认识现实的途径，而且是主要途径。另一方面，它又遭到鄙视，处于整个价值等级里的“底层”。在西方文化史上，自古以来，五觉便有高下之分，其中视觉与听觉为“高级”感觉，触觉与味觉为“低级”感觉，嗅觉则居中。从另一角度看，五觉又分“干净的”感觉，即主客体之间有间隔的“思维”感；以及“肮脏的”感觉，即与客体有接触的“物质”感。时至今日，我们仍然禁锢于这一等级之中。

---

① 此处及下文，见 Prosperi 2007。

② Agostino, *De libero arbitrio*, II, 3, 82; II, 7, 15.

③ 这一思想为 Gregorius Magnus, *Moralia in Job*, XI, 4 所沿用。

④ Agostino, *Genesis ad litteram libri duodecim*, XII, 20, 42.

⑤ Ibid., VII, 17, 23.

⑥ *Moralia in Job*, XI, 6, 5.

⑦ Gregorius Magnus, *Omelie su Ezechiele*, II, 5, 9.

⑧ 《辩及微芒》（*Micrologus*, 2002）第 10 卷是必不可少的文献，它完全以“五觉”为主题。

我们认为视听艺术（造型与音乐）价值之高无可辩驳，但对工学与烹饪等以“物质”感为基础的技艺，却难以承认有同等地位。如今的确许多人大谈烹饪是艺术，可其实常常抱有降尊纡贵的心态。

上述困难及该等级源于西方文化常见的身体偏见。这种偏见在西方文化中古已有之，至少柏拉图时期便已存在，因基督教而更加根深蒂固——基督教提出了原罪思想，将原罪归于人的肉身性与人的物质层面，并构建了尽量摆脱自己本能与身体的属灵的人的乌托邦。

哲罗姆（Jerome）是基督教教父之一、中世纪第一位隐修思想理论家。他认为，感官颇似“窗户”，将罪恶引入人类。[①]还有人以门喻之。感官之所以被视为罪恶的因由与帮凶，是因为它们让人意识到自己的身体，以及随之而来的肉体与头脑的快感。如此看来，一切感官都十分危险。不过，其中以味觉危害最大，毕竟味觉是唯一必不可少的感官。哲罗姆解释道，没有视觉，没有听觉，没有触觉，没有嗅觉，我们还能勉强生存；可没有味觉，就必死无疑，谁也不能不吃东西。正是为口腹之欲所迫，人类才初次体味快乐，从此一发不可收拾。

哲罗姆表示，每个人从小就学习品尝，并以此与生活的物质层面紧紧相连。不独个人如此，整个人类亦如此。我们的祖先亚当和夏娃，就因为贪欲作祟，抵不住禁果诱惑，终铸大错。在哲罗姆看来，原罪不是（至少不只是）思想傲慢的罪过，而是（也是）肉身屈服于贪念乃至欲望的罪过。亚当和夏娃吃了禁果，便发觉自己赤身裸体。这种说法虽无《圣经》文本佐证，但在中世纪，为大量

---

① 此处及下文，见 Montanari 1988a, pp. 3ff.（亚当之恶）。

《圣经》注疏者所接受和沿用。它反映了基督教关注身体，关注快感，关注以“味觉之窗”为媒介的欲望（贪念）。由此就不难理解，为何戒绝与斋戒在隐修生活中至关重要，为何基督教坚持忏悔和四旬斋。[①]

西方隐修文化的另一位奠基人约翰·卡西安（John Cassian），为这一理论带来重要变化，使其更能自圆其说：[②] 人类的罪恶没有同时显现，显然其中有精确的等级之分；它们像遵循链式反应一样，接踵而至。第一种是贪饕之罪，因关乎口腹之需，故此罪难逃。进而燃起身体之爱、欲望之火。对身体的爱慕，对现实事物的追求可引发贪念，也就是渴望据为己有；若有人相争，则必动怒；若求之不得，则必心灰意懒，以此类推。最后，连傲慢也跟贪饕有关。我们设法忘记自己的身体，靠斋戒向上帝靠拢（践行者以修士、苦行僧、隐士为最）。一旦成功，便自以为高人一等，于是就犯下傲慢之罪。

若这些就是中世纪基督教思想奠基人的观点，那么似乎无可能对味觉有积极评价。然而，在科学尤其是医学领域，中世纪文化以古老的亚里士多德思想为本，提出味觉具有感知外部世界的最高级认知能力。一些中世纪科学著作写道，只有味觉可使人掌握事物的精髓。

值得一提的是13世纪杂纂各家之说的《论五种感官尤其味觉》（*Tractatus de quique sensibus sed specialiter de saporibus*），或者其异名抄本《口味大全》。[③] 该书开篇写道，事物的本质与属性可以三种方式得知——颜色、气味或口味，换言之，靠眼、鼻、舌。靠听觉不可能

---

① Ibid., pp. 63ff.

② Ibid., p. 5.

③ 该文本见 Burnett 1991, pp. 236–238。

获得真知，因为物体发出的声音并非其“实体”的一部分。这些理论的一个根据，便是亚里士多德对“实体”与“偶性”的区分。[1]再说触觉。触觉往往误导对事物本性的判断。比如，热水会灼人肌肤，但其性寒；胡椒感觉是寒的，但其性热。事物属性（proprietates rerum）的界定，以亚里士多德的物理学、希波克拉底的医学理论为据，后经盖伦整理，并发扬光大。事物本性源于冷、热、干、湿四种基本特质的不同组合，为土、水、气、火四种自然要素所决定。从古代到17世纪，所有科学思考都围绕这一基本概念。

总而言之，时人首先认定，了解事物本性不应通过听觉和触觉。于是，他们转向视觉，以为视觉多多少少能传递知识。可眼见不一定为实。古语有云，“白，寒凉之女也（filia frigiditatis）”。故有人认定，白色之物皆寒凉。可白色之物也有性热的，比如大蒜。视觉只能把握颜色、形状以及其他“外在”（exteriores）属性，它们是事物本性之“偶性”，而非“实体”。嗅觉比较可靠，能够反映事物属性，但并非总是如此，效果有时并不理想（non perfecte）。浓烈的香气让人不禁认为，芳香的东西性热，但樟脑就性寒。

由此可见，五觉之中，味觉是了解外部现实的最可靠感觉。《口味大全》的作者指出，“合探究事物本性，主要靠”味觉，“也只有它可靠”。通过味觉，我们可“充分”（plene et perfecte）发掘事物的“特性”，因为味觉深入事物内部，吸收其属性，然后与之融为一体（ei totaliter admiscetur）。《口味大全》进而写道，舌头通过六筋（lacerti，即神经导管），与大脑相连，使我们窥探事物本性，将

① 关于声音是“偶性”的问题，可参见“Novellino, IX,” in *Prosatori del Duecento, Trattati morali e allegorici, Novelle*, ed. C. Segre, Torino, Einaudi, 1976, pp. 72–73 讲述的有趣而有启发性的故事。见 Montanari 1989, pp. 361–362。

其彻底内化，为我所有（既在舌头上，又在大脑中）。效率仅次于味觉的嗅觉，只有两筋。那么味觉如何发挥作用？它如何成功发现事物属性，将其传输至大脑，让大脑分析判断？答案是口味。“让我们谈谈口味。”接着，《口味大全》切入正题。

作者提出，根据待品尝物（res gustanda）是否能调动品尝者的感官，可把口味分为两类。事物“成分”若品尝起来过于简单，或者说太接近水、土、气、火四种基本要素的本性，就调动不起任何感官。就像水喝下后，人没有什么感觉（gustum non immutat）。成分复杂的事物是第一层次，它们均为基本要素所生，如草药、果实、食物、饮品等。第二层次则是这些食物及饮品产生的“体液”；第三层次为感觉器官与身体各部位。如果说水不刺激味觉，那是因为简单事物无法作用于复杂事物。

复杂成分通过八种基本口味产生感觉（infert passionem）。八种基本口味作用机理不同。其中，甜与腻（dulcis et unctuosum）令人“生快”（cum delectatione），换言之，它们会产生即刻的愉悦感。其他六种，即咸（salsus）、苦（amarus）、辣、酸（acetosus）、冲、涩，则令人“生厌”（cum horribilitate），换言之，它们会使身体感到不适（不考虑品尝者的偏好）。这种不适感可源于两种相反的生理反应。一种因咸、苦、辣等“热”性口味，或食醋等“寒”性口味，引起“相连部位的解体与分离”（味蕾撕裂）；一种因冲或涩的口味，引起“部位的挛缩与收缩”（味蕾痉挛）。

说到口味的概念，与19世纪科学确定的甜、苦、咸、酸四种经典口味相比，中世纪科学受到古老的亚里士多德思想的影响，口味的概念更为广泛，囊括了各种由接触引发的口感，比如体会到刺激（辣）、微苦（既有涩，又有冲，但冲的微苦程度不及涩）、肥厚（腻）之类的感觉。如今，科学家试图重新回到这一较为宽泛的维度，再次将口味视为多重感官的复杂结合，这些感官不平等地分布在上颚的不同受体之中，汇集味觉、触觉甚至嗅觉信息。[1]眼下，口味清单上多了亚洲特有的第五种，即鲜味（日文作 umami，“肉味”或谷氨酸[2]）；连腻也逐渐被认可为真正的口味；“热”与“寒”（辣椒之热与薄荷之寒），从物理现象转化为化学反应，触感也在分子机制中占据一席之地。凡此种种似乎是对 19 世纪四味说的颠覆，复活了误以为深埋于历史的前现代思想。

《口味大全》中的八味基本都可以在古代科学文献（亚里士多德为第一位编纂者[3]），以及中世纪传统的相关文献中找到。[4]有时，数量有所出入。例如，萨莱诺医学院的《养生宝典》增加淡，也就是水的味道[5]，共九味，分三组：咸、苦、辣为“热”；酸、涩、烈为“冷”；腻、甜、淡为“温”，为最佳，因为它们无须调节。[6]

于是，在食谱和养生著作中，“口味”一词往往与作为食物“调节剂”的沙司有关。烹饪有些鱼肉时，有人会建议加入某种沙司，来“调和”或弥补其性质，使菜品达到平衡。例如，性热而湿的肉类，需拌以性寒而干的沙司。[7]该准则在养生著作和食谱中都有体

---

① 相关信息得益于波伦佐（Pollenzo）烹饪研究大学的化学讲师加布里埃拉·莫里尼（Gabriella Morini）。

② 1908 年，日本化学家池田菊苗把“鲜”作为基本口味之一。

③ 见本书第十一章。

④ Burnett 2002.

⑤ 见本书第十一章。

⑥ “Regimen sanitatis,” in *Flos medicinae Scholae Salerni*, ed. A. Sinno, Milano, Mursia, 1987, pp. 96ff. (VII, 1–3).

⑦ 据此，笔者创造了“盖伦式厨师”（cuoco galenico）一词，见 Capatti–Montanari 1999, pp. 145ff.。

现，它们在 sapores 一词上玩起文字游戏，该词根据语境，指明烹饪原料的**口味**与**性质**。事物本性及其对营养的影响，直接通过口味反映出来。

饮食观念的转变：从食到识

对事物的认识（可食用，不可食用，部分可食用，经处理或“改良”后可食用），通过味觉得知，属于人；口味的感知，则属于事物。进食动作建立了与味觉的联系，使之判断口味，把握事物的本质。sapore/sapere（食 / 识）的文字游戏，如今在意大利极为流行，报刊、广告不仅常用，甚至滥用。事实上，它绝非文字游戏那么简单。对于中世纪拉丁语使用者和当今拉丁语系语言使用者，它表明，中世纪文化认定这两种概念殊途同归。换言之，口味通过味觉，揭示了事物的本质。

当然，不止于此。无论大部头专著，还是日用精要，中世纪养生思想可一言以蔽之——可口者，养身也（ciò che è buono fa bene）。[①] 于是，愉悦成了健康的金科玉律。13世纪锡耶纳的阿尔多布兰迪诺写道：“正如阿维琴纳（Avicenna）所言，若身体健康，所有可口的东西都大有裨益。”[②] 14世纪米兰医生马伊诺・德马伊内里

---

① Pucci Donati 2006, p. 130; Grappe 2006, pp. 78–82.

② Aldebrandin de Sienne, *Le régime du corps*, I, 2, ed. L. Landouzy-R. Pépin, Paris, Champion, 1911 (e Slatkine Reprint, Genève, 1978), , p. 14: “car, si com dist Avicennes, se li cors de l’oume est sains, totes les coses ki li ont millor savour à le bouche, mieux le nourissent.”

（Maino de' Maineri）也指出："加调味料，让食物更加可口，进而更易消化。越可口的食物，越有助于消化。"①

这种几乎理所当然被分享传播的信念，正源于我们考察的逻辑思路：一边是人类，拥有味觉；一边是食物，拥有能揭示其本质的口味。如果我喜欢味觉与口味相逢的感觉，或者说食用某物令我愉快，则依中世纪医生看来，此物通过其口味向感官显现的本质，与我的食欲正相契合。反过来说，那食欲正表现了我味觉器官之需求。一般而言，发现某种口味令人愉悦乃生理之需的标志，食欲（desiderium）正是其表现。萨莱诺医典写道："从食欲中你定会明白这一点，因为你的日常饮食应该取决于食欲。"②

当然，前提条件是，我服从身体及其选择和反应，其他建议不会左右我的意愿。如同今日，在中世纪，食物的挑选不单单遵从身体，还要考虑其他无关营养的考量因素，比如社会传统，威望与权势（选择象征身份的食物，拒绝掉价的食物），信仰（依照宗教信仰，选择或拒绝某类食物），饥饿或市场原因（因为更划算或可购买而选择某食物），节制（好主意！），等等。在膳食广告铺天盖地的今天，想要摒弃各种考量和情感，服从身体，谈何容易。这表明，中世纪医生勾勒的图景是不切实际的幻想。可谁能否认幻想推动了历史的发展？

① Maynus de'Mayneriis, Regimen sanitatis, Lugduni, Jacobum Myt, 1517, III, XX, f. 44v: "Ea enim ex quibus cibaria condiuntur sunt in sanitatis regimine non modicum utilia, tamen quia per condimenta gustui efficiuntur delectabiliora, et per consequens digestibiliora. Nam quod est delectabilius est ad digestionem melius, tum quia per condimenta additur bonitas et corrigitur malicia." 类似概念还见于马伊内里的《味道手册》（*Opusculum de saporibus*）；见 Thorndike 1934, p. 186。

② "Regimen sanitatis,"cit., cap. VI.

可口者，养身也。然而，中世纪科学思想的这个美妙幻想，遇到了势均力敌的对手——基督教道德论。按照后者观点，可口者，即能引起身体愉悦感的事物，伤身（神）也，因为它使人不再看重“真知”，即彼岸现实的知识。一个恐惧快感，一个认为快感能指引生活。两者似乎是截然不同的文化，水火不容。但并非如此，它们是同一种文化，只是拒绝的方式迥异。谴责身体快感，意味着认定，这种快感以及引发该快感的味觉，作为媒介维系着与世界的特殊关系；应予以否定，或最好将其转移至其他层面。

即便在基督教文本中，快感与味觉也以隐喻的方式被视为获取完备知识（对更真实现实的理解）的途径。奥古斯丁注疏《诗篇》时写道，不亲口品尝，我们无法确定食物的甘甜；同理，不了解上帝，我们也无从谈起他的甘甜。[①]格列高利一世亦表示，仅靠聆听，无法了解“知识的食物”；我们必须好好品尝，“细细品味”。[②]《旧约》里的长老觉察到基督的降临，但显然不可能将其认出。对此，格列高利一世使用了一个隐喻，让我们回到科学思考的核心。他写道，古代教父预言道成肉身的神迹，并闻到它的馨香。他们像“满载水果的船”，可以沉醉于水果的芬芳，却无法亲口品尝，因为这些水果将运给他人。“他们等待时嗅闻的水果，我们可以看，可以拿，可以尽情享用。”[③]神之实的隐喻看似有违身体的科学，实则为其确证；它们默认，对人类而言，品尝是了解世界的主要途径。尝食即尝试，食即识（sapore è sapere）。

---

① Agostino, *Enarrationes in psalmos*, 51, 18.

② Gregorius Magnus, *Moralia in Job*, XI, VI, 9.

③ Ibid., IX, XXXI, 47.

贵族的错觉：佃农不喜欢美食

中世纪传播的品尝概念，是本能的、“自然的”品尝。如果快感的体验，取决于个体生理之需的满足，那么每次品尝都是不容置疑的自在之物。精巧的学术争论并不包括评价口味，因为“口味不容争辩”（de gustibus non est disputandum）。事实上，这为中世纪统治阶级，以及哲学家、医师、科学家等知识分子构建意识形态系统带来了困难。他们把食物看作表现社会差异的工具，认为其反映出“客观”决定的各种性质。为了解决这个问题，人们将社会差异的话题，生搬硬套到本能知识上，重新设计具有集体色彩的个体性概念（尽管概念上相互矛盾）。由此提出的观点认为，知识是本能的，人又有社会差异，故不同事物**自然**能找到中意者：佃农有佃农的品味，贵族有贵族的品味。

这一信念一直持续到中世纪后，社会精英仍自以为，佃农**不喜欢**美味佳肴，因为他们会感到身体不适，会像 17 世纪朱利奥·切萨雷·克罗切（Giulio Cesare Croce）的悲喜剧中可怜的贝托尔多（Bertoldo）那样，因心不甘情不愿地吃御膳而丢了性命。[1] 后来情况越来越复杂。本能的品味打开了感知世界及其规则的大门，但到了近代早期，良好的品味取而代之。良好的品味不是本能的，而是经才智筛选、培养的。

这并非什么前所未有的观念。早在中世纪，它便已存在，与本能知识共生，二者总是并驾齐驱。不过，大概 16 至 17 世纪，有修养的品味（gusto coltivato，起初仅是有限地培养）这个观念，开始

① Montanari 1993, p. 109.

大行其道，先出现在意大利和西班牙，随后遍及法国等地。此外，它还有诸多比喻用法：有鉴赏力不仅针对挑选食物，即味觉方面，而且针对让日常生活“温馨甜美”“有滋有味”的一切，从隐喻角度讲，也就是让视觉、听觉、触觉、嗅觉充满经过严格思维训练才能欣赏的情感。

韦尔切洛尼（Vercelloni）的近著[①]解释了这个机制：这种意象的转移，预示着味觉观念从既定的膳食领域“解放”（或释放）了出来。有了这种解放，有了味觉观念的隐喻用法，纯粹的膳食思想便愈加丰满，更具文化而非本能的内涵。及至第二阶段，进入当代世界，方可“追溯味觉的本意”，为其赋予文化特征。

不过，味觉观念与知识范畴的关联，似乎深深地根植于中世纪文化。是故，依我之见，应该可以从反面另辟蹊径。味觉观念脱离膳食领域，并非其隐喻和比喻用法之功。恰恰相反，该观念在**烹调领域**的早期演化，使其最终扩展至其他领域。这是味觉史先驱弗朗德兰慎之又慎提出的猜想。他承认，“隐喻用法促进了……良好的品味观念在膳食领域的兴起”，但令他好奇的是，“这个对烹饪改良无动于衷、对感知食物不闻不问的社会，何以创造并培育出类似观念（思想品味）”。“良好的品味，或与之相反的低劣的品味（cattivo gusto）的观念，是首先产生于食物领域还是艺术文学领域”，的确难以证实，但前一个猜想似乎更吸引他。[②]

这里需要有所限制。良好的品味思想根本不排斥本能。即便是鉴赏力，也包含自发的、本能的维度。伏尔泰（Voltaire）会把品

① Vercelloni 2005, pp. 20–25, 56–59.

② Flandrin 1987, pp. 230–238.

味（良好品味那个层面），定义为“即刻的辨别能力，**就像舌头与上颚所做的那样**”[1]。但韦尔切洛尼指出，最终流行于近代的良好品味观念，其实是媒介知识，是一种“文化上重塑的”品味，通过训练而完善。中世纪医生和哲学家讲究的“可口的，就是好的”，不再是金科玉律；相反，好的（或者鉴赏家认为是好的），就是可口的。中世纪格言“口味不容争辩”，一度为人人口味平等之力证，可到了近代，不由得“逐渐失真”。另一种看法深入人心，即同为品味，价值却有高低之分，所谓的专家比其他人更适合品鉴。于是，味觉就成了“社会分化的手段”。事实一直如此，可中世纪人自欺或佯装相信，这种“手段”的运作是“自然”产生的。豪泽尔（Hauser）论及艺术品位时写道，在文艺复兴时期，话语更加宽泛了：要创造一种“排除大众，仅为精英所有的文化”[2]。弗朗德兰把这种文化机制，称为“以品位看人”。长久以来，这种观念都令人难以想象，但弗朗德兰认为，实在不必等到 17 世纪。在西班牙和意大利，至少一百多年前，就可预知它的出现。[3]

味觉观念到良好品味观念的转变，产生了相互矛盾的结果。诚然，味觉脱离了自然自发的范式，更具贵族和精英特征。可味觉也成了鉴赏家的分内事，需要多加训练，至少原则上，谁都不会被事先排除出鉴赏家的队伍。弗朗德兰一针见血地表示，近代文学固守“味觉”的“自发”与“自然”，使之仅限于少数欢心者。不过，值得注意的是，“在这些对味觉的反思中，没人提出，味觉代代相传，

---

① Voltaire, “Goût,” in *Encyclopédie ou dictionnaire raisonné des sciences, des arts et des métiers*, VII, Livorno, 1778, pp. 746–747. 见 Vercelloni 2005, pp. 20–21。

② Hauser 1998, p. 49.

③ D’Angelo 2000, pp. 11–34. 见 Perullo 2006, pp. 16–17。

仅属于出身高贵者”。

良好品味观念出现后，思考角度随之而变。社会差异的思想不再仅关乎一成不变的“本体论”假设，而取决于学习的能力（或许本能也有所助益）。这无疑宣告了中产阶级文化的发展与确证。有人曾猜想，佃农可能喜欢上层社会的食物（这会动摇社会的“自然”秩序）。现在，这个猜想也不再是不可能的了。如此一来，斩断对社会无价值者与知识的联系，就成了当务之急。向佃农透露提高品味的秘密，将其改造为绅士，这既不合适，又不可取。15世纪，真蒂莱·塞尔米尼谈到当时作为社会差异之标志的甜味时，明确地写道：“注意，（佃农）不吃甜，只吃酸；他们是乡巴佬，就让他们一直吃酸吧。”[①]15至16世纪，诗人、作家、哲学家大张旗鼓地宣传，某些食材，尤其是水果（以梨为最）乃高贵上品，与佃农品味不合。“别让佃农知道，干酪配梨子是何等美味。”（Al contadino non far sapere quanto è buono il formaggio con le pere.）我的一部近作探讨了这则谚语的起源。[②]

一言以蔽之，sapere（知识）与 sapori（口味）息息相关，与产生味道的机制息息相关。这推翻了中世纪的观念，但那个时代正是该转变的根源所在。

---

① G. Sermini, *Le novelle*, ed. G. Vettori, Roma, Avanzini e Torraca, 1968, vol. 2, p. 600.

② Montanari 2008（2010 年英译本，*Cheese, Pears, and History*, New York, Columbia University Press）。

参考文献

Adamson, Melitta Weiss. 2004. *Food in Medieval Times*, Westport, Greenwood.

Alberini, Massimo. 1969. *Ippolito Cavalcanti duca di Buonvicino e la cucina napoletana del suo tempo*, Milan, Franco Angeli.

Alexandre-Bidon, Danièle. 2005. *Une archéologie du goût: Céramique et consommation*, Paris, Picard.

Ambrosioni, Annamaria. 1972. "Contributo alla storia della festa di San Satiro a Milano," *Archivio Ambrosiano*, 23, pp. 71–96.

André, Jacques. 1981. *L'alimentation et la cuisine à Rome*, Paris, Les Belles Lettres.

Andreolli, Bruno. 1994. "La terminologia vitivinicola nei lessici medievali italiani," in *Dalla vite al vino: Fonti e problemi della vitivinicoltura italiana medievale*, ed. J.-L. Gaulin and A. Grieco, Bologna, Clueb, pp. 15–37.

——. 2000. "Un contrastato connubio: Acqua e vino dal Medioevo all'età moderna," in *La vite e il vino: Storia e diritto (secoli XI–XIX)*, ed. M. Da Passano, A. Mattone, F. Mele, and P. Simbula, Rome, Carocci, 2, pp. 1031–1051.

Antoniazzi, Lucia, and Citti, Licia, eds. 1988. *I detti del mangiare: 1738 proverbi segnalati da 1853 medici commentati in chiave nutrizionale da Bruna Lancia*, Milan, Editiemme.

Arcari, Paola Maria. 1968. *Idee e sentimenti politici dell'alto Medioevo*, Milan, Giuffrè.

Archetti, Gabriele. 1998. *Tempus vindemie: Per la storia delle vigne e del vino nell'Europa medievale*, Brescia, Fondazione Civiltà Bresciana.

——. 2003. "De mensura potus: Il vino dei monaci nel Medioevo," in *La civiltà del vino: Fonti, temi e produzioni vitivinicole dal Medioevo al Novecento*, ed. G. Archetti, Brescia, Centro Culturale Artistico di Franciacorta e del Sebino, pp. 205–326.

Arnaldi, Girolamo. 1986. "Preparazione delle lampade e tutela del Signore: Alle origini del papato temporale," *La Cultura*, 24, pp. 38–63.

Aymard, Maurice, Grignon, Claude, and Sabban, Françoise, eds. 1993. *Le temps de manger: Alimentation, emploi du temps et rythmes sociaux*, Paris, Maison des Sciences de L'homme.

Ballerini, Luigi, and Parzen, Jeremy, eds. 2001. *Maestro Martino, Libro de arte coquinaria*, Milan, Guido Tommasi. [Ballerini and Parzen, eds. 2005. *The Art of Cooking: The First Modern Cookery Book*, Berkeley, University of California Press.]

Barthes, Roland. 1961. "Pour une psycho-sociologie de l'alimentation contemporaine," *Annales ESC*, 16/5, pp. 977–986. [Barthes. 2012. "Toward a Psychosociology of Contemporary Food Consumption," in *Food and Culture: A Reader*, ed. Carole Counihan and Penny Van Esterik, New York, Routledge, pp. 23–30.]

Baruzzi, Marina, and Montanari, Massimo. 1981. *Porci e porcari nel Medioevo*, Bologna, Clueb.

Basini, Gian Luigi. 1970. *L'uomo e il pane: Risorse, consumi e carenze alimentari della popolazione modenese nel Cinque e Seicento*, Milan, Giuffrè.

Bautier, Anne-Marie. 1984. "Pain et pâtisserie dans les texts médiévaux antérieurs au XIIIe siècle," in *Manger et boire au Moyen Âge*, Nice, Les Belles Lettres, 1, pp. 33–65.

Beck Bossard, Corinne. 1981. "L'alimentazione in un villaggio siciliano del XIV secolo: Sulla scorta delle fonti archeologiche," *Archeologia me-*

dievale, 8, pp. 311–319.

Bellini, Roberto. 2003. “Il vino nelle leggi della Chiesa,” in *La civiltà del vino: Fonti, temi e produzioni vitivinicole dal Medioevo al Novecento*, ed. G. Archetti, Brescia, Centro Culturale Artistico di Franciacorta e del Sebino, pp. 365–420.

Benporat, Claudio. 1990. *Storia della gastronomia italiana*, Milan, Mursia.

——. 1996. *Cucina italiana del Quattrocento*, Florence, Olschki.

Bertelli, Sergio, and Crifò, Giuliano, eds. 1985. *Rituale cerimoniale etichetta*, Milan, Bompiani.

Bertolini, Lucia. 1998. “Fra pratica e scrittura: La cucina nell’Europa del tardo Medioevo,” in *Archivio storico italiano*, 156, disp. IV, Florence, Olschki, pp. 737–743.

Bertolotti, Maurizio. 1991. *Carnevale di massa, 1950*, Turin, Einaudi.

Bianchi, Enzo, ed. 2001. *Regole monastiche d’Occidente*, Turin, Einaudi.

Bloch, Marc. 1949. *La società feudale*, Turin, Einaudi (ed. orig. Paris, Albin Michel, 1939). [Bloch. 1961. *Feudal Society*, Chicago, University of Chicago Press.]

Bolens, Lucie. 1980. *Pain quotidien et pains de disette dans l’Espagne musulmane*, Paris, Armand Colin.

Bonnassie, Pierre. 1989. “Consommation d’aliments immondes et cannibalisme de survie dans l’Occident du haut Moyen Âge,” *Annales ESC*, 44/5, pp. 1035–1056.

Branca, Paolo. 2003. “Il vino nella cultura arabo-musulmana,” in *La civiltà del vino: Fonti, temi e produzioni vitivinicole dal Medioevo al Novecento*, ed. G. Archetti, Brescia, Centro Culturale Artistico di Franciacorta e del Sebino, pp. 165–191.

Braudel, Fernand. 1982. *Civiltà materiale, economia e capitalismo*, Vol. 1, *Le strutture del quotidiano*, Turin, Einaudi (ed. orig. Paris, Armand Colin, 1979). [Braudel. 1983. *Civilization and Capitalism, 15th–18th Century*, Vol. 1, *The Structures of Everyday Life*, London, Collins.]

Brugnoli, Andrea, Rigoli, Paolo, and Varanini, Gian Maria. 1994. *Olio ed olivi del Garda veronese: Le vie dell'olio gardesano dal medioevo ai primi del Novecento*, Cavaion Veronese, Turri.

Brun, Jean-Pierre. 2003. *Le vin et l'huile dans la Méditerranée antique: Viticulture, oléiculture et procédés de fabrication*, Paris, Editions Errance.

Bruneton-Governatori, Ariane. 1984. *Le pain de bois: Ethnohistoire de la châtaigne et du châtaigner*, Toulouse, Éché.

Burnett, Charles. 1991. "The Superiority of Taste," *Journal of the Warburg and Courtauld Institutes*, 54, pp. 230–238.

——. 2002. "*Sapores sunt octo:* The Medieval Latin Terminology for the Eight Flavours," *Micrologus*, 10, pp. 99–112.

Cagnin, Giampaolo. 1988. "La presenza ed il ruolo delle castagne nell'alimentazione a Treviso nel secolo XIV," in *La civiltà del castagno*, Combai, Pro Loco di Combai, 3, pp. 37–55.

Campanini, Antonella. 2006. "La table sous contrôle: Les banquets et l'excès alimentaire dans le cadre des lois somptuaires en Italie entre le Moyen Âge et la Renaissance," *Food and History*, 4/2, pp. 131–150.

Camporesi, Piero. 1970. "Introduzione a P. Artusi," in *La scienza in cucina e l'arte di mangiar bene*, Turin, Einaudi, pp. ix–lxx.

——. 1980. *Il pane selvaggio*, Bologna, Il Mulino. [Camporesi. 1989. *Bread of Dreams: Food and Fantasy in Early Modern Europe*, Chicago, University of Chicago Press.]

——. 1985. "Il formaggio maledetto," in Piero Camporesi, *Le officine dei sensi*, Milan, Garzanti, pp. 47–77.

——. 1990. "Certosini e marzolini: 'Liter casearium' di Pantaleone da Confienza nell'Europa dei latticini," in Piero Camporesi, *La miniera del mondo: Artieri inventori impostori*, Milan, Il Saggiatore.

——. 1993. *Le vie del latte*, Milan, Garzanti.

Capatti, Alberto, De Bernardi, Alberto, and Varni, Angelo, eds. 1998. "L'alimentazione," in *Storia d'Italia*, "Annali," 13, Turin, Einaudi.

Capatti, Alberto, and Montanari, Massimo. 1999. *La cucina italiana: Storia di una cultura*, Rome-Bari, Laterza. [Capatti and Montanari. 2003. *Italian Cuisine: A Cultural History*, New York, Columbia University Press.]

Carnevale Schianca, Enrico. 2011. *La cucina medievale: Lessico, storia, preparazioni*, Florence, Olschki.

Cherubini, Giovanni. 1984a. "La 'civiltà' del castagno alla fine del Medioevo," in Giovanni Cherubini, *L'Italia rurale del basso Medioevo*, Rome-Bari, Laterza, pp. 149–171.

——.1984b. "Olio, olivi, olivicoltori," in Giovanni Cherubini, *L'Italia rurale del basso Medioevo*, Rome-Bari, Laterza, pp. 173–194.

Ciappelli, Giovanni. 1997. *Carnevale e Quaresima: Comportamenti sociali e cultura a Firenze nel Rinascimento*, Rome, Edizioni di Storia e Letteratura.

Cogrossi, Cornelia. 2003. "Il vino nel 'Corpus iuris' e nei glossatori," in *La civiltà del vino: Fonti, temi e produzioni vitivinicole dal Medioevo al Novecento*, ed. G. Archetti, Brescia, Centro Culturale Artistico di Franciacorta e del Sebino, pp. 499–531.

Comba, Rinaldo. 1983. "'Stirpere nemus et colere terram': Espansione dei coltivi e ristrutturazioni insediative fra X e XIII secolo," in Rinaldo Comba, *Metamorfosi di un paesaggio rurale: Uomini e luoghi del Piemonte sud-occidentale fra X e XVI secolo*, Turin, Celid, pp. 25–102.

Corbier, Mireille. 1989. "Le statut ambigu de la viande à Rome," *Dialogues d'Histoire ancienne*, 15/2, pp. 107–158. [Corbier. 1989. "The Ambiguous Status of Meat in Ancient Rome," *Food and Foodways*, 3/3, pp. 223–264.]

Cremaschi, Lisa, ed. 2003. *Regole monastiche femminili*, Turin, Einaudi.

Cunsolo, Felice. 1970. *La gastronomia nei proverbi*, Milan, Novedit.

D'Angelo, Paolo. 2000. "Il gusto in Italia e Spagna dal Quattrocento al Settecento," in *Il gusto: Storia di un'idea estetica*, ed. L. Russo, Palermo, Aesthetica, pp. 11–34.

D'Haenens, Albert. 1985. "Quotidianità e contesto: Per un modello di interpretazione della realtà monastica medievale nei secoli XI e XII," in *Monachesimo e ordini religiosi del Medioevo subalpino*, ed. Centro Ricerche e Studi Storici, Turin, Assessorato alla Cultura Regione Piemonte, pp. 38–40.

Davies, Roy William. 1971. "The Roman Military Diet," *Britannia*, 2, pp. 122–142.

Del Giudice, Giuseppe. 1887. *Una legge suntuaria inedita del 1290*, Naples, Tipografia della Regia Università.

Dell'Oro, Ferdinando. 2003. "Il vino nella liturgia latina del Medioevo," in *La civiltà del vino: Fonti, temi e produzioni vitivinicole dal Medioevo al Novecento*, ed. G. Archetti, Brescia, Centro Culturale Artistico di Franciacorta e del Sebino, pp. 421–456.

Deroux, Carl. 1998. "Anthime et les tourterelles: Un cas d'intoxication alimentaire au très haut Moyen Âge," in *Maladie et maladies dans les textes latins antiques et médiévaux*, ed. C. Deroux, Brussels, Latomus, pp. 366–381.

De Vogüé, Adalbert. 1964. "Travail et alimentation dans les règles de Saint Benoît et du Maître," *Revue Bénédictine*, 74, pp. 242–251.

Devroey, Jean-Pierre. 1987. "Units of Measurement in the Early Medieval Economy: The Example of Carolingian Food Rations," *French History*, 1/1, pp. 68–72.

——. 1989. *L'éclair d'un bonheur: Une histoire de la vigne en Champagne*, Paris, La Manufacture.

Dion, Roger. 1959. *Histoire de la vigne et du vin en France des origines au XIXe siècle*, Paris, Clavreuil.

Dufourcq, Charles-Emmanuel, and Gautier-Dalché, Jean. 1983. *Historia económica y social de la España cristiana en la Edad Media*, Barcelona, El Albir.

Elias, Norbert. 1982. *La civiltà delle buone maniere*, Bologna, Il Mulino (ed. orig. Frankfurt, Suhrkamp, 1936). [Elias. 1982. *The History of Manners*, New York, Pantheon Books.]

Ermini Pani, Letizia. 2008. "Condurre, conservare e distribuire l'acqua," in *L'acqua nei secoli altomedievali*, Spoleto, Fondazione Centro Italiano di Studi sull'Alto Medioevo, pp. 389–428.

Faccioli, Emilio, ed. 1985. *Platina, Il piacere onesto e la buona salute*, Turin, Einaudi.

——, ed. 1987. *L'arte della cucina in Italia*, Turin, Einaudi.

Faurion, Annick. 1996. "Le goût: Un défi scientifique et intellectuel," *Psychologie française*, 41/3, pp. 217–225.

——. 1999. “I sapori sono quattro,” in *Gli spinaci sono ricchi di ferro*, ed. J.-F. Bouvet, Milan, Raffaello Cortina, pp. 53–59.

Febvre, Lucien. 1938. “Répartition géographique des fonds de cuisine en France,” in *Travaux du Ier Congrès International de Folklore*, atti del convegno (Paris, 23–28 août 1937), Paris-Tours, Arrault, pp. 123–130 (ripreso in *Annales ESC*, 16/4, 1961, pp. 749–756).

Firpo, Luigi, ed. 1971. *Medicina medievale*, Turin, Utet.

Flandrin, Jean-Louis. 1984. “Internationalisme, nationalisme et régionalisme dans la cuisine des XIVe et XVe siècles: Le témoignage des livres de cuisine,” in *Manger et boire au Moyen Âge*, Nice, Les Belles Lettres, 2, pp. 75–91.

——. 1987. “La distinzione attraverso il gusto,” in *La vita privata*, Vol. 3, *Dal Rinascimento all'Illuminismo*, ed. P. Ariès and R. Chartier, Rome-Bari, Laterza, pp. 205–240. [Flandrin. 1989. “Distinction Through Taste,” in *A History of Private Life*, 3, pp. 265–307.]

——. 1989. “Vigne, vin et société,” in *Image et réalité du vin en Europe*, Colloque pluridisciplinaire Vin et Sciences (Louvain-la-Neuve, 28 septembre–1 octobre 1988), Paris, Éditions Sider, pp. 295–301.

——. 1990. “Le goût de l'eau: Anciens discours diététiques et culinaires,” in *Le grand livre de l'eau*, ed. M. A. Bernardis and A. Nesteroff, Paris, La Manufacture, pp. 161–169.

——. 1992. *Chronique de Platine*, Paris, Odile Jacob.

——. 1993. “Les heures des repas en France avant le XIXe siècle,” in *Le temps de manger: Alimentation, emploi du temps et rythmes sociaux*, ed. M. Aymard, C. Grignon, and F. Sabban, Paris, Maison des Sciences de L'homme, pp. 197–226. [Flandrin. 1996. “Mealtimes in France Before the Nineteenth Century,” *Food and Foodways*, 6/3–4, pp. 261–282.]

——. 1994. *Il gusto e la necessità*, Milan, Il Saggiatore (ed. orig. “Le goût et la nécéssité: Sur l'usage des graisses dans les cuisines d'Europe occidentale,” *Annales ESC*, 38/2, 1983, pp. 369–401).

——. 1997a. “Condimenti, cucina e dietetica tra XIV e XVI secolo,” in *Storia dell'alimentazione*, ed. J.-L. Flandrin and M. Montanari, Rome-Bari, Laterza, pp. 381–395. [Flandrin. 1999. “Seasoning, Cooking, and Dietetics in the Late Middle Ages," in *Food: A Culinary History from Antiquity to the Present*, New York, Columbia University Press, pp. 313–327.]

——. 1997b. "Dalla dietetica alla gastronomia o la liberazione della gola," in *Storia dell'alimentazione*, ed. J.-L. Flandrin and M. Montanari, Rome-Bari, Laterza, pp. 534–551. [Flandrin. 1999. "From Dietetics to Gastronomy: The Liberation of the Gourmet," in *Food: A Culinary History from Antiquity to the Present*, New York, Columbia University Press, pp. 418–433.]

Flandrin, Jean-Louis, and Montanari, Massimo, eds. 1997. *Storia dell'alimentazione*, Rome-Bari, Laterza. [Flandrin and Montanari. 1999. *Food: A Culinary History from Antiquity to the Present*, New York, Columbia University Press.]

Flandrin, Jean-Louis, and Redon, Odile. 1981. "Les livres de cuisine italiens des XIVe et XVe siècles," *Archeologia Medievale*, 8, pp. 393–408.

Fossati, Silvana, and Mannoni, Tiziano. 1981. "Gli strumenti della cucina e della mensa in base ai reperti archeologici," *Archeologia Medievale*, 8, pp. 409–419.

Frosini, Giovanna. 1993. *Il cibo e i signori: La Mensa dei Priori di Firenze nel quinto decennio del secolo XIV*, Florence, Accademia della Crusca.

Fumagalli, Vito. 1970. "Colonizzazione e insediamenti agricoli nell'Occidente altomedievale: La Valle Padana," *Quaderni Storici*, 14, pp. 319–338.

——. 1976. *Terra e società nell'Italia padana*, Turin, Einaudi.

Galloni, Paolo. 1993. *Il cervo e il lupo: Caccia e cultura nobiliare nel Medioevo*, Rome-Bari, Laterza.

Gasparini, Danilo. 1988. "Il castagno a Combai e nella Valmareno in età moderna e contemporanea," in *La civiltà del castagno*, Combai, Pro Loco di Combai, 3, pp. 7–36.

Gautier, Alban. 2004. "Alcuin, la bière et le vin: Comportements alimentaires et choix identitaires dans la correspondance d'Alcuin," in *Alcuin, de York à Tours: Écriture, pouvoir et réseaux dans l'Europe du haut Moyen Âge*, ed. P. Depreux and B. Judic, *Annales de Bretagne et des Pays de l'Ouest*, 111/3, pp. 431–441.

Gentilcore, David. 2010. *La purpurea meraviglia: Storia del pomodoro in Italia*, Milan, Garzanti. [Gentilcore. 2010. *Pomodoro!: A History of the Tomato in Italy*, New York, Columbia University Press.]

Giagnacovo, Maria. 1997. "Due 'alimentazioni' del basso Medioevo: La tavola dei mercanti e la tavola dei ceti subalterni," in *Alimentazione e nutrizione secc. XIII–XVIII*, ed. S. Cavaciocchi, Florence, Le Monnier, pp. 821–829.

Gillet, Philippe. 1985. *Par mets et par vins: Voyages et gastronomie en Europe (16ᵉ–18ᵉ siècles)*, Paris, Editions Payot.

Ginzburg, Carlo. 2000. *Rapporti di forza: Storia, retorica, prova*, Milan, Feltrinelli. [Ginzburg. 1999. *History, Rhetoric, and Proof*, Hannover, University Press of New England.]

Goubert, Jean-Pierre. 1986. *La conquête de l'eau: L'avènement de la santé à l'âge industriel*, Paris, Robert Laffont. [Goubert. 1989. *The Conquest of Water: The Advent of Health in the Industrial Age*, Princeton, Princeton University Press.]

Grant, Mark. 2005. *La dieta di Galeno: L'alimentazione degli antichi romani*, Rome, Edizioni Mediterranee. [Grant. 2000. *Galen on Food and Diet*, London, Routledge.]

Grappe, Yann. 2006. *Sulle tracce del gusto: Storia e cultura del vino nel Medioevo*, Rome-Bari, Laterza.

Gregory, Tullio. 1989. "Sémantique," in *Image et réalité du vin en Europe*, Colloque Pluridisciplinaire Vin et Sciences (Louvain-la-Neuve, 28 septembre–1 octobre 1988), Paris, Éditions Sider, pp. 151–154.

——. 2008. "Le acque sopra il firmamento: 'Genesi' e tradizione esegetica," in *L'acqua nei secoli altomedievali*, Spoleto, Fondazione Centro Italiano di Studi sull'Alto Medioevo, pp. 1–41.

Grieco, Allen J. 1987. *Classes sociales, nourriture et imaginaire alimentaire en Italie (XIVᵉ–XVᵉ siècles)*, Paris, Ehess. [Grieco. 1999. "Food and Social Classes in Late Medieval and Renaissance Italy," in *Food: A Culinary History from Antiquity to the Present*, New York, Columbia University Press, pp. 302–312.]

——. 1994. "I sapori del vino: Gusto e criteri di scelta fra Trecento e Cinquecento," in *Dalla vite al vino: Fonti e problemi della vitivinicoltura italiana medievale*, ed. J.-L. Gaulin and A. Grieco, Bologna, Clueb, pp. 163–186.

Grottanelli, Cristiano, and Parise, Nicola, eds. 1988. *Sacrificio e società nel mondo antico*, Rome-Bari, Laterza.

Hagen, Ann. 1995. *A Second Handbook of Anglo-Saxon Food and Drink: Production and Distribution*, Hockwold-cum-Wilton, Anglo-Saxon Books.

Harris, Marvin. 1990. *Buono da mangiare: Enigmi del gusto e consuetudini alimentari*, Turin, Einaudi. [Harris. 1985. *Good to Eat: Riddles of Food and Culture*, New York, Simon and Schuster.]

Hauser, Arnold. 1998. *Storia sociale dell'arte*, Turin, Einaudi. [Hauser. 1951. *The Social History of Art*, New York, Knopf.]

Haussleiter, Johannes. 1935. *Der Vegetarismus in der Antike*, Berlin, Alfred Täpelmann.

Hémardinquer, Jean-Jacques. 1970a. "Les graisses de cuisine en France: Essai de cartes," in *Pour une histoire de l'alimentation*, ed. J.-J. Hémardinquer, Paris, Ehess, pp. 254–271.

Hémardinquer, Jean-Jacques, ed. 1970b. *Pour une histoire de l'alimentation*, Paris, Ehess.

Hilton, Rodney. 1973. *Bond Men Made Free: Medieval Peasant Movements and the English Rising of 1381*, London, Temple Smith.

Hocquet, Jean-Claude. 1985. "Le pain, le vin et la juste mesure à la table des moines carolingiens," *Annales ESC*, 40/3, pp. 668–670.

Iorio, Raffaele. 1985. "Olivo e olio in Terra di Bari in età normanno-sveva," *Quaderni medievali*, 20, pp. 67–102.

Kaplan, Steven. 1976. *Bread: Politics and Political Economy in the Reign of Louis XV*, The Hague, Martinus Nijoff.

Kislinger, Ewald. 2003. "Dall'ubriacone al krasopateras: Il consumo di vino a Bisanzio," in *La civiltà del vino: Fonti, temi e produzioni vitivinicole dal Medioevo al Novecento*, ed. G. Archetti, Brescia, Centro Culturale Artistico di Franciacorta e del Sebino, pp. 139–163.

Knibiehler, Yvonne. 1981. "Essai sur l'histoire de la cuisine provençale," in *National and Regional Styles of Cookery*, Oxford Symposium on Food and Cookery, London, Prospect Books, pp. 184–190.

Koder, Johannes, and Weber, Thomas. 1980. *Liutprand von Cremona in Konstantinopel*, Vienna, Verlag der Osterreichischen Akademie der Wissenschaften.

Lachiver, Michel. 1988. *Vins, vignes et vignerons: Histoire du vignoble français*, Paris, Fayard.

Lambert, Carole, ed. 1992. *Du manuscrit à la table: Essais sur la cuisine au Moyen Âge et répertoire des manuscrits médiévaux contenant des recettes culinaires*, Montréal, Presses de l'Université de Montreal/Paris, Champion-Slatkine.

Laurioux, Bruno. 1983. "De l'usage des épices dans l'alimentation médiévale," *Médiévales*, 5, pp. 15–31. [Laurioux. 1985. "Spices in the Medieval Diet: A New Approach," *Food and Foodways,* 1/1–2, pp. 43–75.]

——. 1988. "Le 'Registre de cuisine' de Giovanni Bockenheym, cuisinier du pape Martin V," *Mélanges de l'École Française de Rome*, 100, pp. 709–760.

——. 1992. "Table et hiérarchie sociale à la fin du Moyen Âge," in *Du manuscrit à la table: Essais sur la cuisine au Moyen Âge et répertoire des manuscrits médiévaux contenant des recettes culinaires*, ed. C. Lambert, Montreal, Presses de l'Université de Montréal/Paris, Champion-Slatkine, pp. 87–108.

——. 1996. "I libri di cucina italiani alla fine del medioevo: Un nuovo bilancio," *Archivio Storico Italiano*, 154, pp. 33–58.

——. 1997a. "Cucine medievali (secoli XIV e XV)," in *Storia dell'alimentazione*, ed. J.-L. Flandrin and M. Montanari, Rome-Bari, Laterza, pp. 356–370. [Laurioux. 1999. "Medieval Cooking," in *Food: A Culinary History from Antiquity to the Present*, New York, Columbia University Press, pp. 295–301.]

——. 1997b. *Le règne de Taillevent. Livres et pratiques culinaires à la fin du Moyen Âge*, Paris, Publications de la Sorbonne.

——. 1997c. *Les livres de cuisine médiévaux*, Turnhout, Brepols (Typologie des sources du Moyen Âge Occidental, fasc. 77).

——. 2005. *Une histoire culinaire du Moyen Âge*, Paris, Champion.

——. 2006. *Gastronomie, humanisme et société à Rome au milieu du XVe siècle*, Florence, Sismel/Edizioni del Galluzzo.

Le Goff, Jacques. 1977. *Tempo della Chiesa e tempo del mercante*, Turin, Einaudi. [Le Goff. 1980. *Time, Work and Culture in the Middle Ages*, Chicago, University of Chicago Press.]

Lévi-Strauss, Claude. 1958. *Anthropologie structurale*, Paris, Plon. [Lévi-Strauss. 1963–76. *Structural Anthropology*, New York, Basic Books.]

——. 1964. *Le cru et le cuit*, Paris, Plon. [Lévi-Strauss. 1969. *The Raw and the Cooked*, New York, Harper & Row.]

——. 1965. "Le triangle culinaire," in *L'Arc*, 26, pp. 19–29 (riproposto in *Food And History*, 2/1, 2004, pp. 9–19). [Lévi-Strauss. 1997. "The Culinary Triangle," in *Food and Culture: A Reader*, London, Routledge, pp. 28–35.]

——. 1966. *Du miel aux cendres*, Paris, Plon. [Lévi-Strauss. 1973. *From Honey to Ashes*, New York, Harper & Row.]

——. 1968. *L'origine des manières de table*, Paris, Plon. [Lévi-Strauss. 1978. *The Origin of Table Manners*, New York, Harper & Row.]

Lombardi Satriani, Luigi M., and Meligrana, Marinella. 1982. *Il ponte di San Giacomo: L'ideologia della morte nella società contadina del Sud*, Milan, Rizzoli.

Lorcin, Marie-Therèse. 1985. "Humeurs, bains et tisanes: L'eau dans la médecine médiévale," in *L'eau au Moyen Âge*, Aix-en-Provence, Publications du CUER MA—Université de Provence, pp. 259–273.

Lubello, Sergio. 2002. "I ricettari italiani di cucina dei secoli XIV–XVI," in *Saperi e sapori del Mediterraneo: La cultura dell'alimentazione e i suoi riflessi linguistici*, ed. A. Marra, I. Pinto, and D. Silvestri, Naples, Istituto Universitario Orientale, pp. 1141–1154.

Mane, Perrine. 1983. *Calendriers et techniques agricoles (France-Italie, XIIe–XIIIe siècles)*, Paris, Le Sycomore.

Marchese, Pasquale. 1989. *L'invenzione della forchetta*, Soveria Mannelli, Rubbettino.

Martellotti, Anna. 2005. *I ricettari di Federico II: Dal "Meridionale"* al "*Liber de coquina*," Florence, Olschki.

Matheus, Michael. 2003. "La viticoltura medievale nelle regioni transalpine dell'Impero," in *La civiltà del vino: Fonti, temi e produzioni vitivinicole dal Medioevo al Novecento*, ed. G. Archetti, Brescia, Centro Culturale Artistico di Franciacorta e del Sebino, pp. 91–121.

Mazzarino, Angelo. 1951. *Aspetti sociali del quarto secolo: Ricerche sulla società tardo-romana*, Rome, L'"Erma" di Bretschneider.

Mazzetti di Pietralata, Mario, ed. 2006. *Prima colazione: Come & perché: Storia, scienza e cultura*, Rome, Agra.

Meldolesi, Claudio. 1973. *Spettacolo feudale in Sicilia: Testi e documenti*, Palermo, S. F. Flaccovio.

Melis, Federigo. 1984. "Note sulle vicende storiche dell'olio d'oliva (secoli XIV–XVI)," in Federigo Melis, *I vini italiani nel Medioevo*, Florence, Le Monnier, pp. 127–134.

Merlini, Domenico. 1894. *Saggio di ricerche sulla satira contro il villano*, Turin, Loescher.

Messedaglia, Luigi. 1941–42. "Schienale e morona: Storia di due vocaboli e contributo allo studio degli usi alimentari e dei traffici veneti con il Levante," *Atti del Reale Istituto Veneto di scienze, lettere ed arti*, 101/2, pp. 1–58.

——. 1943–44. "Leggendo la Cronica di frate Salimbene da Parma: Note per la storia della vita economica e del costume nel secolo XIII," *Atti dell'Istituto veneto di scienze, lettere ed arti*, 103/2, pp. 351–426.

——. 1974. *Vita e costume della Rinascenza in Merlin Cocai*, Padua, Antenore.

Montanari, Massimo. 1979. *L'alimentazione contadina nell'alto Medioevo*, Naples, Liguori.

——. 1984. *Campagne medievali: Strutture produttive, rapporti di lavoro, sistemi alimentari*, Turin, Einaudi.

——. 1988a. *Alimentazione e cultura nel Medioevo*, Rome-Bari, Laterza.

——. 1988b. "Uomini e orsi nelle fonti agiografiche dell'alto Medioevo," in *Il bosco nel Medioevo*, ed. B. Andreolli and M. Montanari, Bologna,

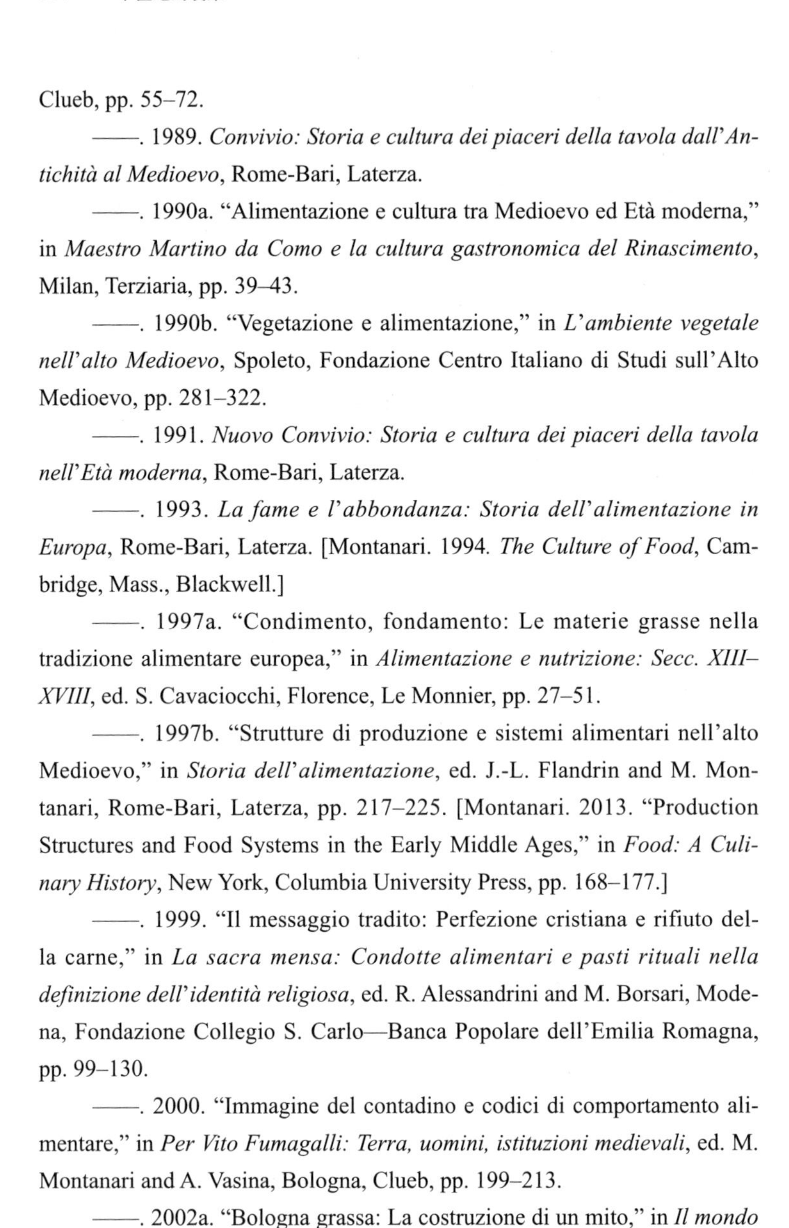

Clueb, pp. 55–72.

——. 1989. *Convivio: Storia e cultura dei piaceri della tavola dall'Antichità al Medioevo*, Rome-Bari, Laterza.

——. 1990a. "Alimentazione e cultura tra Medioevo ed Età moderna," in *Maestro Martino da Como e la cultura gastronomica del Rinascimento*, Milan, Terziaria, pp. 39–43.

——. 1990b. "Vegetazione e alimentazione," in *L'ambiente vegetale nell'alto Medioevo*, Spoleto, Fondazione Centro Italiano di Studi sull'Alto Medioevo, pp. 281–322.

——. 1991. *Nuovo Convivio: Storia e cultura dei piaceri della tavola nell'Età moderna*, Rome-Bari, Laterza.

——. 1993. *La fame e l'abbondanza: Storia dell'alimentazione in Europa*, Rome-Bari, Laterza. [Montanari. 1994. *The Culture of Food*, Cambridge, Mass., Blackwell.]

——. 1997a. "Condimento, fondamento: Le materie grasse nella tradizione alimentare europea," in *Alimentazione e nutrizione: Secc. XIII–XVIII*, ed. S. Cavaciocchi, Florence, Le Monnier, pp. 27–51.

——. 1997b. "Strutture di produzione e sistemi alimentari nell'alto Medioevo," in *Storia dell'alimentazione*, ed. J.-L. Flandrin and M. Montanari, Rome-Bari, Laterza, pp. 217–225. [Montanari. 2013. "Production Structures and Food Systems in the Early Middle Ages," in *Food: A Culinary History*, New York, Columbia University Press, pp. 168–177.]

——. 1999. "Il messaggio tradito: Perfezione cristiana e rifiuto della carne," in *La sacra mensa: Condotte alimentari e pasti rituali nella definizione dell'identità religiosa*, ed. R. Alessandrini and M. Borsari, Modena, Fondazione Collegio S. Carlo—Banca Popolare dell'Emilia Romagna, pp. 99–130.

——. 2000. "Immagine del contadino e codici di comportamento alimentare," in *Per Vito Fumagalli: Terra, uomini, istituzioni medievali*, ed. M. Montanari and A. Vasina, Bologna, Clueb, pp. 199–213.

——. 2002a. "Bologna grassa: La costruzione di un mito," in *Il mondo in cucina: Storia, identità, scambi*, ed. M. Montanari, Rome-Bari, Laterza, pp. 177–196.

—— (with G. Albertoni, T. Lazzari, and G. Milani). 2002b. *Storia medievale*, Rome-Bari, Laterza.

——. 2003. “Acqua e vino nel Medioevo cristiano,” in *Storia dell’acqua: Mondi materiali e universi simbolici*, ed. V. Teti, Rome, Donzelli, pp. 225–236.

——. 2004. *Il cibo come cultura*, Rome-Bari, Laterza. [Montanari. 2010. *Food Is Culture*, New York, Columbia University Press.]

——. 2005a. “Maometto, Carlo Magno e lo storico dell’alimentazione,” *Quaderni medievali*, 40, pp. 64–71.

——. 2005b. “Un historien gourmand,” in *Le désir et le goût: Une autre histoire (XIIIe– XVIIIe siècles)*, ed. O. Redon, L. Sallmann, and S. Steinberg, Saint-Denis, Presses Universitaires de Vincennes, pp. 371–381.

——. 2008. *Il formaggio con le pere: La storia in un proverbio*, Rome-Bari, Laterza. [Montanari. 2010. *Cheese, Pears, and History: In a Proverb*, New York, Columbia University Press.]

——. 2010. *L’identità italiana in cucina*, Rome-Bari, Laterza. [Montanari. 2013. *Italian Identity in the Kitchen, or Food and the Nation*, New York, Columbia University Press.]

Montanari, Massimo, and Sabban, Françoise, eds. 2002. *Atlante dell’alimentazione e della gastronomia*, Turin, Utet.

Motta, Giuseppe. 2003. “Il vino nei Padri: Ambrogio, Gaudenzio e Zeno,” in *La civiltà del vino: Fonti, temi e produzioni vitivinicole dal Medioevo al Novecento*, ed. G. Archetti, Brescia, Centro Culturale Artistico di Franciacorta e del Sebino, pp. 195–204.

Moulin, Léo. 1988. *La vita quotidiana dei monaci nel Medioevo*, Milan, Mondadori (ed. orig. Paris, Hachette, 1978).

Mulon, Marianne. 1970. “Les premières recettes médiévales,” in *Pour une histoire de l’alimentation*, Paris, École Pratique des Hautes Études, pp. 236–240.

——. 1971. “Deux traités inédits d’art culinaire médiévale,” in *Actes du 93e Congrès National des Sociétés Savantes*, Vol. 1, *Les problèmes de l’alimentation*, Paris, Editions de la Bibliothèque Nationale, pp. 369–435.

Muzzarelli, Maria Giuseppina. 1982. “Norme di comportamento alimentare nei libri penitenziali," *Quaderni medievali*, 13, pp. 45–80.

Naso, Irma. 1990a. *Formaggi nel Medioevo: La "Summa lacticiniorum" di Pantaleone da Confienza*, Turin, Il Segnalibro.

——. 1990b. "L'alimentation à la cour de Savoie (XIIIe–XVe siècles)," in *La Maison de Savoie en Pays de Vaud*, ed. B. Andenmatten and D. De Raemy, Lausanne, Payot.

Parenti, Stefano. 2003. "Il vino nella liturgia bizantina," in *La civiltà del vino: Fonti, temi e produzioni vitivinicole dal Medioevo al Novecento*, ed. G. Archetti, Brescia, Centro Culturale Artistico di Franciacorta e del Sebino, pp. 457–475.

Pasquali, Gianfranco. 1972. "Olivi e olio nella Lombardia prealpina," *Studi medievali,* s. 3, 13, pp. 257–265.

——. 1974. "La vitivinicoltura in Romagna nell'alto Medioevo (secoli IX–X)," *Studi Romagnoli*, 25, pp. 215–233.

Pastoureau, Michel. 1989. *Couleurs, images, symboles: Études d'histoire et d'anthropologie*, Paris, Le Léopard d'or.

Pérez Samper, Maria de los Angeles. 1998. *La alimentación en la España del Siglo de Oro: Domingo Hernández de Maceras, Libro del arte de cocina*, Huesca, La Val de Onsera.

Pertusi, Agostino. 1983. "Civiltà della tavola a Bisanzio e a Venezia," in A. Pertusi, G. Ortalli, and I. Paccagnella, *Civiltà della tavola dal Medioevo al Rinascimento*, Vicenza, Neri Pozza, pp. 3–13.

Perullo, Nicola. 2006. "Per un'estetica del cibo," *Aesthetica Preprint*, 78, pp. 16–17.

Peyer, Hans Conrad. 1990. *Viaggiare nel Medioevo: Dall'ospitalità alla locanda*, Rome-Bari, Laterza (ed. orig. Hannover, Hahnsche Buchhandlung, 1987).

Pini, Antonio Ivan. 1990. "Vite e olivo nell'alto Medioevo," in *Il mondo vegetale nell'alto Medioevo*, Spoleto, Fondazione Centro Italiano di Studi sull'Alto Medioevo, pp. 329–380.

——. 2000. "Miracoli del vino e santi bevitori nell'Italia d'età comunale," in *La vite e il vino: Storia e diritto (secoli XI–XIX)*, ed. M. Da Passano, A. Mattone, F. Mele, and P. Simbula, Rome, Carocci, 1, pp. 367–382.

Pinkard, Susan. 2009. *A Revolution in Taste: The Rise of French Cuisine*, New York, Cambridge University Press.

Prosperi, Ilaria. 2007. "Gnoseologia e fisiologia del gusto nella tradizione neoplatonica-agostiniana e in quella aristotelica-tomista, tesi di dottorato" in *Storia medievale*, relatore M. Montanari, Bologna, Università di Bologna.

Pucci Donati, Francesca. 2006. "Dietetica e cucina nel 'Regimen sanitatis' di Maino de' Maineri," *Food and History*, 4/1, pp. 107–131.

——. 2007. *Dieta, salute, calendari: Dal regime stagionale antico ai "regimina mensium" medievali: Origine di un genere nella letteratura medica occidentale*, Spoleto, Fondazione Centro Italiano di Studi sull'Alto Medioevo.

——. 2012. "Frammenti di cultura alimentare nella tradizione proverbiale italiana dei secoli XIII–XV," *Studi medievali*, s. 3, 53/1.

Rebora, Giovanni. 1996. *La cucina medievale italiana tra Oriente ed Occidente*, Genoa, Università di Genova.

Redon, Odile. 1992. "La réglementation des banquets par les lois somptuaires dans les villes d'Italie (XIIIe–XVe siècles)," in *Du manuscrit à la table: Essais sur la cuisine au Moyen Âge et répertoire des manuscrits medievaux contenant des recettes culinaires*, ed. C. Lambert, Montreal, Presses de l'Université de Montréal/Paris, Champion-Slatkine, pp. 109–119.

Redon, Odile, Sabban, Françoise, and Serventi, Silvano. 1994. *A tavola nel Medioevo*, Rome-Bari, Laterza (ed. orig. Paris, Stock, 1993). [Redon et al. 1998. *The Medieval Kitchen: Recipes from France and Italy*, Chicago, University of Chicago Press.]

Renouard, Yves. 1964. "Le vin vieux au Moyen Âge," *Annales du Midi*, 76, pp. 447–455.

Robinson, Jancis. 1995. *Das Oxford Weinlexikon*, Bern-Stuttgart, Hallwag. [Robinson. 1994. *The Oxford Companion to Wine*, Oxford, Oxford University Press.]

Roche, Daniel. 1984. "Le temps de l'eau rare du Moyen Âge à l'Epoque Moderne," *Annales ESC*, 39/2, pp. 383–399.

Romagnoli, Daniela, ed. 1991. *La città e la corte: Buone e cattive maniere tra Medioevo ed Età Moderna*, Milan, Guerini.

——. 1997. "'Guarda no sii vilan': Le buone maniere a tavola," in *Storia dell'alimentazione*, ed. J.-L. Flandrin and M. Montanari, Rome-Bari, Laterza, pp. 396–407. [Romagnoli. 1999. "'Mind Your Manners': Etiquette at the Table," in *Food: A Culinary History from Antiquity to the Present*, New York, Columbia University Press, pp. 328–337.]

Rouche, Michel. 1973. "La faim à l'époque carolingienne: Essai sur quelques types de rations alimentaires," *Revue Historique*, 250/1, pp. 295–320.

——. 1984. "Les repas de fête à l'époque carolingienne," in *Manger et boire au Moyen Âge*, Nice, Les Belles Lettres, 1, pp. 265–296.

Rousselle, Aline. 1974. "Abstinence et continence dans les monastères de la Gaule méridionale à la fin de l'Antiquité et au début du Moyen Âge: Étude d'un régime alimentaire et de sa fonction," in *Hommage à André Dupont*, Montpellier, Fédération Historique du Languedoc Méditerranéen et du Roussillon, pp. 239–254.

Sada, Luigi, and Valente, Vincenzo. 1995. *Liber de coquina: Libro della cucina del XIII secolo: Il capostipite meridionale della cucina italiana*, Bari, Puglia Grafica Sud.

Sahlins, Marshall. 1972. "La sociologia dello scambio primitivo," in *L'antropologia economica*, ed. E. Grendi, Turin, Einaudi, pp. 95–146. [Sahlins. 1965. "On the Sociology of Primitive Exchange," in *The Relevance of Models for Social Anthropology*, ed. M. Banton, London, Tavistock Publications.]

Salvatico, Antonella. 1999. *Il principe e il cuoco: Costume e gastronomia alla corte sabauda nel Quattrocento*, Turin, Paravia.

Sayers, William. 1990. "A Cut Above: Ration and Station in an Irish King's Hall," *Food and Foodways*, 4/2, pp. 89–110.

Scully, Terence. 1997. *L'arte della cucina nel Medioevo*, Casale Monferrato, Piemme. [Scully. 1995. *The Art of Cookery in the Middle Ages*, Rochester, Boydell Press.]

Sergi, Giuseppe. 1970. "La produzione storiografica di S. Michele della Chiusa, II," *Bulletino dell'Istituto Storico Italiano per il Medio Evo*, 82, pp. 173–242.

Soler, Jean. 1973. "Sémiotique de la nourriture dans la Bible," *Annales ESC*, 28/4, pp. 943–955.

Sorcinelli, Paolo. 1998. *Storia sociale dell'acqua: Riti e culture*, Milan, Bruno Mondadori.

——. 1999. *Gli italiani e il cibo: Dalla polenta ai cracker*, Milan, Bruno Mondadori.

Squatriti, Paolo. 2008. "I pericoli dell'acqua nell'alto Medioevo italiano," in *L'acqua nei secoli altomedievali*, Spoleto, Fondazione Centro Italiano di Studi sull'Alto Medioevo, pp. 583–618.

Stouff, Louis. 1970. *Ravitaillement et alimentation en Provence aux XIVe et XVe siècles*, Paris, La Haye, Mouton.

Thorndike, Lynn. 1934. "A Medieval Sauce-book," *Speculum*, 9, pp. 183–190.

Tombeur, Paul. 1989. "L'allégorie de la vigne et du vin dans la tradition occidentale," in *Image et réalité du vin en Europe*, Paris, Éditions Sider, pp. 181–273.

Tomea, Paolo. 2003. "Il vino nell'agiografia: elementi topici e aspetti sociali," in *La civiltà del vino: Fonti, temi e produzioni vitivinicole dal Medioevo al Novecento*, ed. G. Archetti, Brescia, Centro Culturale Artistico di Franciacorta e del Sebino, pp. 341–364.

Tramontana, Salvatore. 1993. *Vestirsi e travestirsi in Sicilia*, Palermo, Sellerio.

Tugnoli, Maria Bernadetta. 1988–89. *I segni del cibo: Alimentazione e linguaggio silenzioso nelle Consuetudini cluniacensi dei secoli X–XIII, tesi di laurea*, relatore M. Montanari, Bologna, Facoltà di Lettere e Filosofia, Università di Bologna.

Unwin, Tim. 1993. *Storia del vino: Geografie, culture e miti dall'antichità ai giorni nostri*, Rome, Donzelli. [Unwin. 1992. *Wine and the Vine: An Historical Geography of Viticulture and the Wine Trade*, London, Routledge.]

Van Uyten, Raymond. 2003. "Der Geschmack am Wein im Mittelalter," in *Weinproduktion und Weinkonsum im Mittelalter*, ed. M. Matheus,

Stuttgart, Franz Steiner Verlag, pp. 119–132.

Varanini, Gian Maria. 1983. "L'olivicoltura e l'olio gardesano nel Medioevo," in *Un lago, una civiltà: Il Garda*, ed. G. Borelli, Verona, Banca Popolare di Verona, 1, pp. 115–158.

Vercelloni, Luca. 2005. *Viaggio intorno al gusto: L'odissea della sensibilità occidentale dalla società di corte all'edonismo di massa*, Milan, Mimesis.

Verdon, Jean. 2005. *Bere nel Medioevo: Bisogno, piacere o cura*, Bari, Dedalo.

Visser, Margaret. 1991. *The Rituals of Dinner: The Origins, Evolution, Eccentricities, and Meaning of Table Manners*, New York, Penguin Books.

Vogel, Cyril. 1976. "Symboles cultuels chrétiens: Les aliments sacrés: Poisson et refrigeria," in *Simboli e simbologia nell'alto Medioevo*, Spoleto, Fondazione Centro Italiano di Studi sull'Alto Medioevo, pp. 197–252.

Younger, William. 1966. *Gods, Men and Wine*, Cleveland, The Wine and Food Society.

Zagnoni, Renzo. 1997. "La coltivazione del castagno nella montagna fra Bologna e Pistoia nei secoli XI–XIII," in *Villaggi, boschi e campi dell'Appennino dal Medioevo all'età contemporanea*, Porretta Terme, Gruppo di Studi Alta Valle del Reno/Pistoia, Società Pistoiese di Storia Patria, pp. 41–57.

Zug Tucci, Hannelore. 1985. "Il mondo medievale dei pesci tra realtà e immaginazione," in *L'uomo di fronte al mondo animale nell'alto Medioevo*, Spoleto, Fondazione Centro Italiano di Studi sull'Alto Medioevo, pp. 291–360.

译后记

父亲年轻时在部队做炊事员，转业后成为一家宾馆的厨师。大约能记事起，我就经常跟着父亲，在闲暇的当口出入后厨。就这样，锅碗瓢盆、油盐酱醋，很早就成为我的“玩伴”。父亲掌勺的情形已不甚记得，可厨房里各种调料浑然而成的奇香，始终萦绕于我的脑海，久久不忘。时至今日，每次逛超市，我必走到调料区，重温童年的味道。

稍长，我开始注意家中随处可见的菜谱。书中的文字当然看不大懂，可彩页或插图却令我神往。“红烧狮子头”“荷包里脊”“蜜汁樱桃肉”“琵琶大虾”……我一边垂涎三尺，一边幻想着大快朵颐。再大一点，除了动画片，最吸引我的就是烹饪节目。“通脊肉切成二寸长、二分宽厚的肉条，加入鸡蛋清，湿淀粉一两，清水五钱，抓匀浆好……”平淡的解说，朴素的取景，并不妨碍我享受精神的美味。

说来惭愧，到现在我既没进化出美食家的味蕾，也没练就过人的厨艺，可对烹饪美食类节目和书籍，依旧热情不减。从事翻译后，更渴望有朝一日，假翻译之道，“译”饱口福。机缘巧合，时任广西师范大学出版社编辑的张哲萌女士得知我的心意，推荐了这本《中世纪的餐桌》。我当然求之不得，满心欢喜地答应下来。

其实，我还有其他考量。翻译于我是充满趣味的游学之旅，既能修炼本领，增长见识，也能在跨语言、跨文化的比较中，重新审视自己，了解自己。翻译库尔提乌斯（Ernst Robert Curtius）的《欧洲文学与拉丁中世纪》（*Europäische Literatur und Lateinisches Mittelalter*）时，我偶然涉猎中世纪饮食文化，却未能一探究竟，这次正好弥补了缺憾。通过比较研究，我又有机会深入了解中华饮食文化。在此过程中，以下书籍使我受益良多——上海古籍出版社2011至2012年出版的“中国饮食文化专题史”丛书，即俞为洁著《中国食料史》、姚伟钧等著《中国饮食典籍史》、张景明等著《中国饮食器具发展史》、瞿明安等著《中国饮食娱乐史》，以及赵荣光著《中国饮食文化史》（上海人民出版社，2006年）。有兴趣的读者不妨按照本书的章节来对照阅读。

再说说书中专业术语、专有名词，尤其是各种菜品的翻译。动笔后我发现，译名不统一的情况不光见于中餐，西餐亦然。比如gnocchi的译名就有“意大利团子”“土豆团子”“面疙瘩”“小汤团”；mostarda的译名有“意大利果酱”“芥子糖渍水果”“莫斯塔达酱”；torte的译名有“果酱饼”“奶油巧克力水果大蛋糕”“果仁奶油蛋糕”等。这给我初期翻译带来很大困扰。所幸，几经寻觅，我找到了陈丕琮编《英汉餐饮辞典》（上海译文出版社，2008年），译名问题遂迎刃而解。需要特别指出的是，这本辞典不仅仅收录英语词汇，而且还收录了大量已经渗透到英文词汇的意大利语、法语、西班牙语、德语乃至土耳其语等餐饮外来语，标注术语的语源，并给予必